教育部2008年度普通高等教育精品教材

普通高等教育“十一五”国家级规划教材

高职高专规划教材

水泵与水泵站

刘家春　白　桦　杨鹏志　编著

缴锡云　主审

中国建筑工业出版社

图书在版编目（CIP）数据

水泵与水泵站/刘家春等编著．—北京：中国建筑工业出版社，2008

教育部2008年度普通高等教育精品教材．普通高等教育"十一五"国家级规划教材．高职高专规划教材

ISBN 978-7-112-09867-5

Ⅰ．水… Ⅱ．刘… Ⅲ．①水泵-高等学校-教材 ②泵站-高等学校-教材 Ⅳ．TV675

中国版本图书馆CIP数据核字（2008）第019979号

本书为普通高等教育"十一五"国家级规划教材。全书共七章，主要内容有：叶片泵基本构造、工作原理、性能、工况确定及调节；机组选型、机组及管道布置、辅助设施和变配电设施的选型及布置；进出水构筑物的布置与设计；泵房稳定分析及泵房平面、立面设计；泵站工艺设计和泵站运行管理等。

本教材适用于高职高专给水排水工程技术、市政工程技术、供热通风与空调工程技术、煤矿开采技术、石油化工生产技术等专业，也可供相关专业的师生及工程技术人员参考。

* * *

责任编辑：王美玲　齐庆梅
责任设计：赵明霞
责任校对：关　健　兰曼利

教育部2008年度普通高等教育精品教材
普通高等教育"十一五"国家级规划教材
高职高专规划教材
水泵与水泵站
刘家春　白　桦　杨鹏志　编著
缴锡云　主审
*
中国建筑工业出版社出版、发行（北京西郊百万庄）
各地新华书店、建筑书店经销
霸州市顺浩图文科技发展有限公司制版
北京建筑工业印刷厂印刷
*
开本：787×1092毫米　1/16　印张：$10\frac{3}{4}$　字数：260千字
2008年5月第一版　2012年9月第三次印刷
定价：**18.00**元
ISBN 978-7-112-09867-5
(16571)

前　言

本教材从培养高素质技能型人才的目标出发，教材内容紧密结合生产实际，突出专业技术的应用，培养学生的技术应用能力，体现针对性；通过引入大量工程实例，使教学内容与生产实际有机结合，体现了高职高专教材的特色，突出了实用性和实践性；教材适当反映本领域新技术、新工艺、新方法、新成果、新设备，体现先进性；引用最新规范、标准体现规范性。

内容叙述力求结构合理，层次分明，逻辑性强，语言简练，深入浅出，行文流畅，便于阅读；有关数据详实可靠。

本教材第一、五、七章由徐州建筑职业技术学院刘家春编写，第二、三、四章由徐州建筑职业技术学院白桦编写，第六章由河北工程技术高等专科学校杨鹏志编写。

全书由刘家春教授主编，并对全书进行统稿和修改，白桦副教授任副主编。河海大学博士生导师缴锡云教授任主审，主审人对书稿进行了认真细致的审查，编者在此深表谢意。

本教材编写过程中，参考引用了有关院校编写的教材和生产科研单位的技术资料及研究成果，除部分已经列出外，其余未能一一注明，在此一并致谢。

限于编者水平，书中不妥之处，恳请读者批评指正。

目　录

第一章　绪　论

第一节　水泵及水泵站在给水排水工程中的地位和作用

泵是人类应用最早的机器之一。随着生产的发展和对自然规律的认识和掌握，由自古以来人们所使用的戽斗、辘轳、水排、水车等原始的提水工具，逐步发展成为现代的泵。

在我国国民经济中，泵对工农业生产及人们的日常生活起着越来越重要的作用。从上天的飞机、火箭，到入地的钻井、采矿；从水上的航船、潜艇，到陆地上的火车、汽车；无论是轻工业、重工业，还是农业、交通运输业；也不论是神秘的尖端科学，还是人们极普通的日常生活，都离不开泵，到处都可以看到它在运行。因此，泵被称为通用机械，它的产量仅次于电动机的产量，它所消耗的电能约占世界发电总量的1/4。

在火力发电厂中，由锅炉给水泵向锅炉供水，锅炉将水加热变为蒸汽，推动汽轮机旋转并带动发电机发电。从汽轮机排出的废汽到冷凝器冷却成水，需要冷凝泵将冷凝水压入加热器进行再次循环，冷凝器用的冷却循环水由循环水泵供给，如图1-1所示。此外，还有输送各种润滑油、排除锅炉灰渣的特殊专用泵等。泵在火力发电厂中应用极为广泛，泵的工作对火力发电厂的安全生产和经济运行，起着非常重要的作用。

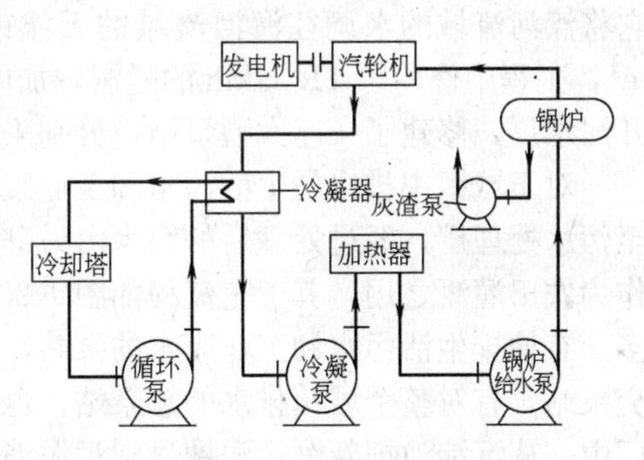

图1-1　泵在火力发电厂中的应用示意图

在采矿工业中，矿井的井底排水，矿床的疏干，掘进斜井的排水，水力掘进，水力采矿，水力选矿及水力输送等需要建造一系列的泵站来满足采矿的需要。在煤炭开采中，排水泵不仅对安全生产至关重要，而且在煤炭开采中所消耗的能源占消耗总能源的比例较大，其运行中的节能降耗对降低生产成本具有较大的影响。

在化学工业中，无论是化工液体的输送，还是化工工艺流程中的工艺用水、循环冷却用水，均由相应的泵来实现，泵被称为化工工艺流程的心脏，泵在化学工业中具有举足轻重的作用。

在工程施工开挖基槽时，需用水泵抽水来降低地下水位或排除基坑中的积水；施工工地的供水、输送混凝土、砂浆和泥浆等，也必须由泵来实现。

在农田灌溉和排水方面，水泵的使用极为广泛，有大流量低扬程的排涝泵站，有高扬程的梯级灌溉泵站，有跨流域调水泵站，还有开采地下水的井泵站以及解决边远地区人、畜饮水的泵站。农田灌溉和排水的泵站在我国国民经济各领域的泵站中所占比例最大，工程的规模也最大。如江都水利枢纽由四座泵站组成，共装机 4.98×10^4kW，设计流量为

473m³/s，抽送江水至京杭大运河和苏北灌溉总渠，灌溉沿线农田，并排除里下河地区的内涝，同时又是南水北调工程东线第一级泵站的组成部分。我国高扬程、多梯级的灌溉泵站主要分布在西北高原地区，如陕西合阳县东雷引黄泵站设计流量 $60m^3/s$，分 8 级提水，总静扬程 311m，总装机容量为 12×10^4kW。

南水北调东线工程从江都水利枢纽抽长江水北上，沿途经 13 级泵站，将长江水抬高约 40m 后，穿越黄河，送到天津及河北，输水主干线长达 1156km，沟通长江、淮河、黄河、海河四大流域，工程总投资约 420 亿元，工程规模浩大，设备先进，运行管理和调度系统复杂，采用很多先进技术。

在市政建设中，水泵及水泵站是城镇给水和排水工程的重要组成部分，是保证给水、排水系统正常运行的重要设施，在给水、排水工程中具有不可替代的作用。图 1-2 所示为城镇给水排水系统的基本工艺流程。由图可以看出，城镇中水的循环是借助于一系列不同功能的水泵站运行来实现的。取水泵站从水源取水将其送至水厂，净化后的清水由送水泵站送到城镇管网中去供用户使用，其工艺流程如图 1-2 中的实线所示。

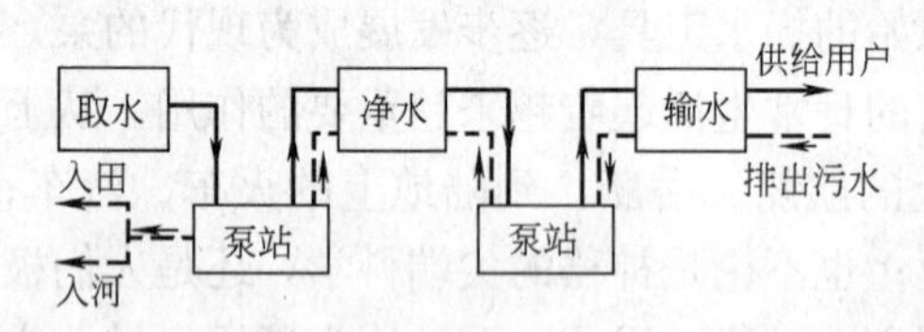

图 1-2 给水排水系统基本工艺流程

在我国许多城市的给水工程中，“引滦入津”工程是一项规模较大的跨流域引水工程。它将滦河流域的水调往海河流域的天津市，该工程全长 234km，全年引水量达 10 亿余 m³，工程中修建了 11.39km 的隧洞，加固了于桥水库，建设了日产水能力为 50 万 t 的新开河水厂，修建了 4 座大型泵站，分别采用了多台叶片可调的大型轴流泵和高压离心泵。

对于城镇中排出的生活污水和工业废水，经排水管渠汇集后，由排水泵站将污水抽送至污水处理厂，经过处理后的污水由另一座排水泵站（或自流）排到江河湖海中去，或者作为农田灌溉之用，其工艺流程如图 1-2 中的虚线所示。在排水系统中排水泵站的类型很多。有抽排生活污水和工业废水的泵站，有专门抽排雨水的泵站，有排除立交桥积水的立交泵站。有对整个城镇排水的总泵站，也有对地势低洼区排水的区域性泵站。在污水处理厂中，从沉淀池把新鲜污泥抽送到污泥消化池、从沉砂池中排除沉渣、从二次沉淀池中抽送回流活性污泥等都要用各种不同类型的泵和泵站来完成。

水泵及水泵站的运行要消耗大量的能源，对一般城镇水厂来说，泵站运行的电费，一般占自来水制水成本的 40%～70%，有的甚至更高。因此，泵站运行的节能对降低自来水的制水成本非常重要。近年来，国内许多水厂采取了节能降耗措施。如北京市的水源九厂，从怀柔水库取水，一期工程日供水能力为 50 万 m³，有两台取水泵和两台配水泵采用了从德国西门子公司引进的变频电动机变速装置，单台电动机的功率达 2500kW，这是国内首次在大容量水泵机组采用变频调速装置，每年节电达 940 万 kWh。三年节约的电费就可以把购买这套变频调速装置的成本收回来。除此之外，泵站中还采用了多种形式的节能措施，如采用微阻缓闭式止回阀、液压自控蝶阀等，均获得了良好的节能效果。

第二节 水泵的定义及分类

一、水泵的定义

水泵是能量转换的机械，它把动力机的机械能转换（或传递）给水体，从而将水体提升或输送到所需之处。

二、水泵的分类

水泵的品种繁多，结构各异，对其分类的方法也各不相同，按其工作原理可分为如下三大类。

1. 叶片式水泵

叶片式水泵是靠泵内高速旋转的叶轮将动力机的机械能转换给被抽送的液体。属于这一类的泵有离心泵、轴流泵、混流泵等。

(1) 离心泵是靠叶轮高速旋转产生的惯性离心力而工作的水泵。由于其扬程高，流量范围广，因而获得广泛应用。

(2) 轴流泵是靠叶轮高速旋转产生的轴向推力而工作的水泵。其扬程较低，流量较大，多用于低扬程大流量的抽水场合中。

(3) 混流泵是靠叶轮高速旋转既产生惯性离心力又产生轴向推力而工作的水泵。其适用范围介于离心泵与轴流泵之间。

2. 容积式水泵

顾名思义，它是靠泵工作室容积周期性的变化来转换能量的。容积式泵根据工作室容积改变的方式又分为往复泵和回转泵两种。

(1) 往复泵利用柱塞（或活塞）在泵缸内作往复运动来改变工作室的容积而输送液体。如拉杆活塞泵是靠拉杆带动活塞作往复运动进行提水的。

(2) 回转泵利用转子作回转运动来输送液体。如单螺杆泵是利用单螺杆旋转时，与泵体啮合空间（工作室）的周期性变化来输送液体的。

3. 其他类型泵

这类泵是指除叶片式水泵和容积式水泵以外的泵。属于这一类的主要有螺旋泵、射流泵（又称水射器）、水锤泵、水轮泵以及气升泵（又称空气扬水机）等。上述水泵除螺旋泵是利用螺旋推进原理来提升液体外，其他各种水泵都是利用高速液流或气流的能量来输送液体的。在给水排水工程中，结合工程的具体情况，应用这些特殊泵来输送水或药剂（混凝剂、消毒药剂等）时，常常收到良好的效果。

上述各种类型的水泵均有各自的使用范围。图 1-3 所示为常用的几种类型泵的使用范

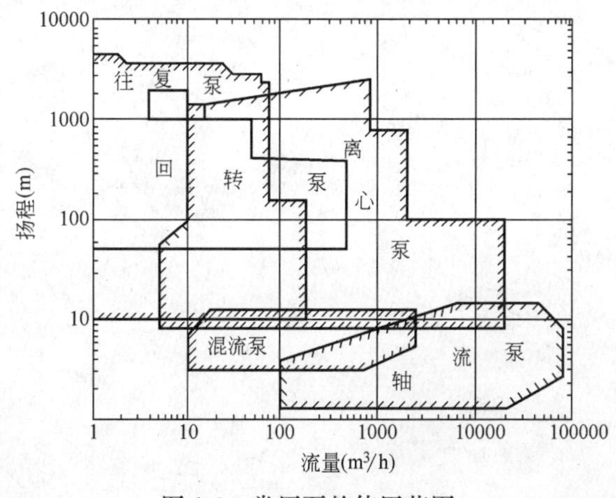

图 1-3　常用泵的使用范围

围。由图可见，往复泵的使用范围侧重于高扬程、小流量。轴流泵和混流泵的使用范围侧重于低扬程、大流量。而离心泵的使用范围介于两者之间，工作范围最广，产品的品种、系列和规格也最多。

在城镇给水工程中，一般水厂送水泵站的扬程在20～100m之间，单泵流量的使用范围一般在50～10000m^3/h之间，由图1-3可以看出，使用离心泵是非常合适的。即使某些大型水厂，也可用多台离心泵并联运行的方式来满足用户用水量的要求。

在城镇排水工程中，污水、雨水泵站的特点是低扬程、大流量。扬程一般在2～12m之间，流量可超过10000m^3/h，这样的工作范围，一般采用混流泵、轴流泵比较合适。

综上所述，在城镇及工业企业的给水排水工程中，大量的、普遍使用的是离心泵、混流泵和轴流泵。因此，本教材将重点讲解这三种类型水泵的构造、工作原理、运行、泵站设计和运行管理。

第二章　叶片泵的基础知识

叶片泵的特点是依靠叶轮的高速旋转把动力机的机械能转换为被抽送液体的动能和压能。由于叶轮中叶片形状的不同，叶轮旋转时叶片与液体相互作用所产生的力就不同，叶片泵主要有离心泵、混流泵、轴流泵。

第一节　离心泵的构造与工作原理

由物理学可知，作圆周运动的物体受到离心力的作用，如果向心力不足或失去向心力，物体由于惯性就会沿圆周的切线方向飞出，形成所谓的离心运动，离心泵就是利用这种惯性离心运动而进行工作的。

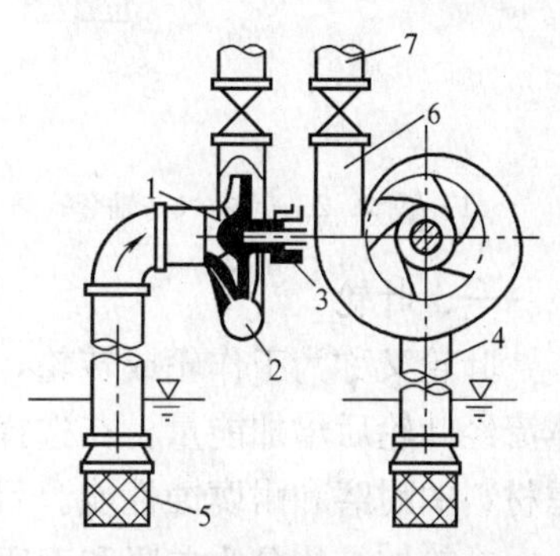

图 2-1　单级单吸式离心泵的构造
1—叶轮；2—泵壳；3—泵轴；4—吸水管；5—底阀；6—扩散锥管；7—压水管

图 2-1 所示为给水排水工程中常用的单级单吸离心泵的基本构造示意图。它主要的工作部件是叶轮 1、蜗形泵壳 2 和带动叶轮旋转的泵轴 3。蜗形泵壳的吸水口与水泵的吸水管 4 相连，出水口与水泵的压水管 7 相连。具有弯曲形叶片的叶轮安装在固定不动的泵壳内，叶轮的进口与水泵吸水管道相通。在开始抽水前，泵内和吸水管中先充满水。当动力机通过泵轴带动叶轮高速旋转时，叶轮中的水随着叶轮一起高速旋转，由于水的内聚力和叶片与水之间的摩擦力不足以形成维持水流作旋转运动的向心力，叶轮中水流逐渐向叶轮外缘流去，被甩出叶轮进入泵壳，再经扩散锥管流入水泵的压水管，由压水管道输送到管网中去。与此同时，叶轮中心处由于水被甩出而形成真空，吸水池水面作用着大气压强，吸水管中的水在此压差的作用下，沿吸水管源源不断地流入叶轮，叶轮的连续旋转，水被不断地甩出和吸入，就形成了离心泵的连续输水。

由上所述可知，离心泵的工作过程，实际上是一个能量传递和转换的过程。它把动力机的机械能转换为被输送流体的动能和压能。在这个能量的传递和转换过程中，必然伴随着诸多的能量损失，这种损失越大，工作效率越低，该泵的性能就越差。

第二节　离心泵的主要零件

离心泵是由许多零件组成的，下面以单级单吸式离心泵（图 2-2）为例，来讨论各主要零件的作用、材料和组成。

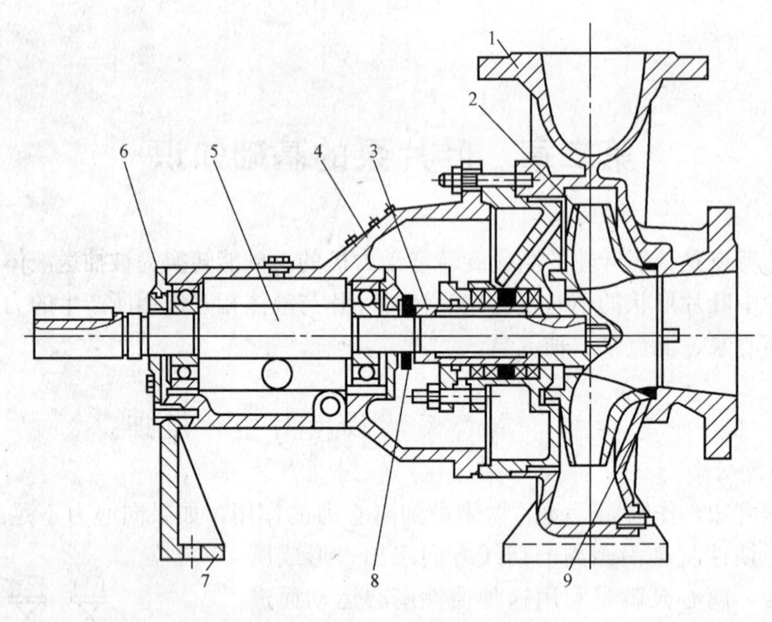

图 2-2　单级单吸式离心泵

1—泵体；2—叶轮；3—轴套；4—轴承体；5—泵轴；6—轴承端盖；7—支架；8—挡水圈；9—减漏环

一、叶轮

叶轮又称为工作轮或转轮，它的作用是将动力机的机械能传递给被抽送的液体，使流体流经叶轮后增加能量。在选择叶轮材料时，除考虑离心力作用下的机械强度外，还要考虑材料的耐磨和耐腐蚀性能。目前叶轮多用铸铁、铸钢和青铜制成。

叶轮按结构分为单吸和双吸两种。单吸叶轮如图 2-3 所示，它单侧吸水，叶轮的前后盖板不对称。单吸叶轮用于单吸离心泵。双吸叶轮如图 2-4 所示，它两侧吸水，叶轮盖板对称。双吸离心泵用双吸叶轮，这种泵的流量较大，能自动平衡轴向力。

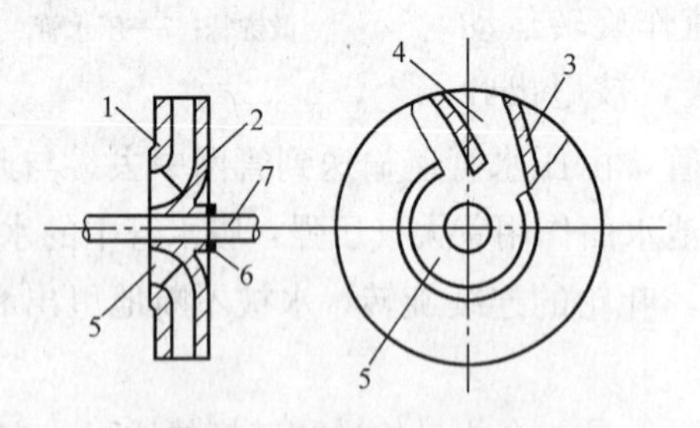

图 2-3　单吸式叶轮

1—前盖板；2—后盖板；3—叶片；4—叶槽；5—吸水口；6—轮毂；7—泵轴

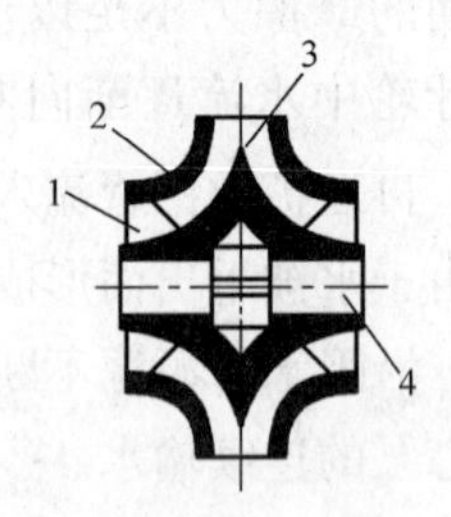

图 2-4　双吸式叶轮

1—吸水口；2—盖板；3—叶片；4—轴孔

叶轮按其盖板的情况分为封闭式、敞开式和半开式三种形式。具有两个盖板的叶轮，称为封闭式叶轮，如图 2-5（*a*）所示。盖板之间装有 6～12 片向后弯曲的叶片，这种叶轮效率高，应用最广。只有后盖板，而没有前盖板的叶轮，称为半开式叶轮，如图 2-5（*b*）所示。只有叶片而没有盖板的叶轮称为敞开式叶轮，如图 2-5（*c*）所示。半开式和敞开式叶轮叶片较少，一般仅有 2～5 片，这两种叶轮相对于封闭式叶轮来说效率较低，适用于排污浊或含大量固体颗粒的液体。

二、泵轴

泵轴的作用是支承并带动叶轮旋转，将动力机的能量传递给叶轮。要求泵轴端直且具有足够的强度、刚度，以免泵运行中由于轴的弯曲而引起叶轮摆动导致叶轮与泵壳相磨而损坏。泵轴一般由碳素钢或不锈钢制成。泵轴的一端用平键和反向螺母固定叶轮，在旋转时，使叶轮处于拧紧状态；在大、中型水泵中，叶轮的轴向位置采用轴套和并紧轴套的螺母来定位。泵轴的另一端装联轴器。

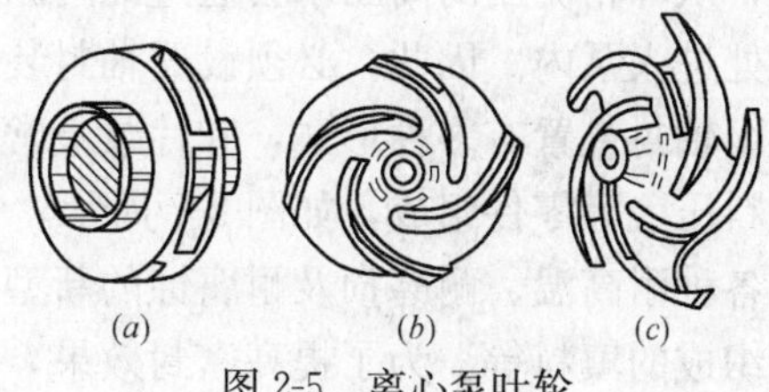

图 2-5　离心泵叶轮

（a）封闭式；（b）半开式；（c）敞开式

三、泵壳

离心泵的泵壳是包容和输送液体的蜗壳形，如图 2-6 所示。它由泵盖和蜗形体组成。泵盖为泵的吸入室，其作用是将吸水管中的水以最小的损失均匀地引向叶轮。按结构吸入室可分为直锥形吸入室、环形吸入室和半螺旋形吸入室。蜗形体由蜗室和扩散锥管组成。蜗室的主要作用是汇集叶轮甩出的水流并借助其过水断面的不断增大来保持蜗室中水流速度为一常数，以减少水头损失。水由蜗室排出后，经扩散锥管流入压力管。扩散锥管的作用是降低水流的速度，把水流的部分动能转换为压能。

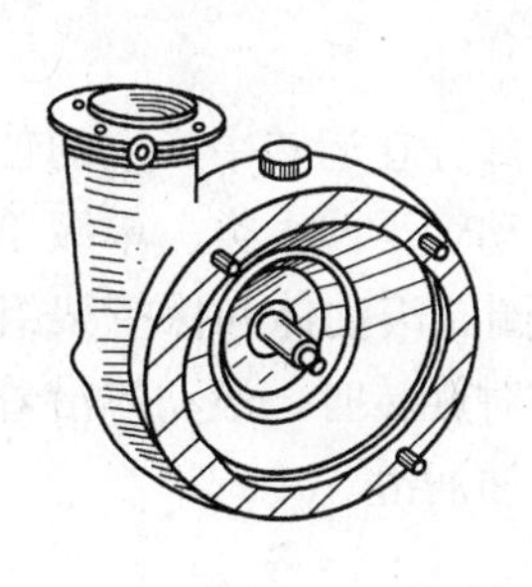
图 2-6　蜗壳形泵壳

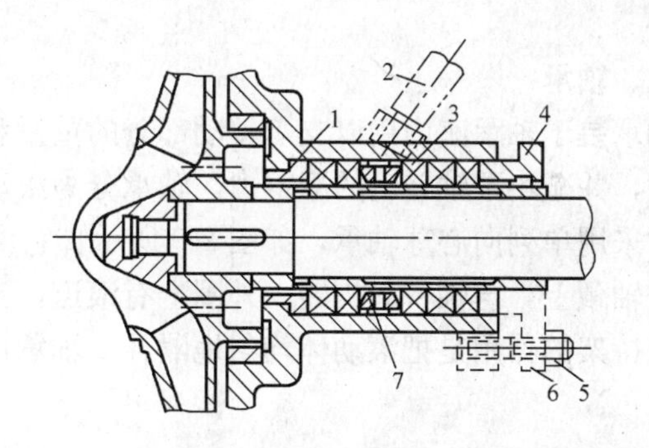

图 2-7　填料轴封装置

1—底衬环；2—水封管；3—填料；4—填料压盖；5—螺母；6—双头螺栓；7—水封环

泵壳的进、出水接管法兰处各有一钻孔，用以安装量测泵进口和出口压力的真空表和压力表。泵壳顶部设有灌水（或抽气）孔，以便在水泵启动前用来充水或抽走泵壳内空气。泵壳底部设有放水孔，用以停泵后放空泵内积水，防止冬季结冻。泵壳底部设有与基础固定用的螺栓孔。除固定水泵的螺栓孔外，其他螺孔在水泵运行中暂时不用时，需用带螺纹的丝堵堵住。

在上述零件中，叶轮和泵轴是离心泵的转动部件，泵壳是固定部件。这两者之间有三个交接处：泵轴与泵壳之间的轴封装置、叶轮与泵壳内壁接缝处的减漏环、泵轴与泵座之间转动连接处的轴承。

四、轴封装置

泵轴穿出泵壳处，旋转的泵轴和固定的泵壳之间必然存在间隙，如不采取相应的措施，从叶轮流出的高压水会通过此间隙大量流出；如果间隙处的压力为真空，则空气会从该处进入泵内。因此，必须设置轴封装置。

轴封装置有多种形式，叶片泵最常使用的是填料密封。它由底衬环、填料、水封环、填料压盖等零件组成，如图 2-7 所示。常用的填料是浸油、浸石墨的石棉绳。近年来出现了各种耐高温、耐磨损及耐腐蚀的新型填料，如用碳素纤维、不锈钢纤维及合成树脂纤维编织成的填料等。为了提高密封效果，填料一般做成矩形断面。填料的压紧程度，用压盖上的螺母来调节。如压得过紧，泵轴与填料的机械磨损增大，机械损失也增大，严重时产生抱轴现象；如压得过松，达不到密封的效果。因此，填料应压得松紧适度，一般以水封管内水能通过填料缝隙呈滴状渗出为宜。目前有些离心泵采用了橡胶圈密封、机械密封等新型轴封装置。

五、减漏环

离心泵叶轮进口外缘与泵盖内缘存在有间隙。此间隙是高低压水的交界面，间隙过大，从叶轮流出的高压水通过此间隙漏回到叶轮进水侧，减少泵的出水量，降低泵的效率。但间隙过小时，又会引起机械磨损。所以，为了延长叶轮和泵盖的使用寿命，通常在间隙处的泵盖上，或在泵盖与叶轮上各镶嵌一个金属口环，此口环称为减漏环，如图 2-8 所示。减漏环的另一作用是用来承磨，在运行中，这个部位的摩擦是难免的，当发生摩擦间隙过大后，只需更换减漏环而不致使叶轮和泵盖报废。因此，减漏环又称承磨环，是一易损件。

六、轴承

轴承装于轴承座内用以支承转动部分的重量和承受转动部分在运转中产生的轴向和径向荷载，并减小泵轴转动的摩擦力。轴承分为滚动轴承和滑动轴承两大类。单级单吸离心泵通常采用单列向心球轴承，如图 2-9 所示。它由外圈、内圈、滚动体和保持架组成。内圈装在轴颈上，与轴一起旋转。外圈上有滚道，当内外圈相对旋转时，滚动体沿着滚道滚动，保持架的作用是把滚动体均匀地隔开。轴承用稀油或干油润滑。

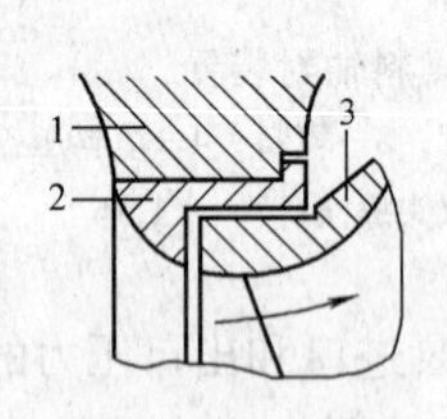

图 2-8 减漏环

1—泵壳；2—泵盖上的减漏环；3—叶轮

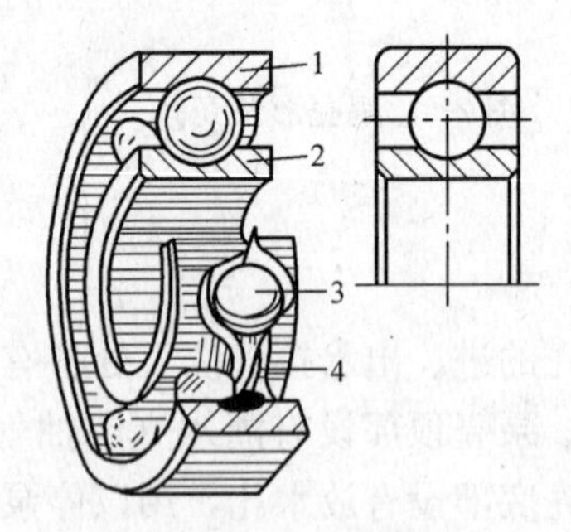

图 2-9 向心球轴承

1—外圈；2—内圈；3—滚动体；4—保持架

七、联轴器

联轴器把水泵和动力机的轴联接起来，使之一起转动，并传递扭矩。联轴器又称“靠背”轮，有刚性和弹性两种。

刚性联轴器实际上是用两个圆法兰盘联接，它对于泵轴与动力机轴的不同心，在联接和运行中无调节的余地。因此，安装精度高，多用于立式机组。

弹性联轴器有圆柱销和爪形两种，如图 2-10 和图 2-11 所示。

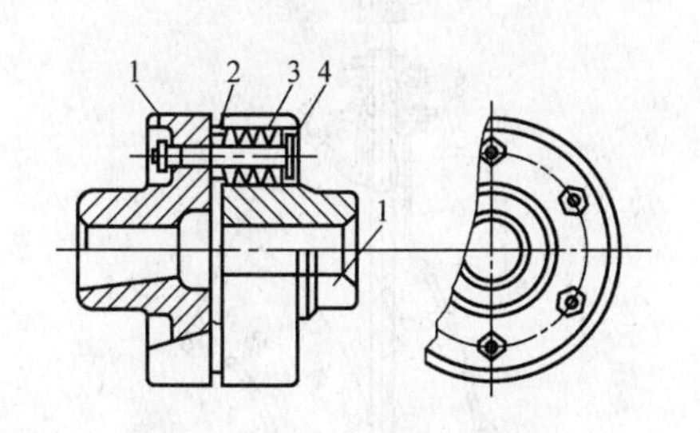

图 2-10　圆柱销弹性联轴器

1—半联轴器；2—挡圈；3—弹性圈；4—柱销

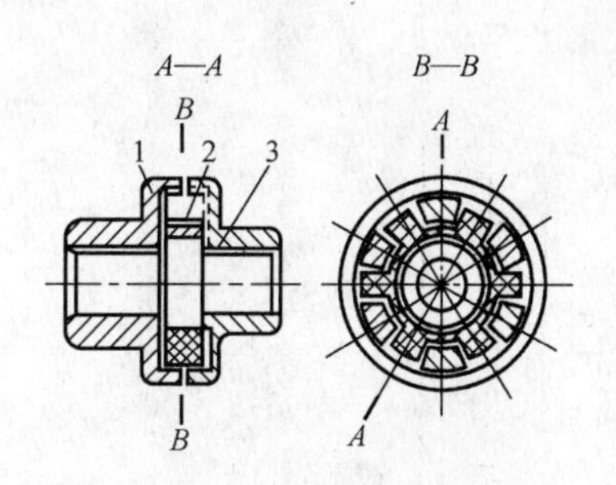

图 2-11　爪形弹性联轴器

1—泵联轴器；2—弹性块；3—动力机联轴器

圆柱销联轴器由半联轴器、圆柱销、挡圈和用橡胶或皮革制成的弹性圈组成，运转时允许产生少量的变形，能够补偿两轴线间的少量偏移。

爪形弹性联轴器由两半爪形联轴器和用橡胶制成的星形弹性块组成，结构简单，安装方便，传递扭矩较小，适用于小型卧式机组。

八、轴向力平衡装置

单级单吸离心泵运行时，由于叶轮前后盖板的面积不相同，水泵工作时，叶轮两侧作用的压力不相等，在叶轮上产生了一个指向入口方向的轴向力 ΔP，如图 2-12 所示。轴向力除了使叶轮朝进口方向移动外，还会引起振动、磨损及增加轴承负荷。因此，必须设法平衡轴向力。对于单级单吸离心泵而言，一般采取在叶轮后盖板靠近轮毂处开平衡孔，并在后盖板上加装减漏环。高压水经此减漏环后，压力下降，并经平衡孔流回叶轮进口，使叶轮前后盖板上的压力接近，这样，消除了大部分轴向力，少部分未被消除的轴向力由轴承承担。此方法的优点是构造简单，缺点是水泵的效率有所降低。此外，还可在叶轮后盖板处用加做平衡筋板的方法，使叶轮两侧的压力趋于平衡。对于多级泵一般采用在末级叶轮后面加平衡盘或平衡鼓，或采取对称布置叶轮的方法来消除轴向力。

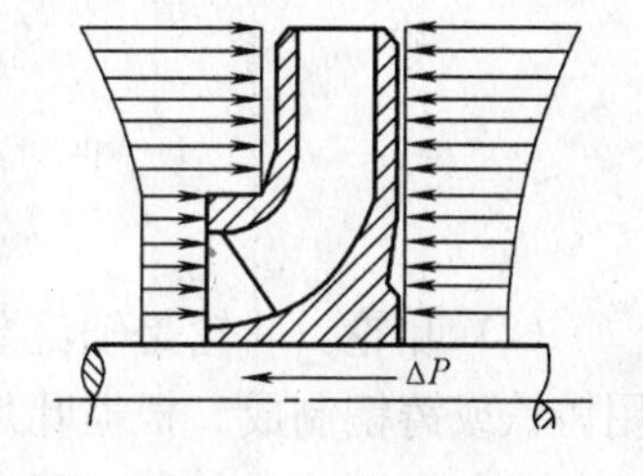

图 2-12　轴向推力

第三节　轴流泵和混流泵的构造与工作原理

轴流泵与混流泵是叶片泵中流量较大、扬程较低的泵型。在给水排水工程中广泛应用于城镇雨水防洪泵站、大中型污水泵站以及大型钢厂、火力发电厂中的循环泵站等。

一、轴流泵的构造

轴流泵按结构型式可分为立式、卧式和斜式三种。在给水排水工程中采用较多的是立式轴流泵。图 2-13（*a*）为立式轴流泵的外形图。图 2-13（*b*）为立式轴流泵的结构图，其基本部件有喇叭管 1、叶轮 2、上下橡胶导轴承 3 和 7、导叶体 4、泵轴 5、出水弯管 6、轴封装置 8、联轴器 9 等。

（1）喇叭管。为了改善叶轮进口处的水力条件，一般采用符合流线形的喇叭管，大中型轴流泵由进水流道代替喇叭管。

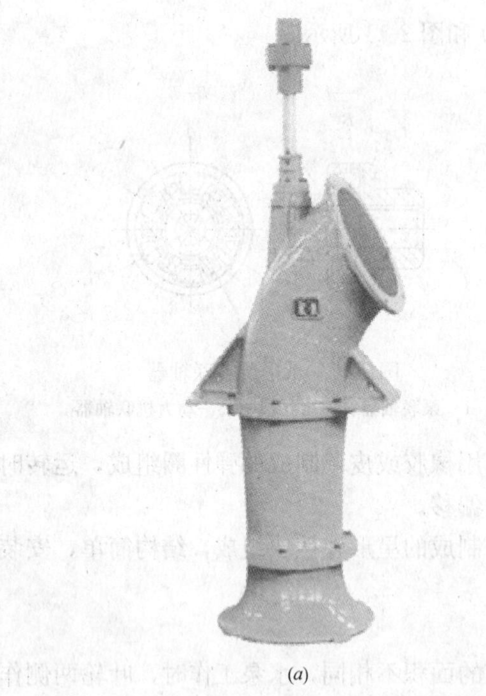

(*a*)

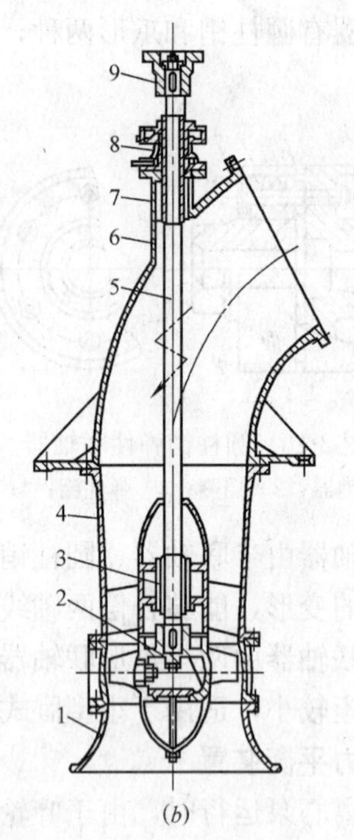

(*b*)

图 2-13 立式轴流泵

(*a*) 外形图；(*b*) 结构图

1—喇叭管；2—叶轮；3,7—橡胶导轴承；4—导叶体；5—泵轴；
6—出水弯管；8—轴封装置；9—联轴器

(2) 叶轮。叶轮是轴流泵的主要部件，通常由叶片、轮毂体、导水锥等几部分组成，用铸铁或铸钢制成。根据叶片的安装角度是否可调节，轴流泵的型式又可分为固定式、半调节式和全调节式三种。固定式轴流泵的叶片和轮毂体铸成一体，叶片的安装角度不能调节。半调节式轴流泵的叶片是用螺母拴紧在轮毂体上，在叶片的根部刻有基准线，而在轮毂体上刻有几个相应安装角度的位置线，如图 2-14 所示。叶片的安装角度不同，轴流泵的性能也不同。根据使用要求把叶片安装在某一位置上，在使用过程中，根据需要调节叶片安装角度，把叶轮卸下来，将螺母松开转动叶片，改变叶片定位销的位置，使叶片的基准线对准轮毂体上的某一要求角度线，然后再把螺母拧紧，装好叶轮即可。全调节式轴流泵可以根据不同流量和扬程要求，在停机或不停机的情况下，通过油压调节机构改变叶片的安装角度，从而改变水泵的性能。这种全调节式轴流泵调节机构比较复杂，一般应用于大型轴流泵。

(3) 导叶体。导叶体由导叶、导叶毂、扩散管组成，用铸铁制成。导叶固定在泵壳上不动。导叶体的作用是把流出叶轮的液体收集起来输送到出水弯管；消除液体的旋转运动，使泵内水流沿泵轴方向流动，并把部分动能转换成压能。

(4) 泵轴和轴承。泵轴用碳钢制成，泵轴用来传递扭矩。在大型轴流泵中，为了布置调节机构，泵轴常做成空心。

轴流泵的轴承按其功能有导轴承和推力轴承两种。导轴承用来承受泵轴的径向力，起径向定位作用。中、小型轴流泵大多采用水润滑的橡胶导轴承，如图 2-13 (*b*) 中的 3、7 所示。推力轴承主要用来承受水流作用于叶片上向下的轴向水压力、水泵转动部分的重量，并将这些荷载传到电动机的基础上去。推力轴承还能调节转子的轴向位置。

（5）轴封装置。在轴流泵出水弯管的轴孔处需要设置轴封装置，其构造与离心泵的轴封装置相似。

二、轴流泵的工作原理

轴流泵的工作是以空气动力学中机翼的升力理论为基础的。其叶片与飞机机翼具有相似形状的剖面，一般称叶片剖面为翼形。如图 2-15 所示，翼形的前端圆钝，后端尖锐，上表面（工作面）曲率小，下表面（背面）曲率大。当叶轮在水中旋转时，水流以速度 W 与翼弦（连接翼前、后端点的直线）成 α 角流过，在翼形的前端分成两股水流，它们经过翼形的上、下表面，然后同时在翼形的末端汇合。由于上表面的路径短，下表面的路径长，沿翼形下表面的流速要比沿翼形上表面的流速大，相应的翼形下表面的压力要比上表面小，因而水流对翼形产生方向向下的作用力 R，同样，翼形对水流产生一个反作用力

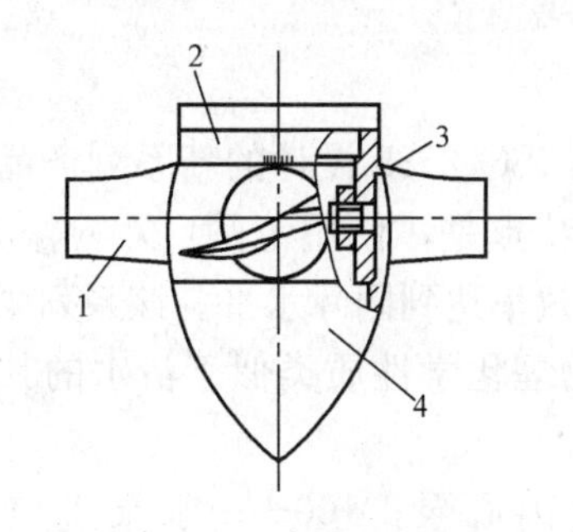

图 2-14　半调节式叶片

1—叶片；2—轮毂体；3—调节螺母；4—导水锥

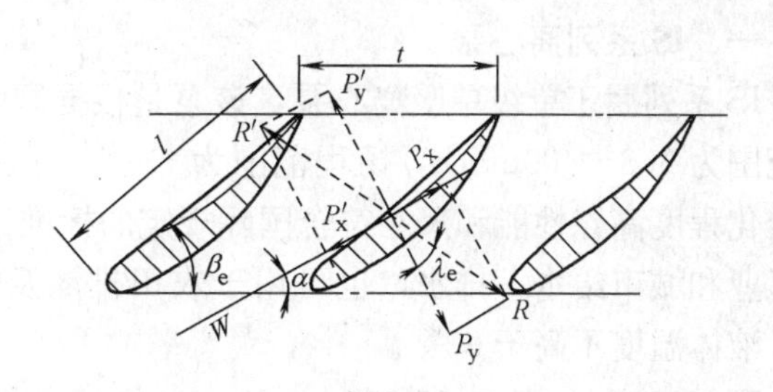

图 2-15　作用在翼形上的力

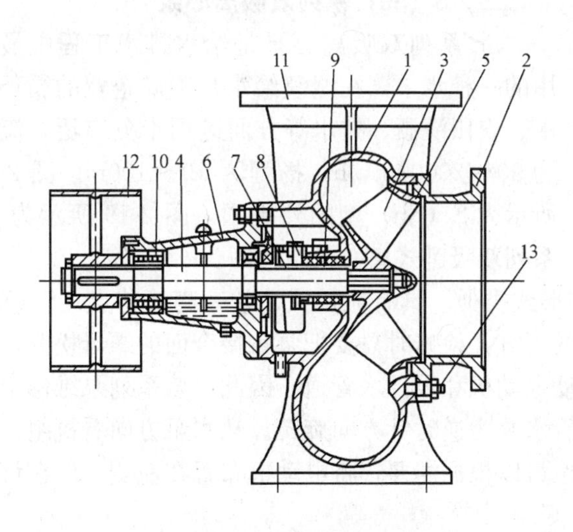

图 2-16　蜗壳式混流泵构造图

1—泵壳；2—泵盖；3—叶轮；4—轴承；5—减漏环；6—轴承盒；7—轴套；8—填料压盖；9—填料；10—滚动轴承；11—出水口；12—皮带轮；13—双头螺丝

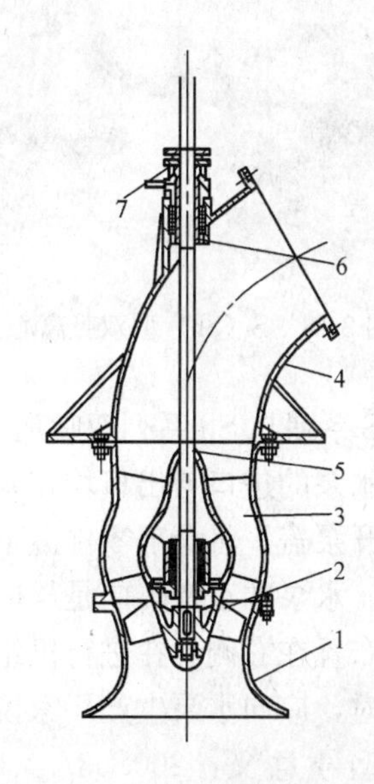

图 2-17　导叶式混流泵结构图

1—进水喇叭管；2—叶轮；3—导叶体；4—出水弯管；5—泵轴；6—橡胶轴承；7—轴封装置

R'，其大小与 R 相等、方向相反，作用在水流上，在此力的作用下，水沿泵轴方向上升。叶轮不停地旋转，水就不断地被提升。

三、混流泵

混流泵的构造和工作原理兼有离心泵和轴流泵的特点。叶轮被动力机带动旋转时，叶片一方面推动着水体，同时又驱使水体旋转产生离心力。混流泵根据其压水室的不同，通常分为蜗壳式和导叶式两种，如图 2-16 和图 2-17 所示。从外形上看，蜗壳式混流泵与单级单吸离心泵相似，导叶式混流泵与立式轴流泵相似，其部件也无太大区别；所不同的是叶轮的形状和支承方式。混流泵的工作原理是离心力和升力的共同作用把机械能转换给被抽送的水。

第四节　给水排水工程中常用水泵

一、IS 系列离心泵

IS 系列属于单级单吸离心泵，该泵是根据国际标准 ISO 2585 设计的新系列产品。流量范围为 6.3～400m^3/h，扬程范围为 5～125m。它的特点是，使用范围广，检修方便；标准化程度高，性能和尺寸符合国际规定的标准；泵的效率达到国际水平。该系列泵适用于工业和城市给水、排水，也可用于农田排灌及输送物理化学性质类似于清水的其他液体，液体温度不高于 80℃。

型号意义：IS100-65-250A：IS——单级单吸清水离心泵；100——水泵进口直径（mm）；65——水泵出口直径（mm）；250——叶轮直径（mm）；A——叶轮外径第一次车削。

图 2-18　S（Sh）型双吸离心泵外观图

二、S（Sh）系列双吸离心泵

Sh 系列双吸离心泵是给水排水工程中最常用的一种水泵，在城镇给水、工矿企业的循环用水、农田灌溉、排水等方面应用十分广泛，流量为 90～20000m^3/h，扬程为 10～100m。图 2-18 所示为 S（Sh）型的外观图，图 2-19 所示为 Sh 系列双吸卧式离心泵结构图。

S 系列与 Sh 系列双吸离心泵的结构形式类似。具有流量大、效率高等特点；S（Sh）系列水泵的进口与出口均在泵轴中心线的下方，检修时只要把泵盖接合面的螺母松开，即可揭开泵盖，将全部零件拆下，不必移动电动机和吸压水管道。因此，该系列泵维修十分方便。水泵的正常转向是从电动机方向看水泵为逆时针方向旋转。从水泵方向看机组，电动机布置在右侧。在进行机组布置时，也可以根据需要，将电动机布置在左侧。但在订购水泵时，应向水泵生产厂家说明。

型号意义：200S63A：200——泵进口直径为 200mm；S——单级双吸离心泵；63——扬程为 63m；A——叶轮外径第一次切削。

三、D（DA）系列多级式离心泵

图 2-20 所示为分段式多级离心泵的外观图。这种系列的水泵相当于在一根轴上同时安装几个叶轮串联工作。轴上叶轮的个数就代表泵的级数。

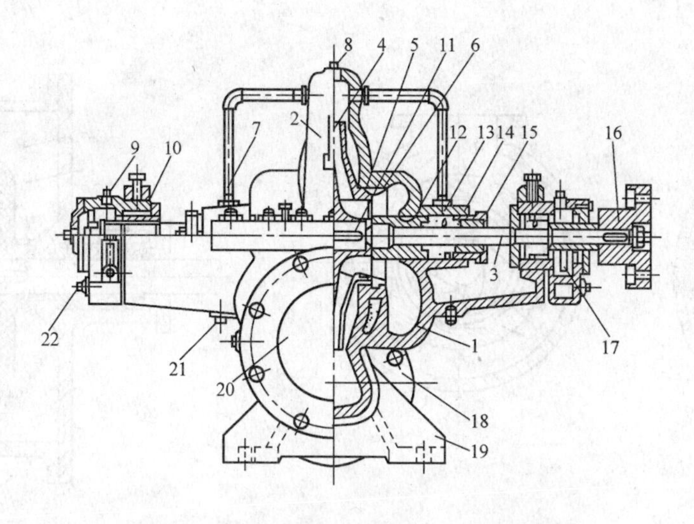

图 2-19　Sh 系列双吸卧式离心泵剖面结构图

1—泵体；2—泵盖；3—泵轴；4—叶轮；5—叶轮上的减漏环；6—泵壳减漏环；7—水封管；8—充水孔；9—油孔；10—双列球轴承；11—键；12—填料套；13—填料环；14—填料；15—压盖；16—联轴器；17—游环指示管；18—压水管法兰；19—泵座；20—吸水管；21—泄水孔；22—放油孔

图 2-20　分段多级离心泵的外观图

多级水泵工作时，液体从吸水管吸入，由前一级叶轮压出进入后一级叶轮，每经过一个叶轮，液体就获得一次能量。所以水泵的总扬程随叶轮级数的增加而增加。水泵的泵体为分段式，由一个前段（进水段），一个后段（出水段）和数个中段（叶轮部分）组成，各段用螺栓连接成为整体。泵的进水口位于前段，出水口位于后段。水从一个叶轮流入另一个叶轮，中间经过导流器。导流器的构造如图 2-21（*a*）所示，它是铸有导叶的圆环，安装时用螺母固定在泵壳上。水流通过导流器时，犹如水流流经一个不动的水轮机的导叶一样，因此，这种带导流器的多级泵通常称为导叶式离心泵（又称为透平式离心泵）。图 2-21（*b*）表示泵壳中水流运动的情况。

由于各级叶轮均为单吸式，吸入口朝向一边，其轴向推力将随叶轮级数的增加而增大。因此，在分段式多级离心泵中，轴向力的消除是一个不容忽视的问题。为了平衡其轴向推力，通常安装平衡盘装置，如图 2-22 所示。平衡盘用键固定于泵轴上，随轴一起旋转。

在分段式多级泵中，安装平衡盘后，水泵运行中平衡盘始终处于一种动态平衡之中。由此可见，平衡盘装置可自动平衡轴向力。故在多级泵中，大都采用这种平衡方法。此

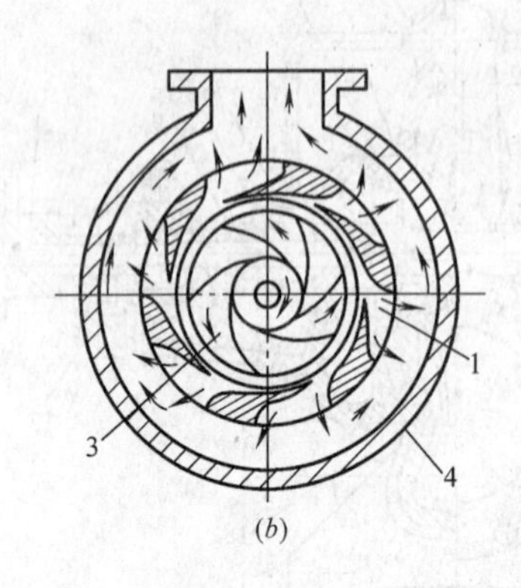

图 2-21　导叶式多级离心泵

(a) 导流器；(b) 水流运动情况

1—流槽；2—固定螺栓孔；3—水泵叶轮；4—泵壳

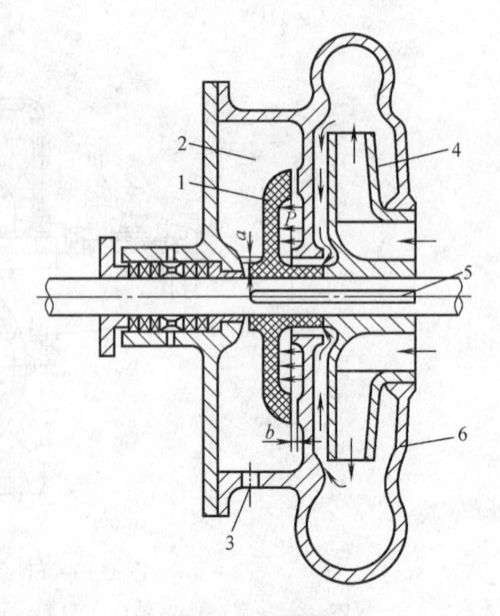

图 2-22　平衡盘

1—平衡盘；2—平衡室；3—通气孔；

4—泵叶轮；5—键；6—泵壳

外，还可采用叶轮对称排列布置、平衡鼓装置等方法来平衡轴向推力。

多级离心泵构造较复杂，维修不方便，水泵的效率较低，但具有较高的扬程。扬程范围为 100～650m，流量范围为 5～720m^3/h。

型号意义：100D16A×5 型：100——水泵进口直径（mm）；D——单吸多级分段式；16——单级扬程 16（m）；A——水泵叶轮外径第一次车削；5——叶轮级数。

四、JC（JCR）系列长轴井泵

该系列泵为多级、单吸离心式长轴井泵。它的特点是，结构紧凑，性能良好，使用方便。该泵从深井中提水，当地下水位距地面超过离心泵吸程时，采用长轴井泵。该系列长轴井泵水力模型先进，性能曲线无驼峰，高效区宽，效率比 J、JD 型长轴井泵平均高 4%～8%，是新一代节能型提水机具。适宜在电厂、化工厂高扬程排水、排污用泵及工艺流程用泵等，亦可制作为启动时不需加预润滑水的特种水泵，适用于特殊环境的需要。流量为 5～900m^3/h，扬程为 20～200m。主要用途：JC 型长轴深井泵适用于从水井提取常温无腐蚀性的清水，广泛应用于工矿企业，城镇供水及农田灌溉。JCR 型地热长轴井泵适用于 100℃以下中低温地下水的开采，也应用于电厂、纺织厂、自来水厂、石化企业的给水。

JC 型长轴井泵（图 2-23）由工作部分、扬水管部分、传动装置三大部分组成。工作部分由工作部件和吸水管组成。工作部件包括上、中、下导流壳，叶轮，锥套，壳橡胶轴承，叶轮轴等零件，叶轮为封闭式，壳体之间有螺栓，螺纹两种连接形式。扬水管部分：由扬水管、传动轴、联轴器、支架轴承、橡胶轴承等零件组成。扬水管有螺纹和法兰两种连接形式。传动装置部分：由泵座、轴承箱、皮带轮、逆止机构、上传动轴、调整螺母等零件组成，有电动机直联和皮带传动两种传动方式。泵座承受全部扬水管和工作部分的重量。

型号意义：100JC10-2.8 ×13 型：100——适用最小井径 100（mm）；JC——长轴井泵；2.8——额定流量为 28（m^3/h）；13——表示水泵叶轮级数；10——单级扬程 10（m）。

五、潜水泵

潜水泵是泵体和电动机连接在一起，共同潜入水下工作的一种水泵，有深井和作业面潜水泵两种。深井潜水泵通过伸入井中的电缆向电动机供电，免去了传动长轴，因而结构紧凑，重量轻，安装、使用方便，在有电源地区有取代长轴井泵的趋势，但对含沙量大的水井和无电源地区不适用。为潜水泵配套的电动机有干式（电机全部密封）、半干式（电机的定子密封，而转子在水中运转）、充油式（电机内部充油以防水分侵入绕组）和湿式（电机内部充水，转子在水中运转）等类型。前三种都需要密封且制造安装精度要求较高，因而农用深井潜水泵通常采用湿式电动机，其定子绕组采用耐水绝缘导线或在定子绕组端部及槽内浇注合成树脂，水进入电动机内部对其运行影响不大，密封结构可大大简化，只要求防沙即可。有的深井潜水泵扬程高达 1400m，最大流量达 1.4m^3/s。图 2-24 所示为潜水泵外形图。由潜水电动机、泵体和扬水管等三部分组成。这种泵广泛应用于工矿企业及城市给水排水工程中。潜水泵的主要特点：

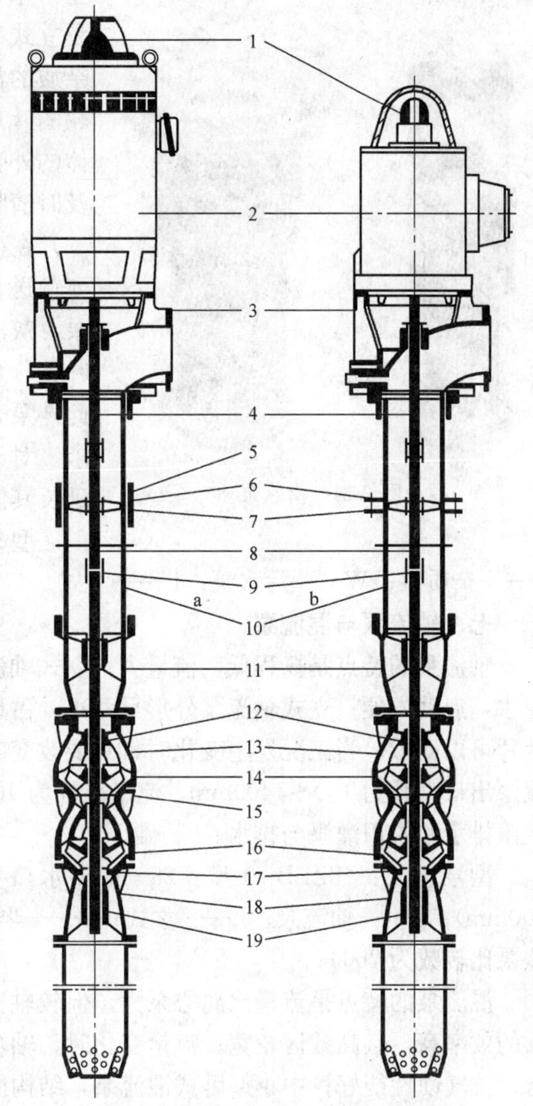

图 2-23 JC 型长轴深井泵结构示意图

1—调节螺母；2—电动机；3—泵座组装；4—电机轴；5—连管器；6—支架；7—支架轴承；8—传动轴；9—联轴器；10—a 螺纹扬水管，b 法兰扬水管；11—上导流壳；12—壳轴承；13—中导流壳；14—叶轮；15—密封环；16—锥套；17—叶轮轴；18—下导流壳；19—上下壳轴承

（1）电动机与泵体合一，省去了长的传动轴，重量轻，价格低，安装检修方便；

（2）电动机水泵均潜入水下工作，可不需修建地面泵房，土建投资小；

（3）由于电动机用水润滑和冷却，所以维护费用低；

（4）电动机水泵均潜入水下运行，降低了噪声。

型号意义：200QJ50-52/4 型：200——适用最小井径（mm）；QJ——井用潜水泵；50——设计流量（m^3/h）；52——设计扬程（m）；4——叶轮级数。

六、污水泵、杂质泵

污水泵实际上是杂质泵的一种，按结构形式不同分为卧式和立式两种。常用的 PW

型污水泵，为卧式单级离心泵；PWL型污水泵，是立式单级离心泵。由于输送带有纤维或其他悬浮杂质的污水，因此，在结构上与一般清水泵相比叶轮的叶片少，流道宽。另外，为了避免堵塞，在泵体的外壳上开设有检查孔、清扫孔，便于在停车后及时清除泵壳内部的杂质。

图 2-24 潜水泵

在矿山、冶金、化工、电力等部门中，经常需要输送含有杂质的液体，常用的杂质泵有：泥浆泵、灰渣泵、混凝土泵等。杂质泵的主要特点是：叶轮、泵体及泵盖等过流部件要求采用耐磨材料，此外泵壳上通常有清扫孔以适应经常检查拆洗的要求。对于杂质泵可采取局部加厚承磨部件的断面来延长其使用寿命。

型号意义：4PWL 型：4——泵出口直径；P——杂质泵；W——污水泵；L——立式。

七、轴流泵与混流泵

轴流泵的特点是扬程低，流量大；立式轴流泵叶轮安装在最低水位以下，启动前不需充水，启动方便；立式轴流泵外形尺寸小，占地面积少，泵房平面尺寸小；轴流泵叶轮的叶片可以调节，当工况发生变化时，只要改变叶片角度，就可以改变泵的性能。中小型轴流泵出口直径为150～1400mm，流量范围为100～500L/s，扬程范围为2～21m。适用于城镇排水和农田灌溉与排水。

型号意义：28ZLB-70 型：28——出水口直径，乘 25 所得值（即该泵出口直径为700mm）；Z——轴流泵；L——立式；B——半调节叶片；70——比转数除 10 所得值（即该泵比转数为 700）。

混流泵的特点是流量比离心泵大，但较轴流泵小；扬程比离心泵低，但较轴流泵高；泵的效率高，且高效区较宽；流量变化时，轴功率变化较小，动力机可以经常处于满载运行；抗气蚀性能好；中小型卧式混流泵，结构简单，重量轻，使用维修方便。混流泵兼有离心泵和轴流泵的特点，是一种较为理想的泵型。我国目前生产的中小型蜗壳式混流泵进口直径为50～700mm，流量范围为12.5～3650m^3/h，扬程范围为3～12.5m。中小型导叶式混流泵出口直径为65～900mm，流量范围为12.5～6156m^3/h，扬程范围为3～252m。广泛使用于城镇排水、给水及农田灌溉与排水。

型号意义：300HW-8A 型：300——泵进、出口直径（mm）；HW——卧式蜗壳混流泵；8——设计扬程 8（m）；A——切割叶轮外径或换用不同性能的叶轮。

八、管道泵

管道泵直接与管道连接，电动机位于泵体上方，泵的吸水口和出水口直径相同，并位于同一水平线上，其下部有方形底座，可直接安装在混凝土基础上。小型管道泵如直接安装于管道中，则泵两侧管道应有支承。

管道泵高效节能，振动小，噪声低；结构较简单，安装方便，占地面积小。泵的吸水口和出水口在同一水平线上，有利于管道安装，减少管件。配带露天防爆型电动机的管道泵适用于户外运行。管道泵广泛用于输送水、石油、化工等液体。图 2-25 所示为 YG 型立式离心管道泵外形图。

型号意义：50YG-60A 型：50——泵吸水口与出水口直径（mm）；YG——单级立式离心管道泵；60——泵设计点单级扬程值（m）；A——叶轮外径经第一次车削。

管道泵根据不同的使用场合，可以有不同的规格型号。如上海东方泵业制造公司生产的 DFG 型管道离心泵，采用的是低转速电动机，大大降低了运行中噪声和振动，输送液体温度 −15℃～+120℃，系统压力≤1.6MPa。用于暖气系统和空调系统中液体、暖气水和冷却水的循环。

型号意义：DFG150-50A 型：DFG——东方低转速管道离心泵；150——进出口直径（mm）；50——额定扬程（m）；A——叶轮外径经第一次车削。

图 2-25　YG 型立式离心管道泵

九、射流泵

射流泵也称水射器（或喷射泵），它是利用高速工作流体的能量来完成流体的输送。其基本构造如图 2-26 所示，由喷嘴 1、吸入室 2、混合管 3 以及扩散管 4 等部件组成。

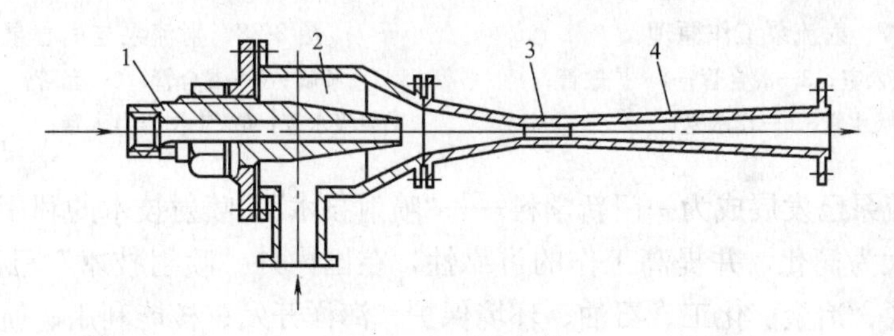

图 2-26　射流泵构造图

1—喷嘴；2—吸入室；3—混合管；4—扩散管

（一）工作原理

如图 2-27 所示，高压流体以流体 Q_1，比能 H_1 由喷嘴高速射出时，连续带走吸入室 2 内的空气，此时，在吸入室形成真空，被抽升的流体在大气压力作用下，以流量 Q_2 经吸水管 5 进入吸入室，两股流体（Q_1+Q_2）在混合管 3 中进行能量的传递和交换，使流速、压力渐趋一致，然后，经渐扩管 4 使部分动能转化为压能后，再经压水管 6 排出。这时流体的流量为（Q_1+Q_2），扬程为 H_2，H_2 即为射流泵的扬程。

（二）射流泵的特点及应用

射流泵的泵体内没有运动部件，因此它具有以下特点：①构造简单、加工容易、安装和维修方便；②工作可靠、启动方便，无需充水设备，并且当吸水口完全露出水面后，无断流危险；③密封性能好，不但可以抽升污泥或其他有颗粒液体，而且有利于输送有毒、易燃和放射性介质；④体积小、重量轻、价格便宜。图 2-28 所示为射流泵与离心泵联合工作装置，可从深井中抽水。它除作为输送机械外，还可兼作混合设备，但是工作效率较低。

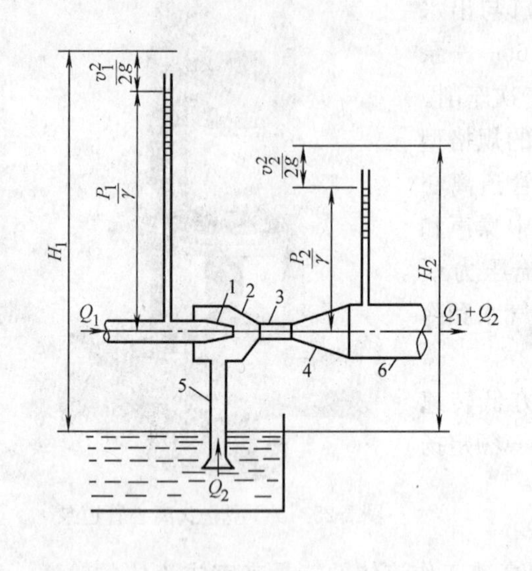

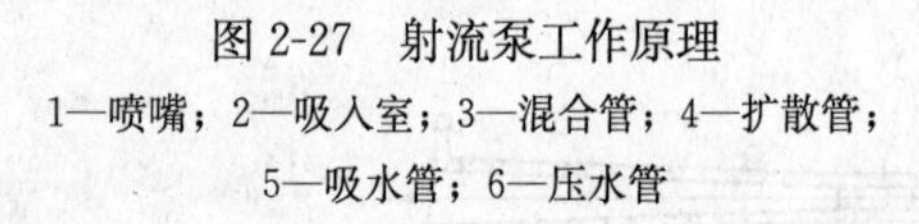

图 2-27　射流泵工作原理

1—喷嘴；2—吸入室；3—混合管；4—扩散管；5—吸水管；6—压水管

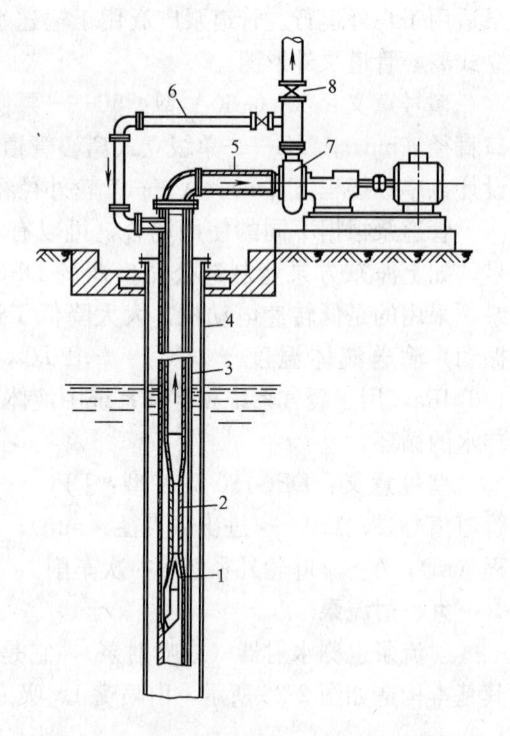

图 2-28　射流泵与离心泵联合工作

1—喷嘴；2—混合管；3—套管；4—井管；5—水泵吸水管；6—工作压力水管；7—水泵；8—阀门

目前，射流泵已发展成为一门新学科——“喷射技术”。喷射技术的利用可以使整个工艺流程和设备大为简化，并提高工作的可靠性，在国内外“喷射技术”已广泛应用于水利、电力、交通、冶金、化工、石油、环境保护、海洋开发、核能利用、航空及航天等领域。在给水排水工程中，射流泵的应用也比较广泛，主要用于以下场合。

1）离心泵充水。在离心泵的泵壳顶部接一射流泵，水泵启动前，利用给水管道中的高压水作为射流泵的工作液体，通过射流泵来抽吸离心泵的泵体内空气，达到离心泵启动前抽气充水的目的。

2）在小型水厂中，利用射流泵来抽升液氯和矾液，俗称“水老鼠”。

3）在地下水除铁、除锰曝气充氧工艺中，可用射流泵作为带气、充气装置，射流泵抽吸的是空气，通过混合管与地下水混合，以达到充氧的目的，在此处一般称射流泵为加气阀。

4）在污水处理中，作为污泥消化池中搅拌和混合污泥用泵。近年来，用射流泵作为生物处理工艺中的曝气设备及气浮净化法中的加气设备发展十分迅速。

5）在离心泵吸水管的末端装置射流泵，与离心泵串联工作以增加离心泵装置的吸水高度，常用于地下水较深地区取水。

6）工程施工中排除基坑的地下水和用于井点排水等。

十、往复泵

往复泵是最早应用于实际工程中的一种液体输送机械，属于容积式水泵的一种，它是利用泵体工作室容积周期性地改变来输送液体并提高其能量。由于泵的主要工作部件（活塞与柱塞）的运动为往复式，故称为往复泵。目前由于离心泵的广泛应用，使往复泵的应用范围已逐渐缩小。但由于往复泵具有在水压急剧变化时仍能维持流量几乎不变这一特点，故往复泵仍有所应用。

（一）工作原理

图 2-29 所示为往复泵工作示意图。当柱塞 7 通过曲柄连杆机构带动向右移动时，泵缸内容积逐渐增大，压力降低，上端的压水阀 3 被压而关闭，下端的吸水阀 4 便在吸水液面上大气压力作用下而打开，液体经吸水管进入泵缸，直到柱塞移动到右端顶点为止，完成了吸水过程。当柱塞从右端顶点向左移动时，泵缸容积逐渐减小，压力升高，出水阀受压被顶开，吸水阀被压而关闭，直到柱塞到达左端顶点为止，由此将水排出，进入压水管，完成了压水过程。如此往复运动，水就间歇而不间断地由吸水管吸入泵缸再由压水管排出。柱塞往复一次，泵缸只吸入和排出一次水，这种泵称为单作用往复泵，也称单动泵。若活塞往复一次，泵缸完成两次吸水和排水，这种泵称为双作用往复泵，也称双动泵。

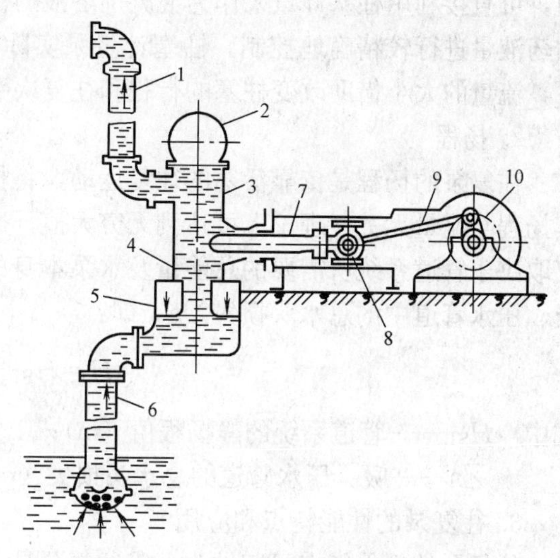

图 2-29　往复泵的工作示意图

1—压水管路；2—压水空气室；3—压水阀；4—吸水阀；5—吸水空气室；6—吸水管路；7—柱塞；8—滑块；9—连杆；10—曲柄

（二）往复泵的性能参数

1. 流量

单作用活塞泵的理论流量（不考虑容积损失）Q_T 为：

$$Q_T = FSn \quad (m^3/min) \tag{2-1}$$

式中　F——柱塞或活塞断面面积（m^2）；

n——活塞每分钟的往返次数（次/min）；

S——冲程（m）。

对于双作用往复泵，在计算流量时，要考虑活塞杆的截面积 f 对流量的影响，故双作用往复泵的理论流量为：

$$Q_T = (2F - f)Sn \tag{2-2}$$

实际上，由于有回流泄漏及吸入空气等因素的影响，泵的实际流量 Q 总是小于理论流量 Q_T。往复泵的实际流量为：

$$Q = \eta_v Q_T \tag{2-3}$$

式中　η_v——容积效率。

由式（2-1）可知，往复泵的流量与柱塞的冲程有关，如果柱塞单位时间内的往复次数恒定，则可以通过调节柱塞的冲程来改变泵的流量，同时也可以通过计量柱塞冲程数来计量泵的流量。计量泵就是利用调节冲程的调节器来显示流量。在水厂的自动投药系统中，可直接利用柱塞计量泵作为混凝剂溶液的投加设备，泵在投加药液的同时还能对所投加药液量进行较精确地控制。柱塞计量泵实际上是一种流量可以调节控制的柱塞式往复泵，流量的大小借助改变柱塞的行程和往复次数来进行调节。

2. 扬程

往复泵的扬程是依靠活塞的往复运动，将机械能以静压的形式直接传给液体。因此，其扬程与流量无关，理论上可达到无穷大值，这是它与离心泵不同的地方。它的实际扬程仅取决于管道系统所需要的总能量及水泵本身的设计强度，即包括管道系统静扬程 H_{ST}，吸、压水管道中的总水头损失 $\sum h$，即：

$$H = H_{ST} + \sum h \tag{2-4}$$

式中 H_{ST}——管道系统的静扬程值（m）；

$\sum h$——吸、压水管道的总水头损失（m）。

3. 往复泵的性能特点和应用

往复泵的性能特点可归纳为：①往复泵是一种高扬程、小流量的容积式水泵，可用作系统试压、计量等。②必须开阀启动，否则有损坏水泵、动力机和传动机构的可能。③不能用闸阀调节流量，否则不但不能减小流量，反而增加动力机功率的消耗。④泵在启动时能把吸水管内的空气逐步吸入并排出，启动前不需充水。⑤在系统的适当位置设置安全阀或其他调节流量的设施。⑥出水量不均匀，严重时运行中可能造成冲击和振动现象。

往复泵与离心泵相比，外形尺寸和重量都大，价格也高，结构较复杂，操作管理不便，所以，多数使用场合被离心泵所代替。但在高扬程、小流量、输送特殊液体、钻井循环水的供应、要求自吸能力强的场合以及要求准确计量等方面，仍有其独特的作用。

十一、气升泵

气升泵又名空气扬水机，它是以压缩空气为动力来提升液体或矿浆的一种气举装置。气升泵由扬水管、输气管、喷嘴和气水分离箱等部件组成，构造简单，可现场加工、装配。

（一）工作原理

图 2-30 所示为气升泵示意图。地下水位为静水位0—0，来自空气压缩机的压缩空气由输气管 2 经喷嘴 3 输入扬水管 1，在扬水管中形成空气与水的水气乳状液，水气乳状液由于重力密度小而沿扬水管上升，流入气水分离箱中，在该箱内，水气乳状液以一定的速度撞击在伞形钟罩 6 上，由于冲击而达到水气分离的目的。分离出来的空气经水气分离箱顶部的排气孔 5 排出，水落入箱中，依靠重力流出，由管道引入水池。

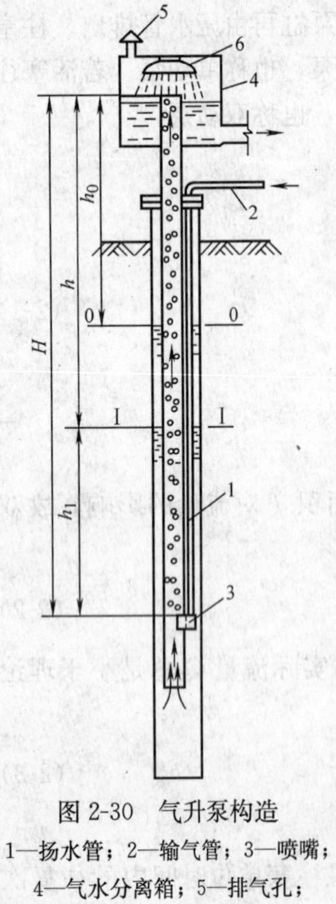

图 2-30 气升泵构造

1—扬水管；2—输气管；3—喷嘴；4—气水分离箱；5—排气孔；6—伞形钟罩

因为水气乳状液的重力密度小于水，液面上升。假设液体处于静平衡状态，以喷嘴所在水平面为等压面，得压力平衡方程：

$$\gamma_w h_1 = \gamma_m H = \gamma_m (h_1 + h) \tag{2-5}$$

或

$$h = \left(\frac{\gamma_w}{\gamma_m} - 1\right) h_1 \tag{2-6}$$

式中　γ_w——水的重力密度（kN/m^3）；

γ_m——扬水管内水气乳状液的重力密度，一般为（0.15～0.25）γ_w；

h_1——井内动水位至喷嘴的距离，称为喷嘴的淹没深度（m）；

h——提升高度（水气乳状液的上升高度）（m）。

实际装置中，水气乳状液沿扬水管上升既要克服运动中的阻力，还要具有一定的动能流出扬水管。因此必须使

$$\gamma_w h_1 > \gamma_m H \tag{2-7}$$

或

$$\left(\frac{\gamma_w}{\gamma_m} - 1\right) h_1 > h \tag{2-8}$$

由上式可知，要使水气乳状液上升至某一定高度 h 时，喷嘴必须在动水位以下某一深度 h_1，并需要供应一定量的压缩空气。因此，水气乳状液上升的高度 h 与压入压缩空气量和喷嘴淹没深度这两个因素有关。

（二）气升泵装置和应用

图 2-31 所示为气升泵装置总图。

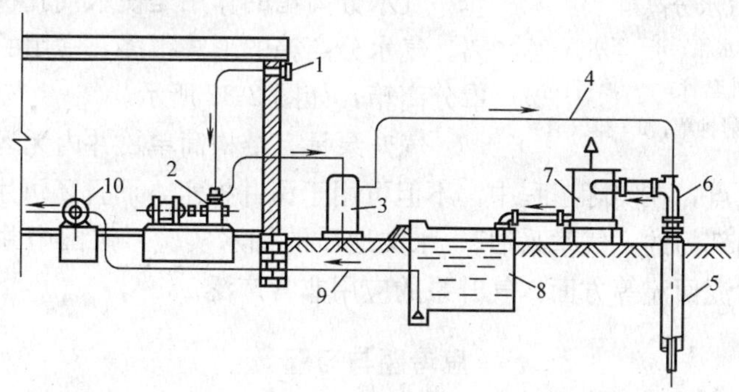

图 2-31　气升泵装置总图

1—空气过滤器；2—空气压缩机；3—贮气罐；4—输气管；5—井管；6—扬水管；7—气水分离箱；8—清水池；9—吸水管；10—水泵

1. 空气过滤器

空气过滤器是空气压缩机的吸气口。其作用是防止灰尘等进入空气压缩机内。空气过滤器一般安装在户外离地面 2～4m 高的背阳处。

2. 贮气罐

贮气罐的作用是使空气在罐内消除脉动，能均匀地输送到扬水管中去，同时还起着分离压缩空气中挟带的机油和潮气的作用。贮气罐一般置于室外，应避免罐内油挥发的气体遇到高温产生爆炸。

3. 输气管

输气管内气流速度一般采用 7～14m/s 计算输气管直径。管内实际工作压力通常为

294～784kPa。为了排除输气管中的凝结水，管路应向井倾斜，坡度为0.005～0.01。

4. 喷嘴

喷嘴的作用是在扬水管内形成水气乳液。为了使空气与水充分混合，增大空气和水的接触面积，气泡的直径不宜大于6mm，也不应集中在一处喷出，需设置布气管。一般喷嘴上小孔眼的直径在3～6mm，小孔向上倾斜，这样能使压缩空气向上喷射，升水效果会更好。

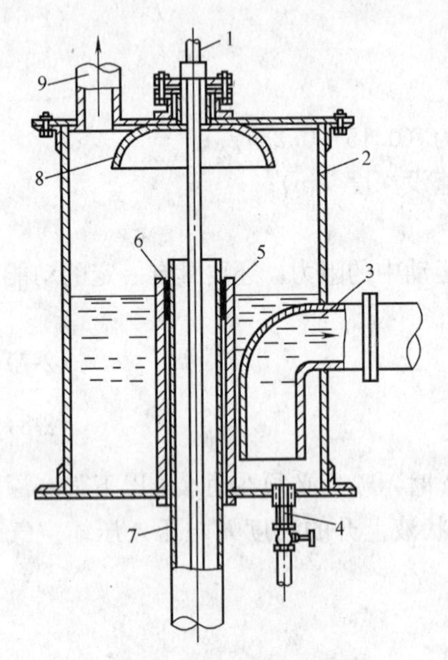

图2-32 气水分离箱

1—输气管；2—集水箱；3—压水管；4—放空管；5—外套管；6—填料；7—扬水管；8—反射钟罩；9—排气管

5. 扬水管

扬水管直径过小时，井内水位降落大，抽水量受到限制。扬水管的管径过大时，水上升会产生间断，甚至不能升水，因此，要选择适宜的扬水管管径。扬水管管径的确定，需要考虑水气乳液的流量（即抽水量和气量之和）、流速和升水高度以及布气管的布置形式等因素。一般可按水气乳液流出管口前的流速6～8m/s来计算管径。扬水管长度应比喷嘴以下管段长3～5m，以免气泡逸出管外。为防止锈蚀，管壁内外应作防腐处理。

6. 气水分离箱

气水分离箱的作用是使水气乳状液中的水、气分离。气水分离箱的形式很多，常用的是带伞形的反射罩分离箱，如图2-32所示。

气升泵具有结构简单，井内无运动部件，工作可靠、安装方便等优点，在实际工程中，不但可用于深井抽水，而且还可用于抽升泥浆、矿浆、卤液等。石油部门的“气举采油”，水文地质的抽水实验，矿山中井巷排水以及中小型污水处理厂的污泥回流等方面，气升泵的应用非常广泛。

思考题与习题

1. 离心泵是如何工作的？
2. 离心泵各主要零件的作用是什么？
3. 轴流泵是如何工作的？
4. 轴流泵各主要零件的作用是什么？
5. 轴向推力是怎样产生的？有哪些平衡方法？
6. 试述长轴井泵的结构特点。
7. 试述潜水泵的主要特点。
8. 简述射流泵的工作原理、特点及应用。
9. 试述往复泵的主要特点。
10. 简述气升泵的装置及应用。

第三章　叶片泵的性能

第一节　叶片泵的性能参数

用来表征叶片泵性能的一组数据称叶片泵的性能参数。包括流量、扬程、功率、效率、允许吸上真空高度或必需气蚀余量、转速。

一、流量（输水量）

流量（输水量）是指水泵单位时间内输送液体的体积或质量，用 Q 表示，常用的计量单位是"m^3/h"、"m^3/s"或"L/s"、"t/h"。

二、扬程

扬程是指单位重力的水从水泵的进口到水泵的出口所增加的能量，也即单位重力的水经过水泵后获得的能量。用 H 表示，单位是"N·m/N"，习惯上用抽送液体的液柱高度来表示，水泵的扬程用"mH_2O"来表示，一般简称为"m"。

扬程是表征液体经过水泵后比能增值的一个参数，水流进入水泵时所具有的比能为 E_1，流出水泵时所具有的比能为 E_2，则水泵的扬程为

$$H=E_2-E_1 \tag{3-1}$$

三、功率

功率是泵单位时间内所做功的大小。单位是"kW"。

1. 有效功率

有效功率又称输出功率，是指单位时间内流过水泵的液体从水泵那里获得的能量，用 N_u 表示。可用下式计算：

$$N_u=\frac{\rho gQH}{1000} \tag{3-2}$$

式中　N_u——水泵的有效功率（kW）；

ρ——液体的密度，清水为 $1000kg/m^3$；

g——重力加速度（m/s^2）。

2. 轴功率

轴功率又称输入功率，是指泵轴从动力机那里得到的功率，用 N 表示。

3. 配套功率

配套功率是指为水泵配套的动力机功率，用 $N_{配}$ 表示。配套功率和轴功率的关系为：

$$N_{配}=k\frac{N}{\eta_i} \tag{3-3}$$

式中　$N_{配}$——动力机的功率（kW）；

k——功率备用系数，取1.05～1.10；

η_{i}——传动效率。

四、效率

效率是指水泵的有效功率与轴功率之比的百分数，用η表示。

$$\eta=\frac{N_{u}}{N}\times100\% \tag{3-4}$$

轴功率不可能全部传递给被输送的液体，在泵内部存在着能量损失。因此，水泵的有效功率总是小于轴功率。效率标志着水泵转换能量的有效程度，是水泵的重要技术经济指标。

五、允许吸上真空高度或必需气蚀余量

允许吸上真空高度或必需气蚀余量是表征水泵吸水性能的参数，用H_{s}或$(NPSH)_{r}$表示，单位是“m”。将在第四章第七节中详细介绍。

六、转速

转速是指水泵的叶轮每分钟旋转的圈数，用n表示。单位是r/min。在往复泵中转速通常以活塞往复的次数来表示，单位是“次/min”。

转速是影响水泵性能的一个重要参数，各种水泵都按一定的转速设计，当水泵的实际转速不同于设计转速时，水泵的其他性能参数将按一定的规律变化。

在样本中，除了对水泵的构造、用途、安装尺寸作出说明外，更主要的是提供了一套水泵的性能参数及各性能参数之间相互关系的特性曲线，以便于用户全面了解水泵的性能及选择水泵。

为了方便用户使用，在每台泵的机壳上都钉有一块铭牌，铭牌上简明地列出了该泵在设计转速下运转时，效率为最高时的流量、扬程、转速、轴功率及吸水性能参数。

另外，叶片泵的品种与规格很多，为便于技术上的应用和商业上的销售，对不同品种、规格的水泵，按其基本结构、型式特征、主要尺寸和工作参数的不同，分别制订为各种型号。通常用汉语拼音字母表示泵的名称、型式及特征，用数字表示泵的主要尺寸和工作参数；也有单纯用数字组成的。常用水泵型号代号LG——高层建筑给水泵，DL——多级立式清水泵，BX——消防固定专用水泵，IS——单级单吸卧式清水泵，DA——多级卧式清水泵，QJ——潜水泵。泵型号意义：如40LG12-15，40——进出口直径（mm）；LG——高层建筑给水泵（高速）；12——流量（m^3/h）；15——单级扬程（m）。200QJ20-108/8；200——适用最小井径200（mm）；QJ——潜水泵；20——流量20（m^3/h）；108——扬程108（m）；8——级数8级。

第二节　叶片泵的基本方程式

叶片泵是靠叶轮的旋转来输送水的。那么，水流在旋转的叶轮中是如何运动的呢？叶轮如何把能量传递给被抽送的水呢？这些规律是本节讨论的主要内容。

一、液体在叶轮中的运动状况

在研究叶片泵的基本方程式之前，必须了解液体在叶轮中的运动状况。液体流过水泵

时，泵的吸入室和压出室是固定不动的。而液体在叶轮内一方面从叶槽进口流向出口，另一方面又随叶轮一起旋转。所以液体在叶轮内的运动为一复合运动。

图 3-1 所示为封闭式离心泵叶轮的剖面图。液体质点随叶轮一起旋转的运动称牵连运动或圆周运动，其速度称牵连速度或圆周速度，用 u 表示，如图 3-1（*a*）所示。液体质点相对于旋转叶轮的运动称相对运动，其速度称相对速度，用 W 表示，如图 3-1（*b*）所示。液体质点相对于静止坐标系的运动称绝对运动，其速度称绝对速度，用 C 表示。绝对速度 C 等于牵连速度 u 和相对速度 W 的向量和，即

$$\vec{C}=\vec{u}+\vec{W} \qquad (3\text{-}5)$$

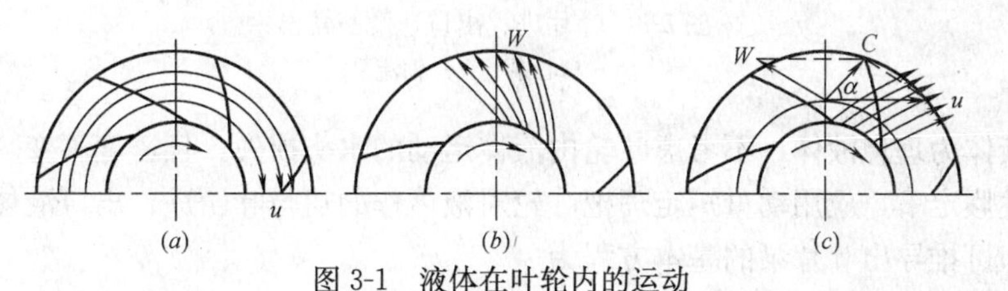

图 3-1　液体在叶轮内的运动

（*a*）液体的圆周运动；（*b*）液体的相对运动；（*c*）液体的绝对运动

液体质点牵连速度的方向与质点在叶轮中所在处的圆周切线方向一致。液体质点相对速度的方向与该质点所在处的叶片表面相切。液体质点绝对速度的速度方向，用速度四边形法确定，如图 3-1（*c*）所示。实际应用时只画速度三角形，如图 3-2 所示。图中 α 是绝对速度和圆周速度之间的夹角，β 是相对速度和圆周速度反方向之间的夹角。绝对速可分解为两个相互垂直的分速度 C_u、C_r，即

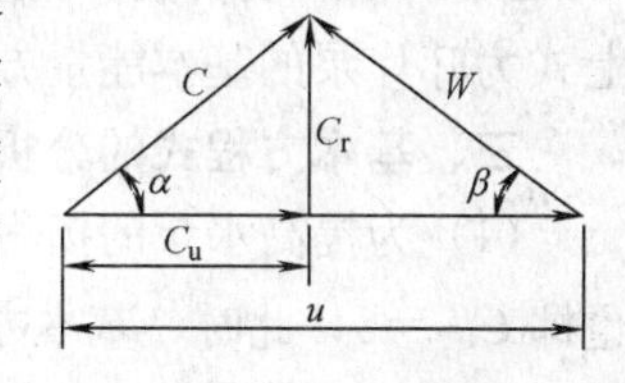

图 3-2　速度三角形

$$C_u = C\cos\alpha \qquad (3\text{-}6)$$

$$C_r = C\sin\alpha \qquad (3\text{-}7)$$

C_u为圆周分速度，它和牵连速度的方向一致。C_r对离心泵来说是径向分速度；对轴流泵来说是轴向分速度。

叶槽内任意一点，在给定条件下均可作出速度三角形，但在分析和解决实际问题时，主要应用叶片进、出口处的速度三角形。为区别起见，分别用下角标“1”和“2”表示叶片进、出口处参数。

图 3-3 所示为离心泵、轴流泵叶片进、出口速度三角形。它清楚地表达了流体在叶轮中的运动状况。

二、叶片泵的基本方程式

叶片泵的基本方程式反映了叶片泵理论扬程与液体运动状况的变化关系式。

液体在叶轮内的运动非常复杂，为简化分析便于研究，对叶轮构造和液体的性质作三点基本假定。

（1）液体在叶轮内处于恒定的流动状态。

（2）液体运动是均匀一致的，即认为叶轮的叶片为无限多而又无限薄，液体的运动与叶片的形状完全一致。

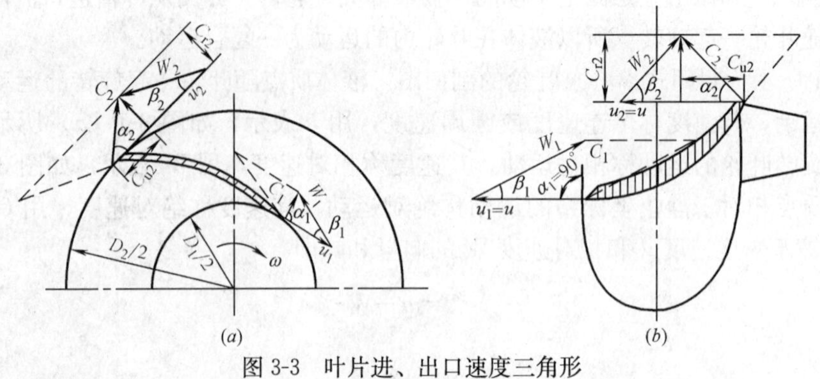

图 3-3　叶片进、出口速度三角形

(a) 离心泵；(b) 轴流泵

(3) 液体为理想液体，不考虑叶轮内液体运动的水头损失，且密度不变。

在上述假定下，应用动量矩定理把叶轮对液体作的功与叶轮进、出口液体运动状况联系起来，即可推导出叶片泵的基本方程为

$$H_T=\frac{1}{g}(u_2C_{u2}-u_1C_{u1}) \tag{3-8}$$

式 (3-8) 表明液体流经旋转的叶轮时，叶轮传递给单位重量水的能量就是扬程。故上式为叶片泵的基本能量方程式，又称为叶片泵的理论扬程方程式。

三、基本方程式的分析讨论

(1) 为提高水泵的扬程和改善吸水性能，大多数离心泵在水流进入叶片时，$\alpha_1=90°$，也即 $C_{u1}=0$，此时，基本方程式可写成

$$H_T=\frac{1}{g}u_2C_{u2} \tag{3-9}$$

由上式可知，为了获得正值扬程 ($H_T>0$)，必须使 $\alpha_2<90°$，α_2 越小，水泵的理论扬程越大，实践中水泵厂一般选用 $\alpha_2=6°\sim15°$左右。

(2) 水流通过水泵时，理论扬程与圆周速度 u_2 有关，而 $u_2=\frac{\pi D_2 n}{60}$，因此，水泵的扬程与叶轮的转速 n、叶轮的外径 D_2 有关。增加叶轮的转速或加大叶轮直径，均可提高水泵的扬程。

(3) 基本方程式只与叶片进、出口速度三角形有关，与叶片形状无关，因此，它适用于一切叶片泵。

(4) 基本方程式与被抽送的液体种类无关，因此，它适用于一切流体。对于同一台泵输送不同的流体（如水、空气）时，所产生的理论扬程是相同的。但因流体的重度不同，泵产生的压力不同，消耗的功率也不同。所以安装在水面以上的泵，启动前必须充水，否则开机后所抽空气柱折合成水柱相当小，泵是吸不上水的。

(5) 由叶片进、出口速度三角形，根据余弦定理可得

$$W_1^2=u_1^2+C_1^2-2u_1C_{u1} \tag{3-10}$$

$$W_2^2=u_2^2+C_2^2-2u_2C_{u2} \tag{3-11}$$

将上两式除以 $2g$ 并相减得

$$H_T=\frac{u_2^2-u_1^2}{2g}+\frac{W_1^2-W_2^2}{2g}+\frac{C_2^2-C_1^2}{2g} \tag{3-12}$$

由水力学的理想液体相对运动能量方程式得

$$\frac{u_2^2-u_1^2}{2g}+\frac{W_1^2-W_2^2}{2g}=\left(Z_2+\frac{p_2}{\rho g}\right)-\left(Z_1+\frac{p_1}{\rho g}\right) \tag{3-13}$$

式（3-13）等号的右边为水泵叶轮产生的势扬程，$\frac{C_2^2-C_1^2}{2g}$为水泵叶轮产生的动扬程。由此可见，理论扬程是由势扬程和动扬程两部分组成的。在实际应用中，由动能转化为压能的过程中，伴有能量的损失，因此，动扬程这一项在水泵总扬程中所占的比例越小，泵内的水头损失就越小，水泵的效率就越高。

（6）基本方程式不仅广泛地应用于叶片泵的水力设计中，而且还可以定性地分析水流现象对水泵运行的影响。例如当水泵吸水井或吸水管中水流出现漩涡时，若漩涡的旋转方向与叶轮的旋转方向相反，由图 3-4 可以看出 C_{r1} 增加到 C'_{r1}，而 C_{u1} 为负值，运用基本方程式

$$H'_T=\frac{u_2C_{u2}-(-u_1C'_{u1})}{g}=\frac{u_2C_{u2}+u_1C'_{u1}}{g}$$

$$Q'=A_1C'_{r1}$$

式中　A_1——为叶轮进口过水断面面积。

可见当漩涡的旋转方向与叶轮的旋转方向相反时，其理论扬程和流量均增加，水泵的轴功率也增加。

若漩涡的旋转方向与叶轮的旋转方向相同，水泵的流量和扬程均减小，水泵的轴功率也减小。

（7）用基本方程式可以分析离心泵叶片的形式。图 3-5 为离心泵叶片的三种形式。可以看出，离心泵出水角 β_2 大于等于 90°时，出口绝对速度的圆周分速度大，动扬程所占比例增大，槽道短而弯度大，致使水头损失大。为减少能量损失，提高泵的效率，实践中离心泵叶轮的叶片都采用向后弯曲的形式。

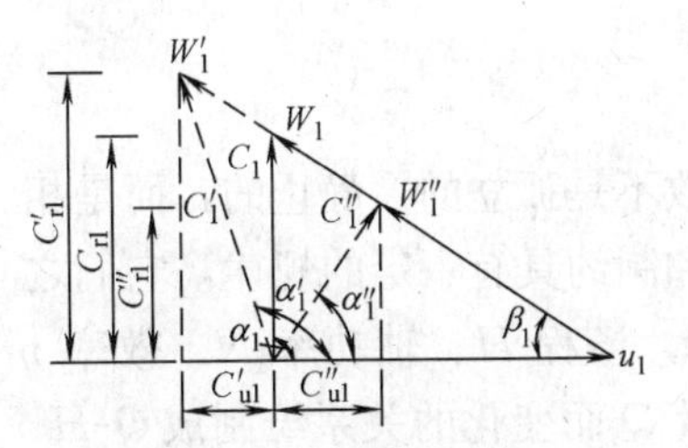

图 3-4　漩涡对叶轮进口速度三角形的影响

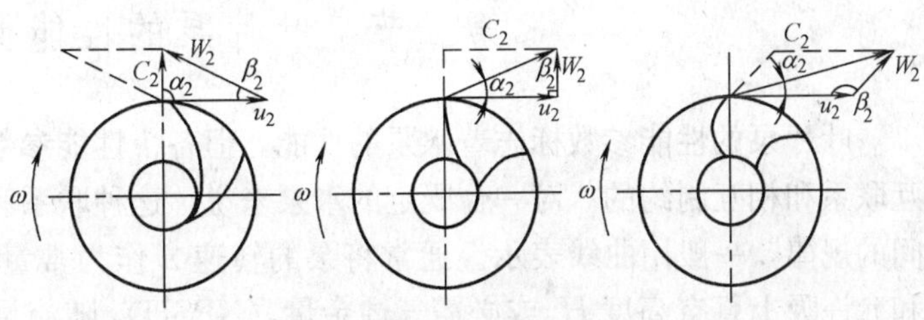

图 3-5　离心泵叶片的形式

四、基本方程式的修正

在推导基本方程式时曾作了三点假定。

假定 1　关于液体是恒定流问题。当叶轮转速不变时，叶轮外的绝对运动可以认为是恒定的。在水泵启动一段时间后，如果外界条件不变，这一假定基本上可以认为与实际相符。

假定 2　关于假设叶轮中的叶片数无限多无限薄，这与实际叶轮有较大的差异。实际水泵的叶轮一般有 2～12 片叶片，在叶槽中，水流有着一定程度的自由。当叶轮带动水流一起旋转时，水流质点因惯性的作用，趋于保持水流的原来位置，因而产生了与叶轮旋转方向相反的旋转运动，即“反旋现象”。图 3-6 中（*b*）所示，为水流在封闭叶槽中的反旋现象。

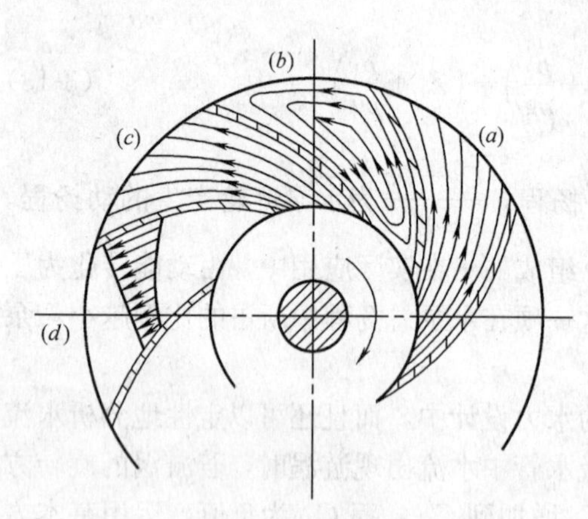

图 3-6　反旋现象对流速分布的影响

图 3-6 中（*a*）表示无反旋情况下的均匀流速分布。水泵运行中，叶槽内的实际相对速度将等于图 3-6 中（*a*）与（*b*）所示的速度叠加，如图 3-6 中（*c*）所示。

由图 3-6 可以看出，叶槽中水流的实际运动情况与假定存在一定的差距，叶槽中流速分布不均匀，如图 3-6 中（*d*）所示。故需对基本方程式进行修正：

$$H'_T=\frac{H_T}{1+p} \tag{3-14}$$

式中　H'_T——修正后的理论扬程；

　　　p——修正系数。

假定 3　关于理想液体的问题。由于水泵所输送的水在流经水泵时具有水头损失。因此，水泵的实际扬程将永远小于其理论扬程值。可用下式表示：

$$H=\eta_h H'_T=\eta_h\frac{H_T}{1+p} \tag{3-15}$$

式中　H——水泵的实际扬程；

　　　η_h——水力效率（%）。

第三节　叶片泵的性能曲线

叶片泵的性能参数标志着水泵的性能，但各个性能参数不是孤立的、静止的，而是相互联系和相互制约的。对一台既定的水泵来说，这种联系和制约具有一定的规律，它们之间的规律，一般用曲线表示。通常将泵的转速 n 作为常量，扬程 H、轴功率 N、效率 η 和允许吸上真空高度 H_s 或必需气蚀余量 $(NPSH)_r$ 随流量 Q 而变化的关系绘制成 Q-H、Q-N、Q-η、Q-H_s 或 Q-$(NPSH)_r$ 曲线。

深入了解水泵的性能，掌握其变化规律及特点，对合理选型配套、确定泵的安装高度、调节水泵运行时的工况，以及科学的运行管理等极为重要。

由于液体在水泵中的运动情况十分复杂，性能曲线只能借助于实验得到。水泵厂在实测水泵的性能时，通常保持水泵在设计转速下运行，调节压水管道上闸阀的开度，改变水泵的运行工况，测出各种数据，经过计算得到一系列的性能参数值，将这些数据绘制在图上，即可得到在一定转速下的 Q-H、Q-N、Q-η、Q-H_s 或 Q-$(NPSH)_r$（由气蚀实验得到）曲线。我们把这些性能曲线称为水泵的实验性能曲线或基本性能曲线。

图 3-7、图 3-8 和图 3-9 分别为离心泵、混流泵和轴流泵实验性能曲线，从性能曲线上可以看出其特点各不相同，分述如下。

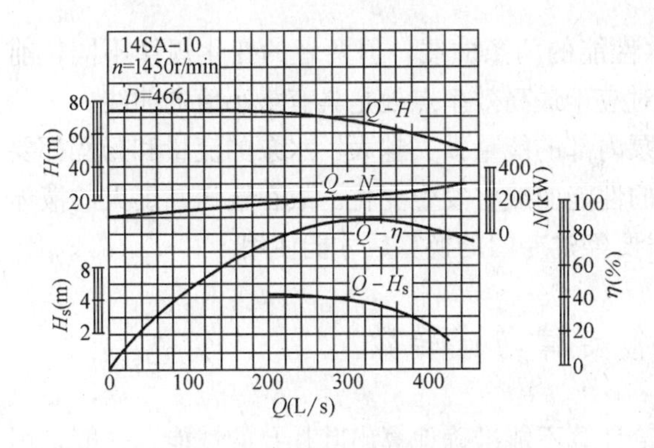

图 3-7　离心泵性能曲线

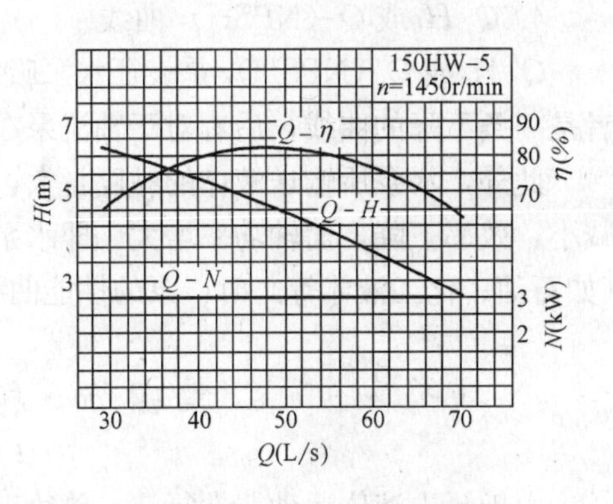

图 3-8　混流泵性能曲线

1. Q-H 曲线

三种泵的 Q-H 曲线都是下降曲线，即扬程随流量的增加而逐渐减小，离心泵的 Q-H 曲线下降较平缓。轴流泵的下降较陡，而且许多轴流泵在其设计流量的 40%～60%时出现拐点，这是一段不稳定的工作区域；当流量为零时，扬程出现最大值，约为额定扬程的两倍左右。混流泵的 Q-H 曲线介于离心泵与轴流泵之间。

在 Q-H 曲线上有两条波形线，此段称为水泵的高效段。泵运行时流量和扬程应落在高效段范围内。

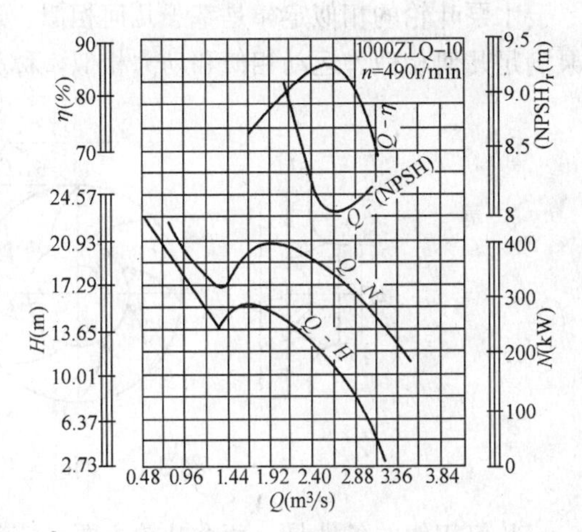

图 3-9　轴流泵性能曲线

2. Q-N 曲线

离心泵的 Q-N 曲线是一条上升的曲线，即轴功率随流量的增加而增加。当流量为零时，轴功率最小，约为设计轴功率的 30%左右。轴流泵的 Q-N 曲线是一条下降的曲线，即轴功率随流量的增大而减小。当流量为零时，轴功率为最大，约为设计轴功率的两倍左右。在小流量区，Q-N 曲线也出现拐点。混流泵的 Q-N 曲线比较平坦，当流量变化时，轴功率变化很小。

从轴功率随流量而变化的特点可知，离心泵应闭阀启动，以减小动力机启动负载。轴流泵则应开阀启动，一般在轴流泵压水管道上不装闸阀。

另外，水泵样本中所给出的 Q-N 曲线，指的是抽送水或某种液体时的轴功率与流量之间的关系，如果所抽送液体的重度不同时，则样本中的 Q-N 曲线就不能使用，此时，泵的轴功率要按 $N=\dfrac{\rho gQH}{\eta}$ 进行计算。

3. Q-η 曲线

三种泵 Q-η 曲线的变化趋势都是从最高效率点向两侧下降。但离心泵的效率曲线变化比较平缓，高效段范围较宽，使用范围较大。轴流泵的效率曲线变化较陡，高效段范围较窄，使用范围较小。混流泵的效率曲线介于离心泵和轴流泵之间。

4. Q-H_s 或 Q-$(NPSH)_r$ 曲线

Q-H_s 或 Q-$(NPSH)_r$ 是表征水泵吸水性能的两条曲线，但两者的变化规律不同，前者是一条下降的曲线；后者对于轴流泵在对应于最高效率点处是具有最小值的曲线。

此外，水泵所输送液体的黏度越大，泵内部的能量损失越大，水泵的流量和扬程都要减小，效率下降，而轴功率增大，即水泵的性能曲线将发生变化。故在输送黏度大的液体（如石油、化工液体等）时，泵的性能曲线要经过专门的换算后才能使用。

第四节　相似定律与比转数

由于泵内液体运动非常复杂，单凭理论计算不能准确地算出叶片泵的性能。一般采用流体力学中的相似理论，运用实验等手段，可以将水泵叶轮不同尺寸以及叶轮在某一转速下的性能换算成它在其他转速下的性能。

一、相似定律

水泵叶轮的相似定律是基于几何相似、运动相似和动力相似基础之上的。凡是两台水泵满足几何相似、运动相似和动力相似，称为工况相似的水泵。

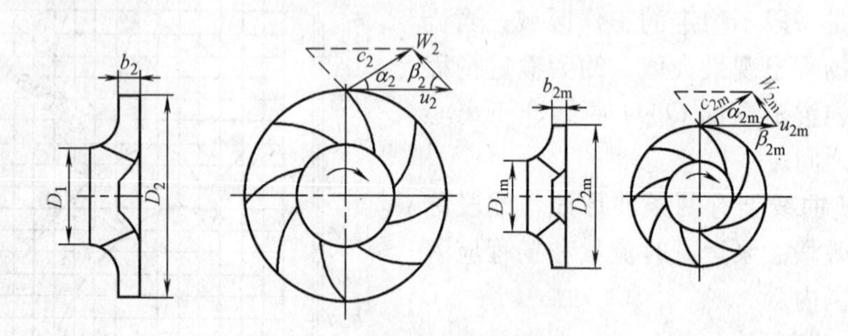

图 3-10　两叶轮几何相似与运动相似

几何相似的条件是：两个叶轮主要过流部分任何对应尺寸的比值都相等，对应的角度相等，如图 3-10 所示。则有

$$\frac{b_1}{b_{1m}}=\frac{b_2}{b_{2m}}=\frac{D_1}{D_{1m}}=\frac{D_2}{D_{2m}}=\cdots=\lambda \tag{3-16}$$

$$\beta_1=\beta_{1m},\beta_2=\beta_{2m} \tag{3-17}$$

式中　b_1、b_{1m}——分别为实际泵与模型泵叶轮的进口宽度；

b_2、b_{2m}——分别为实际泵与模型泵叶轮的出口宽度；

D_1、D_{1m}——分别为实际泵与模型泵叶轮的进口直径；

D_2、D_{2m}——分别为实际泵与模型泵叶轮的出口直径；

λ——任一线性尺寸的比值或称为模型比；

β_1、β_{1m}——分别为实际泵与模型泵叶片的进水角；

β_2、β_{2m}——分别为实际泵与模型泵叶片的出水角。

运动相似的条件是：两个叶轮对应点上同名速度的方向一致，大小互成比例。即对应点上水流的速度三角形相似，故在几何相似的前提下，运动相似就是工况相似，如图 3-10 所示，可以得出：

$$\frac{C_{r2}}{C_{r2m}}=\frac{C_{u2}}{C_{u2m}}=\frac{u_2}{u_{2m}}=\frac{nD_2}{n_m D_{2m}}=\lambda\frac{n}{n_m} \tag{3-18}$$

动力相似的条件是：两叶轮对应点所受力的性质和方向相同，大小成比例。

$$\frac{p}{p_m}=常数 \tag{3-19}$$

满足上述条件的两台水泵，其主要参数之间存在一定的比例关系称为水泵的相似定律。

1. 第一相似律

对于满足相似条件的两台水泵

$$\frac{Q}{Q_m}=\lambda^3\frac{\eta_v}{(\eta_v)_m}\cdot\frac{n}{n_m} \tag{3-20}$$

2. 第二相似律

对于满足相似条件的两台水泵

$$\frac{H}{H_m}=\lambda^2\frac{\eta_h}{(\eta_h)_m}\cdot\left(\frac{n}{n_m}\right)^2 \tag{3-21}$$

3. 第三相似律

对于满足相似条件的两台水泵

$$\frac{N}{N_m}=\lambda^5\frac{(\eta_m)_m}{\eta_m}\cdot\left(\frac{n}{n_m}\right)^3\cdot\frac{\rho g}{\rho_m g_m} \tag{3-22}$$

如果实际水泵与模型水泵尺寸相差不大，且转速相差也不大时，可近似地认为三种局部效率相等。若 $\rho g=\rho_m g_m$，则相似定律可写为

$$\frac{Q}{Q_m}=\lambda^3\frac{n}{n_m} \tag{3-23}$$

$$\frac{H}{H_m}=\lambda^2\left(\frac{n}{n_m}\right)^2 \tag{3-24}$$

$$\frac{N}{N_m}=\lambda^5\left(\frac{n}{n_m}\right)^3 \tag{3-25}$$

二、比例律

把相似定律应用于不同转速运行的同一台叶片泵，就可以得到

$$\frac{Q_1}{Q_2}=\frac{n_1}{n_2} \tag{3-26}$$

$$\frac{H_1}{H_2}=\left(\frac{n_1}{n_2}\right)^2 \tag{3-27}$$

$$\frac{N_1}{N_2}=\left(\frac{n_1}{n_2}\right)^3 \tag{3-28}$$

以上三个公式是相似定律的特例，称为比例律。说明同一台水泵，当转速改变时，对应工况点的性能参数将按上述比例关系变化。对于水泵的使用者来说，比例律是非常有用的。

三、比转数

相似定律只说明相似水泵在相似工况点的性能参数间的关系。由于水泵的叶轮构造和水力性能是多种多样的，尺寸的大小也各不相同，为了对叶片泵进行分类，将同类型的泵组成一个系列，这就需要有一个能够反映叶片泵共性的综合特征参数，作为水泵规格化的基础。这个特征参数称为叶片泵的比转数，用 n_s 表示。

1. 比转数的定义

在最高效率下，把水泵的尺寸按照一定的比例缩小（或扩大），使得有效功率 $N_u=0.7355\text{kW}$，扬程 $H_m=1\text{m}$，流量 $Q_m=0.075\text{m}^3/\text{s}$，这时，该模型泵的转速，就叫做与它相似的实际泵的比转数。

2. 比转数的计算公式

假设有一台模型泵，模型泵的转速即为比转数 n_s，按相似定律可写出

$$n_s=\frac{3.65n\sqrt{Q}}{H^{3/4}} \tag{3-29}$$

上式为比转数的计算公式。

3. 应用比转数公式应注意的问题

（1）Q 和 H 是指最高效率时的流量和扬程，n 为设计转速。对同一台水泵来说比转数为一定值。

（2）式（3-29）中的 Q、H 是指单吸单级泵的设计流量和设计扬程。对于双吸泵以 $Q/2$ 代入计算；对于多级泵，应以一级叶轮的扬程代入计算。

（3）比转数是根据抽升 20℃左右的清水时得出的。

（4）各参数的单位应与模型泵的单位一致。

4. 对比转数的讨论

（1）对于任意一台水泵而言，比转数不是无因次数，它的单位是“r/min”。由于它并不是实际的转速，它只是用来比较各种水泵性能的一个共同标准。因此，它本身的单位含义无多大用处，一般均略去不写。

（2）比转数虽然是按相似关系得出，但其中包含了实际原型泵的主要参数 Q、H、n、η_{max}值。因此，它反映了实际水泵的主要性能。从式（3-29）可以看出：当转速一定

时，n_s越大，表明这种水泵的流量越大、扬程越低。反之，比转数越小，表明这种水泵的流量越小、扬程越高。

(3) 叶片泵叶轮的形状、尺寸、性能和效率都随比转数而变化。用比转数可对叶片泵进行分类，见表 3-1。

叶片泵按比转数分类 **表 3-1**

离心泵			混流泵	轴流泵
低比转数	中比转数	高比转数		
n_s=50～100	n_s=100～200	n_s=200～350	n_s=350～500	n_s=500～1200

(4) 水泵的性能随比转数而变。因此，比转数不同，水泵性能曲线的形状也不同，即比转数可以分析水泵的性能。

思考题与习题

1. 水泵各性能参数的定义是什么？

2. 在分析叶片泵基本方程式时，首先提出的三个理想化假设是什么？

3. 如何定性绘制叶片泵的速度三角形？

4. 叶片泵基本方程指出：叶片泵所产生的理论扬程 H_T与流体的种类无关。这个结论应如何理解？在工程实际中，泵在启动前必须先向泵内充水，排除空气，否则水就抽不上来，这不与上述结论互相矛盾吗？

5. 实验性能曲线的变化规律如何？离心泵和轴流泵 Q-H、Q-N 曲线有何异同？

6. 叶片泵性能参数与其转速的关系如何？

7. 当水泵的转速发生变化时，比转数是否发生变化？

8. 同一台水泵，在运行中转速由 n_1变为 n_2，试问比转数值是否发生相应的变化？为什么？

9. 在产品试制中，一台模型离心泵的尺寸为实际泵的 1/4，在转速 n=750r/min 时进行试验。此时测量出模型的设计工况出水量 Q_m=11L/s，扬程为 H_m=0.8m，如果模型泵与实际泵的效率相等，试求：实际水泵在 n=960r/min 时的设计工况流量和扬程。

10. 某一单级单吸离心泵，流量 Q=45m^3/h，扬程为 H=33.5m，转速 n=2900r/min，试求其比转数 n_s为多少？如该泵为双吸离心泵，则其比转数为多少？当该泵设计成八级泵，则比转数又为多少？

第四章　叶片泵的运行

从上一章讨论叶片泵的性能可以看出，每一台水泵在特定的转速下，都有它自己固有的特性曲线，该曲线反映了水泵本身所具有的潜在的工作能力。在水泵装置中，这种潜在的工作能力就是水泵运行时的实际工作能力。

第一节　叶片泵装置的总扬程

叶片泵的基本方程式揭示了决定水泵本身扬程的内在因素。对于水泵的设计、选型以及深入分析各种因素对水泵性能的影响非常有用。叶片泵的性能反映的是泵本身的性能，而在给水排水工程中，水泵的运行，必然要与管道系统及外界条件（如河水位、管网压力、水塔高度等）联系在一起。水泵配上动力机、管道以及一切附件后的系统称为水泵装置。

本节将讨论如何确定运行中水泵装置的总扬程，以及在泵站设计时，如何依据原始资料来计算所需要的扬程进行选泵。

一、运行中水泵装置的总扬程

水泵的扬程 $H=E_2-E_1$。下面以图 4-1 所示的离心泵装置进行分析。

以吸水井水面 0—0 为基准面，列出水泵进口断面 1—1 及出口断面 2—2 的能量方程式。则扬程为

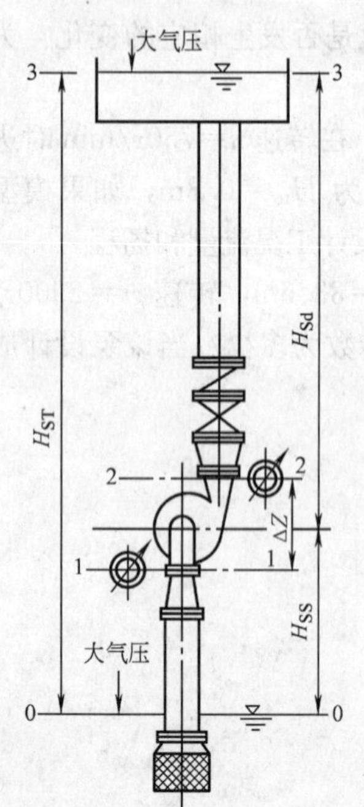

图 4-1　离心泵装置

$$
\begin{aligned}
H &= E_2-E_1 \\
&= Z_2+\frac{p_2}{\rho g}+\frac{v_2^2}{2g}-\left(Z_1+\frac{p_1}{\rho g}+\frac{v_1^2}{2g}\right) \\
&= (Z_2-Z_1)+\left(\frac{p_2-p_1}{\rho g}\right)+\frac{v_2^2-v_1^2}{2g} \qquad (4\text{-}1)
\end{aligned}
$$

式中　Z_1、$\frac{p_1}{\rho g}$、$\frac{v_1^2}{2g}$——对应于断面 1—1 处的位置水头、绝对压力水头和流速水头（m）；

Z_2、$\frac{p_2}{\rho g}$、$\frac{v_2^2}{2g}$——对应于断面 2—2 处的位置水头、绝对压力水头和流速水头（m）；

ρ——水的密度（kg/m^3）；

g——重力加速度（m/s^2）。

为了监视水泵的运行状况，按要求在水泵的进、出口法兰处分别安装真空表和压力表。表读数为相对压力，若折合成米

水柱高度，并分别由 H_v、H_d表示真空表和压力表的读数，则式（4-1）可写成

$$H=\left(\frac{p_a+p_d}{\rho g}-\frac{p_a-p_v}{\rho g}\right)+\frac{v_2^2-v_1^2}{2g}+\Delta Z$$

$$=\frac{p_d}{\rho g}+\frac{p_v}{\rho g}+\frac{v_2^2-v_1^2}{2g}+\Delta Z=H_d+H_v+\frac{v_2^2-v_1^2}{2g}+\Delta Z \tag{4-2}$$

式中 p_v、p_d——分别为真空表、压力表读数。

一般水厂中水泵运行时，$\left(\frac{v_2^2-v_1^2}{2g}+\Delta Z\right)$值较小，则式（4-2）可写成

$$H=H_d+H_v \tag{4-3}$$

由式（4-3）可知，运行中水泵装置的总扬程为压力表和真空表读数（以米水柱计）相加。

二、泵站设计时的总扬程

水泵工作时，除了将液体提升一定高度外，还要克服液体在管道中流动时产生的水头损失，因此，水泵的扬程可以用提升液体的高度及水头损失来计算。

列出基准面 0—0 和断面 1—1 的能量方程式，以及断面 2—2 和断面 3—3 的能量方程式，经整理可得

$$H_v=H_{ss}+\sum h_s+\frac{v_1^2}{2g}-\frac{\Delta Z}{2} \tag{4-4}$$

$$H_d=H_{sd}+\sum h_d-\frac{v_2^2}{2g}-\frac{\Delta Z}{2} \tag{4-5}$$

式中 H_{ss}——水泵的吸水高度（m），即水泵吸水井（池）的测压管水面至泵轴线之间的垂直距离（如果吸水井是敞开的，H_{ss}为吸水井水面至泵轴线之间的高差）；

H_{sd}——水泵的压扬程（m），即泵轴线至水塔最高水位或密闭水箱的测压管水面之间的垂直距离；

$\sum h_s$、$\sum h_d$——分别为水泵装置吸水管道和压水管道的水头损失（m）。

将式（4-4）、式（4-5）代入式（4-2），并整理得

$$H=H_{ss}+H_{sd}+\sum h_s+\sum h_d \tag{4-6}$$

也即

$$H=H_{ST}+\sum h \tag{4-7}$$

$$H_{ST}=H_{ss}+H_{sd}$$

$$\sum h=\sum h_s+\sum h_d$$

式中 H_{ST}——水泵的静扬程（m），即水泵的吸水井水位与水塔（或密闭水箱）水位之间的测压管水面的高差；

$\sum h$——水泵装置管道的总水头损失（m）。

由式（4-7）可以看出，在泵站设计时，水泵的扬程一方面是将水提升至水塔或密闭

水箱（即静扬程 H_{ST}）；另一方面是用来克服管道的水头损失（$\sum h$）。该公式表达了如何根据外界条件，计算水泵应具有的扬程，是选择水泵的依据。

水泵扬程的计算公式（4-7），虽然是按离心水泵装置的吸入式推求得到的，但是它适用于一切叶片泵装置及自灌式水泵装置。

必须注意，在公式（4-7）的推导中，均认为出水池水流流速 $v_3=0$，如果水泵装置的出口是消防喷嘴，则此公式使用时必须考虑$\frac{v_3^2}{2g}$的影响。

第二节　叶片泵工况的确定

所谓叶片泵工况的确定，就是确定叶片泵在特定抽水系统中运行时的流量 Q、扬程 H、轴功率 N、效率 η 及吸水性能等工作参数。影响水泵运行工况的因素有：①水泵的型号；②水泵运行时的转速；③输配水管道系统；④水池、水源、水塔水位等边界条件。下面讨论水泵在定速运行条件下，工况点的确定方法。

由于水泵装置在实际运行时，工况点是由水泵和管道系统共同决定的，因此需先研究管道系统的特性曲线。

一、管道系统特性曲线

由水力学知，水流流经管道时，存在着水头损失。其值可由下式计算

$$\sum h=\sum h_f+\sum h_j \tag{4-8}$$

式中　$\sum h$——管道总水头损失（m）；

$\sum h_f$——管道沿程水头损失之和（m）；

$\sum h_j$——管道局部水头损失之和（m）。

对于特定的管道系统，管道长度 l、管径 D、比阻 A 以及局部水头损失系数 ξ 等均为已知。具体计算时可用《水力学》教材中的计算公式或查《给水排水设计手册》中的管渠水力计算表。

采用比阻公式时：

对于钢管：

$$\sum h_f=\sum Ak_1k_2lQ^2$$

式中　k_1——由钢管壁厚不等于 10mm 引入的修正系数；

k_2——由管中平均流速小于 1.2m/s 引入的修正系数。

对于铸铁管：

$$\sum h_f=\sum Ak_3lQ^2$$

这时式（4-8）可写为

$$\sum h=\left[\sum Akl+\sum \xi\frac{1}{2g(\pi D^2/4)^2}\right]Q^2 \tag{4-9}$$

式（4-9）中 k 为系数，对于钢管 $k=k_1k_2$，对于铸铁管 $k=k_3$。括号［ ］内的参数，对于特定的管道系统均为常数。因此，式（4-9）可写为

$$\sum h=SQ^2 \tag{4-10}$$

式中　S——管道的沿程阻力系数与局部阻力系数之和（s^2/m^5）。

式（4-10）可用一条顶点在原点的二次抛物线来表示，即 $Q\text{-}\sum h$ 曲线。该曲线反映了管道水头损失与通过管道流量之间的规律，被称为管道水头损失特性曲线，如图 4-2 所示。曲线的曲率取决于管道的长度、直径、管材及局部阻力的类型等。

在泵站设计及泵站的运行管理中，需要确定水泵的运行状况，我们将利用管道水头损失特性曲线，并将它与水泵工作的外界条件结合起来，按式 $H=H_{ST}+\sum h$ 可以画出如图 4-3 所示的曲线。该曲线上任意一点表示水泵输送某一流量并将其提升 H_{ST} 高度时，管道中每单位重量的液体所需要消耗的能量。因此，称该曲线为水泵装置的需要扬程曲线或称为水泵装置的管道系统特性曲线。这时，式（4-7）可写为

$$H_{需}=H_{ST}+\sum h \tag{4-11}$$

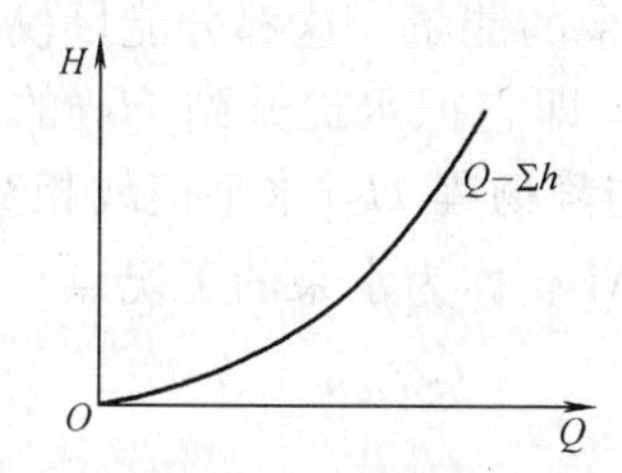

图 4-2　管道水头损失特性曲线

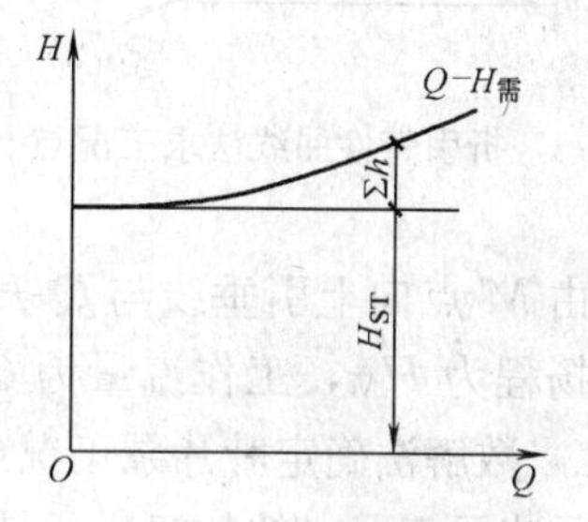

图 4-3　管道系统特性曲线

二、叶片泵工况点的确定

叶片泵的 $Q\text{-}H$ 曲线与管道系统的特性曲线 $Q\text{-}H_{需}$ 的交点称为水泵的工作状况点，简称工况点或工作点。

叶片泵工况点的确定有图解法和数解法两种，分述如下。

（一）图解法确定叶片泵工况点

将水泵的性能曲线 $Q\text{-}H$ 和管道系统特性曲线 $Q\text{-}H_{需}$ 按统一比例绘在同一 $Q\text{-}H$ 坐标系内，两条曲线相交于 M 点，则 M 点即为水泵运行时的工况点，如图 4-4 所示。M 点表明，当流量为 Q_M 时，水泵所提供的能量恰好等于管道系统所需要的能量。因此，M 点称为能量供与需这对矛盾的平衡点。如果外界条件不发生变化，水泵将稳定地在 M 点工作，其出水量为 Q_M，扬程为 H_M。

假定工况点不在 M 点，而在 B 点，从图 4-4 可以看出，此时流量为 Q_B，水泵供给的能量为 H_B，大于管道系统所需要的能量 $H_{B需}$，供需失去平衡，多余的能量（$H_B-H_{B需}$）会使管道中水流流速增大，流量增加，直到工作点移至 M 点达到能量供需平衡为止。另外，假设工作点在 C 点，则水泵供给的能量 H_C 小于管道系统所需要的能量 $H_{C需}$，则能量供不应求，管道中水流流速变小，流量减少，直减至 Q_M 为止。因此，M 点是水泵的工况点。只要泵的性能、管道

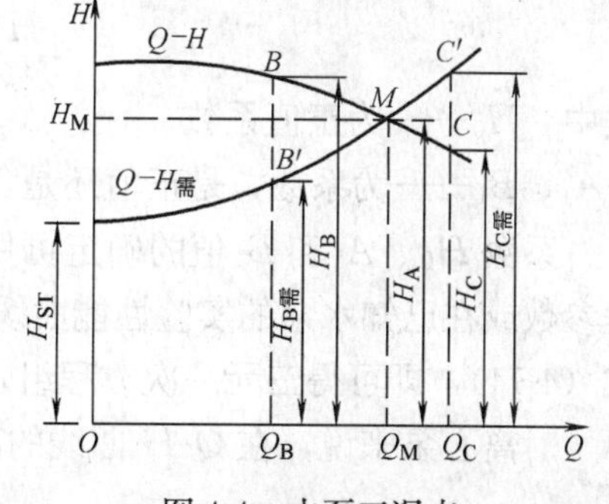

图 4-4　水泵工况点

水头损失及有关水位等因素不变，水泵将稳定地在 M 点工作。如果水泵在 M 点工作时，管道上的所有闸阀是全开的，那么，M 点称为该水泵的极限工况点。也就是说，在这个水泵装置中，静扬程 H_{ST} 保持不变时，管道中通过的最大流量为 Q_M。工况点确定后，其对应的轴功率、效率、吸水性能等参数可从其相应的曲线上查得。在实际工程中，水泵运行时的工况点，如能落在该水泵的设计参数值上，这时，水泵的工作效率最高，工作最经济。

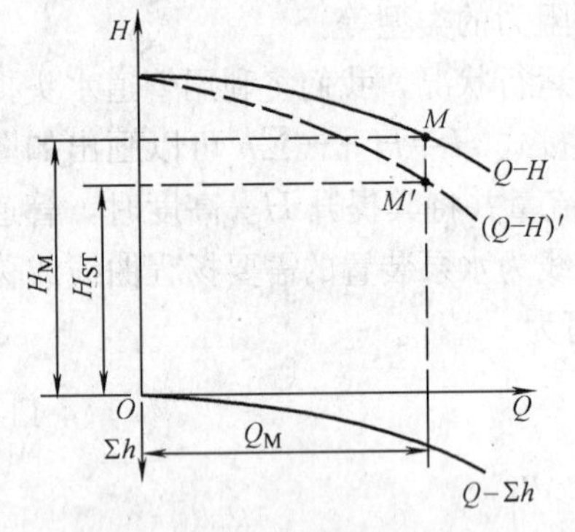

图 4-5　折引特性曲线法求工况点

水泵的工况点还可用折引特性曲线的方法求得。如图 4-5 所示，先在沿 Q 坐标轴的下面画出该管道水头损失特性曲线 Q-$\sum h$，再在水泵的 Q-H 特性曲线上减去相应流量下的水头损失，得 $(Q\text{-}H)'$ 曲线。此 $(Q\text{-}H)'$ 曲线称为折引特性曲线。此曲线上各点的纵坐标值，表示水泵在扣除了管道中相应流量时的水头损失以后，尚剩余的能量。这部分能量仅用来改变被抽升水的位能，即它把水提升到 H_{ST} 的高度上去。$(Q\text{-}H)'$ 曲线与静扬程 H_{ST} 水平横线相交于 M' 点，再由 M' 点向上引垂线与 Q-H 曲线相交于 M 点，M 点称为水泵的工况点。其相应的工作扬程为 H_M，工作流量为 Q_M。

（二）数解法确定叶片泵工况点

水泵装置工况点的数解法，是由水泵 Q-H 曲线方程式及装置的管道系统特性曲线方程式解出流量 Q 及扬程 H 值。也即由下列两个方程式求解 Q、H 值。

$$H=f(Q) \tag{4-12}$$

$$H_{需}=H_{ST}+SQ^2 \tag{4-13}$$

由式（4-12）、式（4-13）可知，由两个方程式求解两个未知数是完全可以的，关键是如何确定水泵的 $H=f(Q)$ 函数关系。

水泵的 Q-H 曲线可用下列抛物线方程式表示：

$$H=H_0+A_1Q+B_1Q^2 \tag{4-14}$$

式中　H_0——为正值系数；

A_1、B_1——为系数，是正值还是负值，取决于水泵性能曲线的形状。

系数 H_0、A_1 和 B_1 值的确定可用选点法，即利用水泵规格性能表中的三组流量、扬程参数或在已知水泵的实验性能曲线上选取三个不同点，以其对应的 Q 和 H 值分别代入式（4-14），即可得三元一次方程组，进而计算出 H_0、A_1 和 B_1。

对离心泵来说，在 Q-H 曲线的高效段，可用下面方程式来表示：

$$H=H_x-S_xQ^2 \tag{4-15}$$

式中　H_x——水泵在 $Q=0$ 时所产生的虚总扬程（m）；

S_x——泵内虚阻耗系数（s^2/m^5）。

图 4-6 为式（4-15）的表示形式，它将水泵的高效段视为 S_xQ^2 曲线的一个组成部分，

并延长与纵轴相交得 H_x 值。在高效段内选择两点坐标，代入式（4-15），即可求得 H_x、S_x。

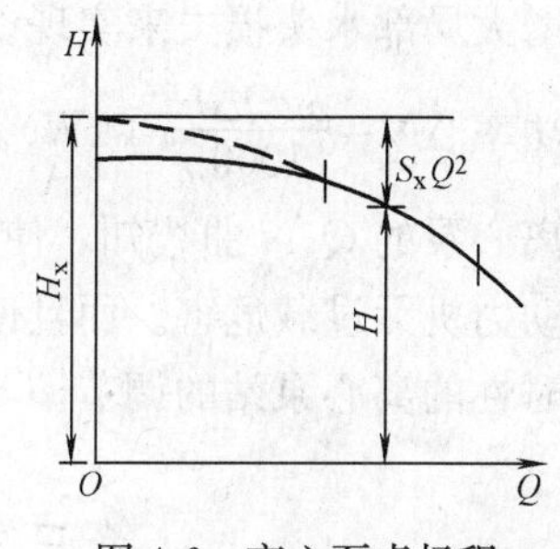

图 4-6　离心泵虚扬程

式（4-13）是装置的管道系统特性曲线方程，这时利用水泵的扬程方程式（4-14）或式（4-15）就可以用数解法来确定水泵的工况点。

在工况点 $H=H_{需}$，因此，联解方程（4-13）和式（4-14）或式（4-13）和式（4-15），就可计算出工况点对应的流量

$$Q=\frac{-A_1\pm\sqrt{A_1^2-4(B_1-S)(H_0-H_{ST})}}{2(B_1-S)}\ (m^3/s) \tag{4-16}$$

或

$$Q=\sqrt{\frac{H_x-H_{ST}}{S_x+S}}\ (m^3/s) \tag{4-17}$$

进而可以计算出水泵的扬程。

三、离心泵工况点的改变

水泵的工况点是建立在水泵和管道系统能量供需关系平衡之上的。那么，只要两者之一发生变化，其工况点就会发生改变，这种暂时的平衡点就会被新的平衡点所代替。这样的情况，在城镇供水中随时都在发生。例如，在离心泵供水的城镇管网中有对置水塔，晚上管网中用水量减少，一部分水输入水塔，水塔水箱中的水位不断上升，对离心泵装置来说，静扬程不断增加，如图 4-7 所示，水泵的工况点将沿 Q-H 曲线由 A 点向左移动至 C 点。与此相反，在白天，城镇用水量增大，管网内压力下降，水塔向管网输水，水塔水箱中水位下降，离心泵装置的工况点就将自动向右侧移动。水泵工作过程中，只要城镇管网中用水量变化，管网中水压就会发生变化，致使水泵的工况点也发生相应的变化，并按能量供求关系，自动地去建立新的平衡，所以水泵装置的工况点，实际上是在一定的区间内移动的。水泵具有这种自动调节工况点的能力，当管网中水压的变化幅度很大时，水泵的工况点将会移出其高效段，在较低效率下运行。针对这种情况，在泵站的运行管理中，常需要人为地对水泵装置的工况点进行必要的改变和控制，我们把这种改变和控制工况点的过程称为水泵工况点的“调节”。

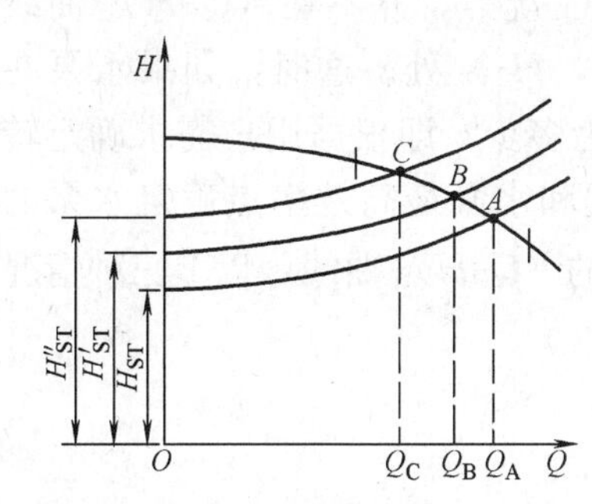

图 4-7　离心泵工况点随水压变化

通常用闸阀调节工况点，即改变水泵压水管道上的闸阀开度。如图 4-8 所示，图中工况点 A 表示闸阀全开时的极限工况点。关小闸阀，管道局部水头损失增加，管道系统的特性曲线变陡，使工况点向左移动，水泵的出水量减少。闸阀全关时，局部阻力系数相当于无穷大，水流被切断。也就是说，利用闸阀的开度可使水泵装置的工况点在零到极限工况点 Q_A 之间变化。从经济的角度看，闸阀调节流量，很明显是

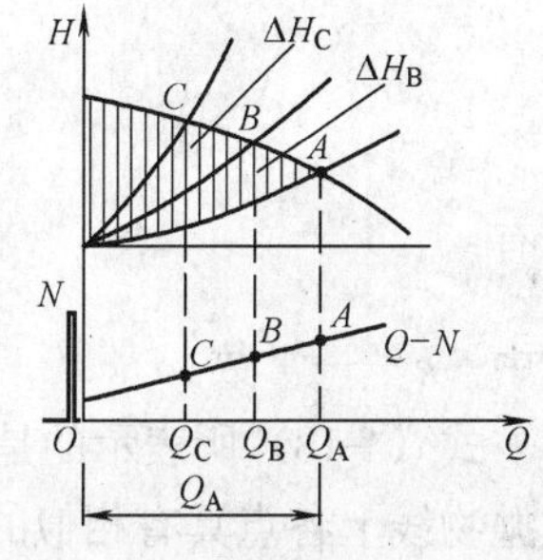

图 4-8　闸阀调节流量

靠增大局部水头损失来实现。这样，工况点改变，水泵运行中将增加能量的消耗，其消耗的功率 $\Delta N=\frac{\rho gQ\Delta H}{1000\eta}$（kW）。在泵站设计和运行中，一般不宜用闸阀调节流量。但是，由离心泵的 Q-N 曲线知，使用闸阀调节流量时，随着流量的减小，水泵的轴功率也减小，对动力机无过载危害。而且使用闸阀调节流量简便易行，因此，这种方法常用于频繁的、临时性的离心泵站的调节。

第三节　叶片泵装置变速运行工况

由水泵的比例律知，当水泵的转速改变时，水泵的流量 Q、扬程 H、轴功率 N 将发生变化。且在一定的转速变化范围内，水泵的效率 η 将保持不变。这样，可根据城镇管网中用水量的变化，充分利用水泵的变速特性，使之满足用户的要求，并保持水泵在较高效率下运行。因此，变速运行不但扩大了水泵的有效工作范围，而且使水泵在较高效率下运行，是泵站运行中非常经济合理的运行方式。

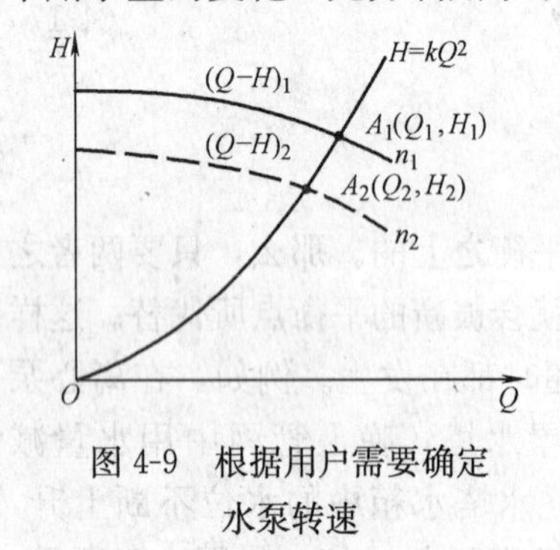

图 4-9　根据用户需要确定水泵转速

叶片泵变速运行，在泵站设计和运行管理中，最常遇到三种情况：①已知水泵转速为 n_1 时的 $(Q\text{-}H)_1$ 曲线，如图 4-9 所示，但所需的工况点，并不在 $(Q\text{-}H)_1$ 曲线上，而在坐标点 A_2（Q_2，H_2）处。这时，如果水泵在 A_2 点工作，其转速 n_2 应为多少？即根据用户需求确定转速；②根据水泵的静扬程和水泵最高效率点确定水泵的运行转速；③已知转速 n_1 时的 $(Q\text{-}H)_1$ 曲线，翻画 n_2 时的 $(Q\text{-}H)_2$ 曲线。以上三种情况均可应用图解法和数解法求解。

一、变速运行工况的图解法

1. 根据用户需求确定转速

如图 4-9 所示，采用图解法求转速 n_2 值时，必须在转速 n_1 的 $(Q\text{-}H)_1$ 曲线上，找出与 A_2（Q_2，H_2）点工况相似的 A_1 点。下面采用“相似工况抛物线”法求 A_1 点。

由式（3-26）、式（3-27）消去转速可得

$$\frac{H_1}{H_2}=\left(\frac{Q_1}{Q_2}\right)^2$$

$$\frac{H_1}{Q_1^2}=\frac{H_2}{Q_2^2}=k$$

则有

$$H=kQ^2 \tag{4-18}$$

式中　k——常数。

式（4-18）所表示的是通过坐标原点的抛物线簇的方程，它由比例律推求得到，所以在抛物线上各点具有相似的工况，此抛物线称为相似工况抛物线。如果水泵变速前后的转速相差不大，则相似工况点对应的效率可以认为相等。因此，相似工况抛物线又称为等效

率曲线。

将 A_2 点的坐标值（Q_2，H_2）代入式（4-18），可求出 k 值，则 $H=kQ^2$ 代表与 A_2 点工况相似的抛物线。它与转速为 n_1 时的（Q-H）$_1$ 曲线相交于 A_1 点，此点就是所要求的与 A_2 点工况相似的点。把 A_1 点和 A_2 点的坐标值代入式（3-26），可得

$$n_2=\frac{n_1}{Q_1}Q_2$$

2. 根据水泵最高效率点确定转速

如图 4-10 所示，水泵工作时的静扬程为 H_{ST}，泵运行时的工况点 A_1 不在最高效率点，为了保持水泵在最高效率点运行，可改变水泵的转速来满足要求。

通过水泵最高效率点 A（Q_A，H_A）的相似工况抛物线方程为

$$H=\frac{H_A}{Q_A^2}Q^2$$

上式所表示的曲线与管道系统特性曲线 Q-$H_{需}$ 的交点为 B（Q_B，H_B），A 点和 B 点的工作状况相似。则水泵的转速 n_2 为

$$n_2=\frac{n_1}{Q_A}Q_B$$

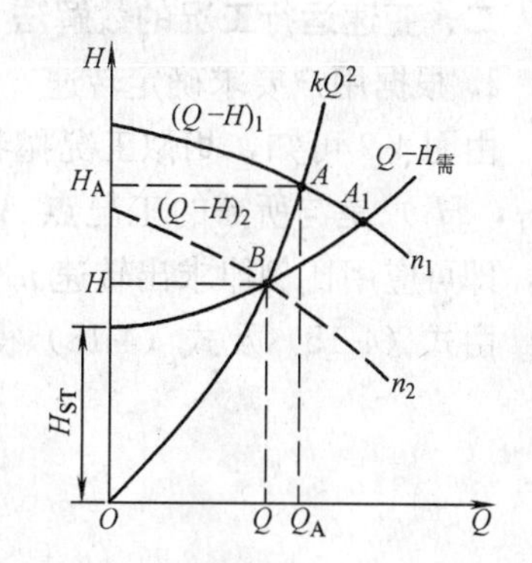

图 4-10　最高效率运行时确定转速

3. 翻画水泵的特性曲线

求出转速 n_2 后，再利用比例律，可翻画出 n_2 时的（Q-H）$_2$ 曲线。此时式（3-26）和式（3-27）中的 n_1 和 n_2 均为已知值。这时利用 n_1 的（Q-H）$_1$ 曲线上几组相对应的流量和扬程参数代入式（3-26）和式（3-27），即可得出转速为 n_2 时的（Q-H）$_2$ 曲线上几组相对应的流量和扬程，将其点绘在坐标系中，并用光滑的曲线连接可得出（Q-H）$_2$ 曲线，如图 4-11 虚线所示。

同理，也可按 $\frac{N_1}{N_2}=\left(\frac{n_1}{n_2}\right)^3$ 来求得与 N_1 相应的 N_2 值。这样，就可画出转速为 n_2 情况下的（Q-N）$_2$ 曲线。

此外，在应用比例律时，认为相似工况下对应点的效率是相等的。因此，只要已知图 4-11 中 1、2、3 等点的效率，即可按等效率原理求出转速为 n_2 时相应的点 $1'$、$2'$、$3'$ 等点的效率，连接成（Q-η）$_2$ 曲线，如图 4-11 所示。

水泵变速运行时，在一定的变速范围内变速前后的效率相等，但超过了一定的变速范围，变速前后的效率不相等。尽管如此，在工程实际中采用变速的方法，还是扩大了叶片泵的高效率工作范围。

综上所述，在输配水管网系统中，当管网中的用水量由 Q_{A1} 减小到 Q_{A2} 时，如果水泵定速运行，那么，水泵装置的工况点将由 A_1 点自动移动至 A_2 点，如图 4-12 所示。此时管网中静压由 H_{ST} 增大为 H'_{ST}，轴功率为 N_{B2}。如果水泵变速运行，水泵装置的工况点将由 A_1 点移动至 A'_2 点。管网中静压仍为 H_{ST}，轴功率为 N'_{B2}。因此，水泵变速运行的优点是：在保持管网等压供水（即 H_{ST} 基本不变）的情况下，节省电能（即 $N'_{B2}<N_{B2}$）。

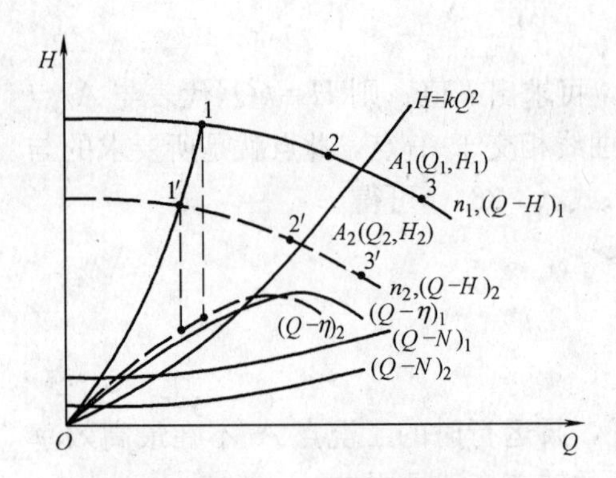

图 4-11　转速改变时特性曲线变化

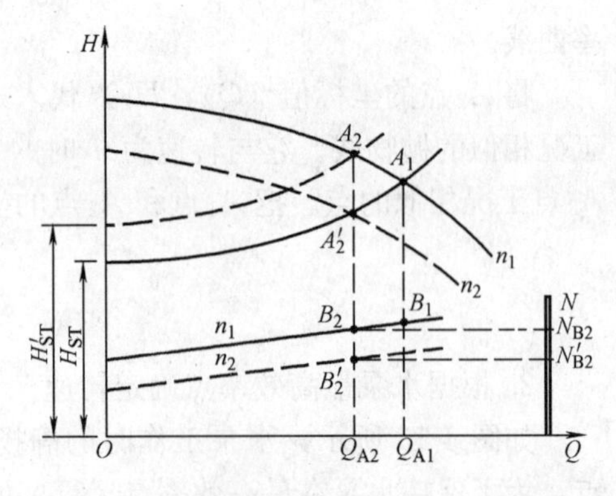

图 4-12　定速与变速运行工况点对比图

二、变速运行工况的数解法

1. 根据用户要求确定转速

由图 4-9 可知，相似工况抛物线 $H=kQ^2$ 与转速为 n_1 时的（Q-H）$_1$ 曲线的交点 A_1（Q_1，H_1）是与所需的工况点 A_2（Q_2，H_2）相似的工况点。求出 A_1 点的（Q_1，H_1）值，即可应用比例律求出转速 n_2 值。

由式（4-15）及式（4-18）得

$$H=H_x-S_xQ^2=kQ^2$$

即

$$Q=\sqrt{\frac{H_x}{S_x+k}}=Q_1 \tag{4-19}$$

$$H=k\cdot\frac{H_x}{S_x+k}=H_1 \tag{4-20}$$

上式中 $k=\frac{H_2}{Q_2^2}$。因此，由比例律可求出 n_2 值。

$$n_2=n_1\frac{Q_2}{Q_1}=\frac{n_1Q_2}{\sqrt{\frac{H_x}{S_x+k}}}=\frac{n_1Q_2\sqrt{S_x+k}}{\sqrt{H_x}} \tag{4-21}$$

2. 根据水泵最高效率点确定转速

由图 4-10 知，通过最高效率点 A（Q_A，H_A）的相似工况抛物线方程为

$$H=\frac{H_A}{Q_A^2}Q^2$$

上式与水泵装置的管道系统特性曲线方程 $H=H_{ST}+SQ^2$ 联解，得到变速后水泵最高效率点的 Q、H 值为

$$Q=Q_A\sqrt{\frac{H_{ST}}{H_A-SQ_A^2}} \tag{4-22}$$

$$H=H_A\frac{H_{ST}}{H_A-SQ_A^2} \tag{4-23}$$

因此，由比例律可求出转速 n_2 值。

$$n_2 = n_1\sqrt{\frac{H_{ST}}{H_A - SQ_A^2}} \tag{4-24}$$

3. 翻画水泵的特性曲线

已知转速为 n_1 时的 $(Q\text{-}H)_1$ 曲线方程 $H_1 = H_x - S_x Q_1^2$，当水泵转速为 n_2 时的 $(Q\text{-}H)_2$ 曲线方程被确定后，即可翻画水泵的特性曲线。下面介绍 $(Q\text{-}H)_2$ 曲线方程的确定方法。

设转速为 n_2 时，水泵 $(Q\text{-}H)_2$ 曲线的方程为 $H_2 = H'_x - S'_x Q_2^2$。为了确定 H'_x 和 S'_x 值，可先假设在 $(Q\text{-}H)_2$ 曲线上取两点（Q'_A，H'_A）和（Q'_B，H'_B）。与之相似的并位于转速为 n_1 时的 $(Q\text{-}H)_1$ 曲线上的两点为（Q_A，H_A）和（Q_A，H_B），应满足：

$$\begin{cases} \dfrac{Q'_A}{Q_A} = \dfrac{n_2}{n_1}；\dfrac{H'_A}{H_A} = \left(\dfrac{n_2}{n_1}\right)^2 \\ \dfrac{Q'_B}{Q_B} = \dfrac{n_2}{n_1}；\dfrac{H'_B}{H_B} = \left(\dfrac{n_2}{n_1}\right)^2 \end{cases} \tag{4-25}$$

转速为 n_1 时的 $H_1 = H_x - S_x Q_1^2$ 式中的 H_x、S_x 值可由下式计算

$$\begin{cases} S_x = \dfrac{H_A - H_B}{Q_B^2 - Q_A^2} \\ H_x = H_A + S_x Q_A^2 \end{cases} \tag{4-26}$$

同样也可得转速为 n_2 时 $H_2 = H'_x - S'_x Q_2^2$，式中的 H'_x、S'_x，值可由下式计算：

$$\begin{cases} S'_x = \dfrac{H'_A - H'_B}{Q_B'^2 - Q_A'^2} \\ H'_x = H'_A + S'_x Q_A'^2 \end{cases} \tag{4-27}$$

将式（4-25）代入式（4-27）得

$$\begin{cases} S'_x = \dfrac{H_A\left(\dfrac{n_2}{n_1}\right)^2 - H_B\left(\dfrac{n_2}{n_1}\right)^2}{Q_B^2\left(\dfrac{n_2}{n_1}\right)^2 - Q_A^2\left(\dfrac{n_2}{n_1}\right)^2} = \dfrac{H_A - H_B}{Q_B^2 - Q_A^2} \\ H'_x = \left(\dfrac{n_2}{n_1}\right)^2 (H_A + S'_x Q_A^2) = H_A\left(\dfrac{n_2}{n_1}\right)^2 + S'_x Q_A^2\left(\dfrac{n_2}{n_1}\right)^2 \end{cases} \tag{4-28}$$

因此，

$$\begin{cases} S'_x = S_x \\ H'_x = \left(\dfrac{n_2}{n_1}\right)^2 H_x \end{cases} \tag{4-29}$$

求出 H'_x 和 S'_x 值后，即可推求出转速为 n_2 时水泵 $(Q\text{-}H)_2$ 曲线的方程

$$H_2 = \left(\frac{n_2}{n_1}\right)^2 H_x - S_x Q_2^2 \tag{4-30}$$

需要指出的是式（4-30）在水泵的高效段具有较高的精度，工况点偏离高效段后，精度较差。

【例 4-1】 某工厂的给水泵站装有两台12Sh-9型双吸离心泵，其中一台备用。管道的阻力系数为$S=161.5s^2/m^5$，静扬程$H_{ST}=49.0m$，试求：

（1）水泵装置的工况点；

（2）当供水量减少10%时，为节电水泵的转速应降为多少？

（3）当转速降为1350r/min时，水泵的出水量为多少？

12Sh-9型泵的性能参数见表4-1。

水泵的性能参数表 **表 4-1**

型号	流量 Q(L/s)	扬程 H(m)	转速 n (r/min)	轴功率 N(kW)	效率 η(%)	允许吸上真空高度 H_s(m)
12Sh-9	160 220 270	65 58 50	1470	127.5 150.0 167.5	80.0 83.5 79.0	4.5

【解】

（1）管道系统特性曲线方程为

$$H=49+161.5Q^2$$

水泵Q-H曲线高效段的方程为$H=H_x-S_xQ^2$，H_x和S_x值为

$$S_x=\frac{65-58}{0.22^2-0.16^2}=307.02$$

$$H_x=65+307.02\times0.16^2=72.86$$

则转速为$n_1=1470r/min$时，$(Q\text{-}H)_1$曲线的方程为$H=72.86-307.02Q^2$。

管道系统特性曲线与$(Q\text{-}H)_1$曲线的交点即为水泵的工况点，则有

$$49+161.5Q^2=72.86-307.02Q^2$$

解得$Q=0.2257m^3/s$；$H=57.22m$。

（2）当供水量减少10%时，此时水泵的流量、扬程分别为

$$Q_2=0.2257(1-10\%)=0.2031m^3/s$$

$$H_2=49+161.5\times0.2031^2=55.66m$$

由式（4-18）得

$$k=\frac{H_2}{Q_2^2}=\frac{55.66}{0.2031^2}=1349.35$$

代入式（4-21）可求得

$$n_2=\frac{1470\times0.2031\sqrt{307.02+1349.35}}{\sqrt{72.86}}=1424r/min$$

(3) 由式 (4-29)，$S'_x=S_x=307.02$；$H'_x=H_x\left(\frac{n_2}{n_1}\right)^2=72.86\times\left(\frac{1350}{1470}\right)^2=61.45$。因此，水泵的转速降为 $n_2=1350$r/min 时，$(Q\text{-}H)_2$ 曲线高效段方程为 $H=H'_x-S'_xQ^2=61.45-307.02Q^2$，该方程与管道特性曲线方程 $H=49+161.5Q^2$ 的交点即水泵转速降为 1350r/min 时的水泵的工况点，即

$$61.45-307.02Q^2=49+161.5Q^2$$

解上式得 $Q=0.1630\text{m}^3/\text{s}$。

三、变速应注意的问题

水泵变速运行的最终目的是在满足用户用水量和水压要求的前提下实现节能，但是，变速运行必须以安全运行为前提。因此，在确定水泵变速范围时，应注意如下问题。

(1) 水泵机组的转子与其他轴系一样，机组固定在基础上后，都有自己固有的振动频率。当机组的转子调至某一转速值时，转子旋转出现的振动频率如果接近固有的振动频率，水泵机组就会产生强烈振动。水泵产生共振时的转速称为临界转速 (n_c)。变速水泵安全运行的前提是变速后的转速不能与其临界转速重合、接近或成倍数。通常，单级离心泵的设计转速都低于其轴的临界转速。一般设计转速约为临界转速的 75%～80%。对多级泵而言，临界转速有第一临界转速和第二临界转速。水泵的设计转速 n 值一般大于第一临界转速的 1.3 倍，小于第二临界转速的 70%。因此，大幅度地变速必须慎重，最好能征得水泵厂的同意。

(2) 水泵转速下调不能过大，如降速过大，实际等效率曲线将偏离相似工况抛物线较远，泵效率下降较大，应用比例律公式将引起较大误差，一般降速不宜超过额定转速的 30%～50%。水泵提高转速时，叶轮、泵轴及电动机转子的离心应力将会增加，可能造成机组转子或轴承的机械损坏。另外，电动机还可能超载。因此，水泵的转速一般不能轻易地调高。

(3) 变速装置价格昂贵，泵站一般采用变速泵与定速泵并联工作的方式。当管网中用水量变化时，采用启闭定速泵来进行大调，利用变速泵进行细调。变速泵与定速泵配置台数的比例，应以充分发挥每台变速泵的变速性能，以及经过变速运行后，能体现出较好的节能效果为原则。

(4) 变速后如果水泵工况点的扬程等于变速泵的虚总扬程，则变速泵的流量为零。因此，水泵变速的合理范围应根据变速泵与定速泵均能运行于各自的高效段内这一条件确定。

第四节 叶片泵装置变径运行工况

变径运行就是将叶片泵的原叶轮沿外径在车床上车削去一部分，再安装好进行运转。叶轮经过车削以后，水泵的性能将按照一定的规律发生变化，从而使水泵的工况点发生改变。我们把车削叶轮改变水泵工况点的方法，称为变径调节。

一、车削定律

在一定车削量范围内，叶轮车削前后，Q、H、N 与叶轮直径之间的关系为

$$\frac{Q'}{Q}=\frac{D_2'}{D_2} \tag{4-31}$$

$$\frac{H'}{H}=\left(\frac{D_2'}{D_2}\right)^2 \tag{4-32}$$

$$\frac{N'}{N}=\left(\frac{D_2'}{D_2}\right)^3 \tag{4-33}$$

式中　　D_2——叶轮没车削时的直径；

Q'、H'、N'——相应于叶轮车削后，叶轮外径为 D_2'时的流量、扬程、轴功率。

式（4-31）、式（4-32）及式（4-33）称为水泵的车削定律。车削定律是在认为车削前后叶轮出口过水断面面积不变、速度三角形相似等假定下，经推导得出的。在一定限度的车削量范围内，车削前后水泵的效率可视为不变。

二、车削定律的应用

车削定律在应用时，一般可能遇到三类问题。

1. 根据用户需求确定车削量

根据用户需求，流量、扬程不在外径为 D_2的 Q-H 曲线上，若采用车削叶轮外径的方法进行调节，求车削后的叶轮直径。

对于这个问题，已知条件是：叶轮直径为 D_2时的水泵的 Q-H 曲线和需求的流量和扬程。

按车削定律可得

$$\frac{H'}{(Q')^2}=\frac{H}{Q^2}=k' \tag{4-34}$$

则

$$H'=k'(Q')^2 \tag{4-35}$$

式（4-35）为一条二次抛物线方程。凡是满足车削定律的任何工况点，都分布在这条抛物线上，该线称为车削抛物线。实践证明，在一定的车削量范围内，叶轮车削前后水泵的效率变化不大。因此，该车削抛物线又称为等效率曲线。

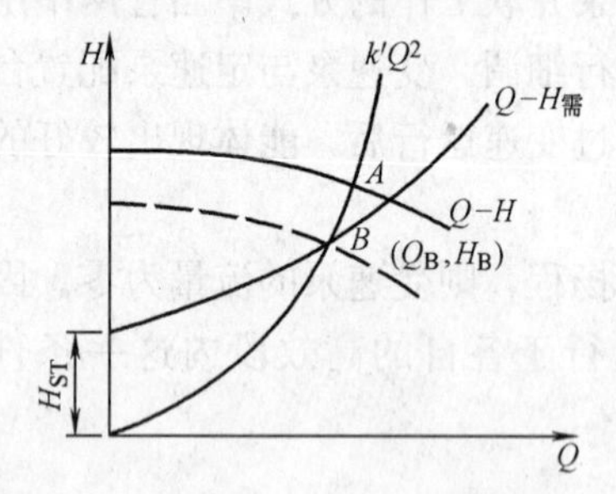

图 4-13　用车削抛曲线求车削量

将 B 点坐标 Q_B、H_B，如图 4-13 所示，代入式（4-34）求出 k'值，按式（4-35）绘制车削抛物线，与 D_2 时的 Q-H 曲线交于 A 点，A 点即为满足车削定律要求的 B 点的对应点。将 A 点的 Q_A和 B 点的 Q_B代入车削定律，就可求出车削后的叶轮直径 D_2'。求车削后的叶轮直径 D_2'，也可用和变速调节相类似的数解法。

2. 根据水泵最高效率点确定车削量

如图 4-14 所示，水泵工作时的静扬程为 H_{ST}，水泵运行时的工况点 A_1不在最高效率点，可用改变叶轮外径的方法，满足水泵在最高效率点运行。

通过水泵最高效率点 A（Q_A，H_A）的车削抛物线方程为 $H'=\frac{H_A}{Q_A^2}Q'^2$。该式所表示的曲线与管道系统特性曲线 Q-$H_{需}$的交点为 B（Q_B，H_B），A、B 两点的工作状况相似。则车削后水泵叶轮的直径为

$$D_2' = \frac{D_2}{Q_A} Q_B$$

求车削后的叶轮直径 D_2'，也可用和变速调节相类似的数解法。

3. 翻画水泵的特性曲线

已知叶轮的车削量，求水泵特性曲线的变化。即已知叶轮直径 D_2 时的特性曲线，要求画出车削后的叶轮直径为 D_2' 时的水泵的特性曲线 Q'-H'、Q'-N'、Q'-η'。

解决这一问题的方法是：在已知叶轮外径 D_2 时的水泵 Q-H 曲线上选 3 个点，如图 4-15 所示，这三个点分别是水泵高效段的左端点、设计点和右端点；流量分别为 Q_1、Q_2、Q_3；扬程分别为 H_1、H_2、H_3。然后，用式（4-31）、式（4-32）进行计算，得出（Q_1'，H_1'）、（Q_2'，H_2'）、（Q_3'，H_3'）等点，将其绘在坐标系中，用光滑的曲线连接起来，如图 4-15 中的 Q'-H' 曲线。同样，也可用类似方法画出车削后的 Q'-N' 曲线，按车削前后效率不变绘出 Q'-η' 曲线。

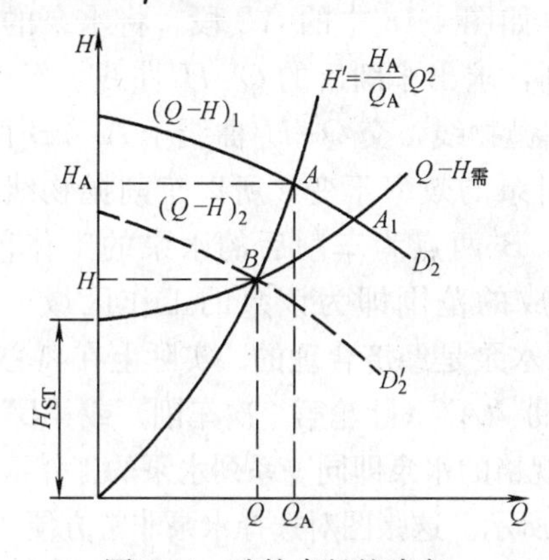

图 4-14 叶轮直径的确定

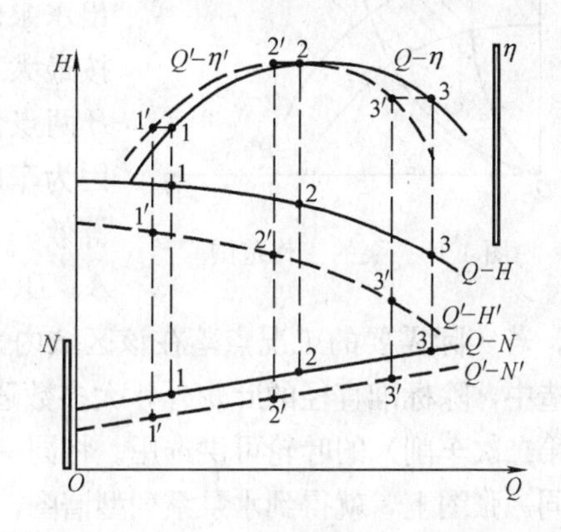

图 4-15 用车削定律翻画特性曲线

三、车削叶轮应注意的问题

（1）叶轮的车削量是有一定限度的，否则叶轮的构造被破坏，使叶片出水端变厚，叶轮与泵壳间的间隙增大，水泵的效率下降过多。叶轮的最大车削量与比转数有关，见表 4-2。从该表中可以看出，比转数大于 350 的泵不允许车削叶轮。故变径运行只适用于离心泵和部分混流泵。

叶片泵叶轮的最大车削量　　表 4-2

比　转　数	60	120	200	300	350	350 以上
允许最大车削量 $\frac{D_2-D_2'}{D_2}$	20%	15%	11%	9%	1%	0
效率下降值	每车削 10%下降 1%		每车削 4%下降 1%			

（2）叶轮车削时，对不同的叶轮采用不同的车削方式，如图 4-16 所示。低比转数离心泵叶轮的车削量在前后盖板和叶片上都是相等的；高比转数离心泵叶轮后盖板的车削量大于前盖板，并使前后盖板车削量的平均值为 D_2'；混流泵叶轮只车削前盖板的外缘直径，在轮毂处的叶片不车削；低比转数离心泵叶轮车削后应将叶轮背面出口部分锉尖，可使泵的性能得到改善，如图 4-17 所示。叶轮车削后应作平衡试验。

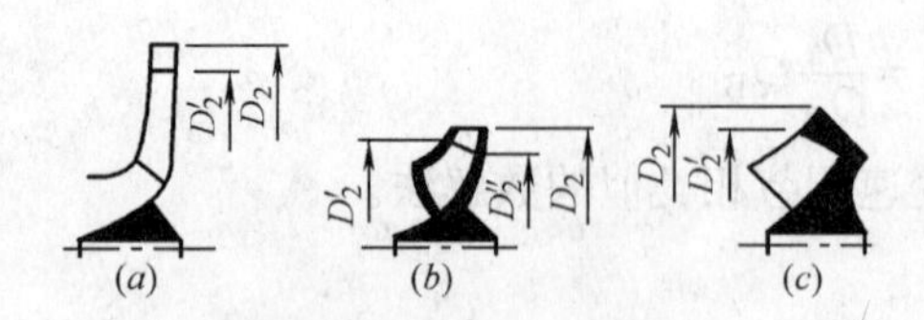

图 4-16　叶轮的车削方式

(a) 低比转数离心泵；(b) 高比转数离心泵；(c) 混流泵

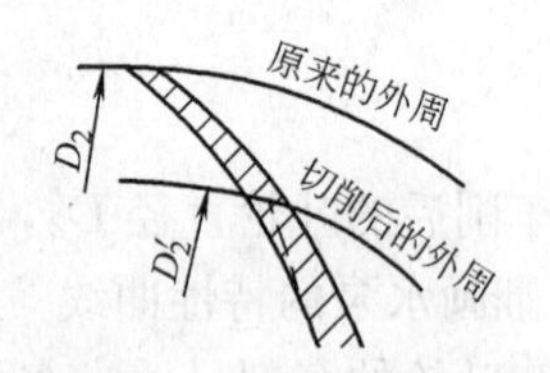

图 4-17　切削前后的叶片

四、水泵系列型谱图

车削水泵叶轮是解决水泵类型、规格的有限性与供水对象要求的多样性之间矛盾的一种方法，它使水泵的使用范围得以扩大。水泵的工作范围是由制造厂家所规定的水泵允许使用的流量区域，通常在水泵最高效率下降不超过 5%～8%的范围内，确定出水泵的高效段，如图 4-18 中的 AB 段。将水泵的叶轮按最大车削量车削，求出车削后的 Q'-H'曲线，经过 A、B 两点作两条车削抛物线，交 Q'-H'曲线于 A'、B'两点。因为车削量较小时泵的效率不变，所以车削抛物线也是等效率曲线。A'、B'两点为车削后的水泵的工作范围。A、B、B'、A'组成的范围即为该泵的工作区域。选泵时，若实际需要的工况点落在该区域内，则所选的水泵是经济合理的。实际上在离心泵的制造中，除标准直径的叶轮外，大多数还有同型号带“A”（叶轮第一次车削）或“B”（叶轮第二次车削）的叶轮可供选用。将同一类型不同规格的水泵即同一系列水泵的工作区域画在同一张图上，就得到水泵系列型谱图，如图 4-19 所示。这张图对选择水泵非常方便。

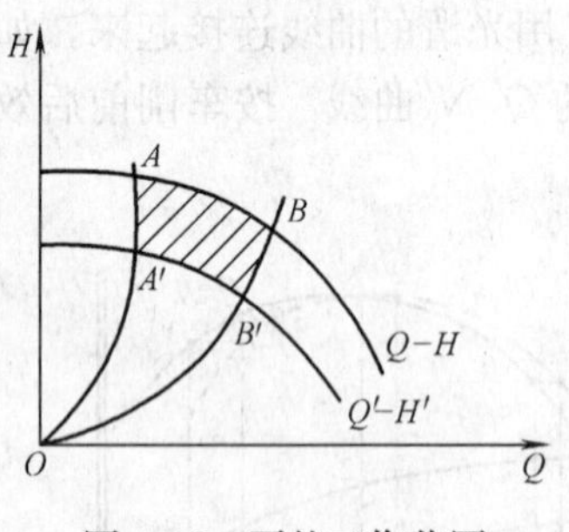

图 4-18　泵的工作范围

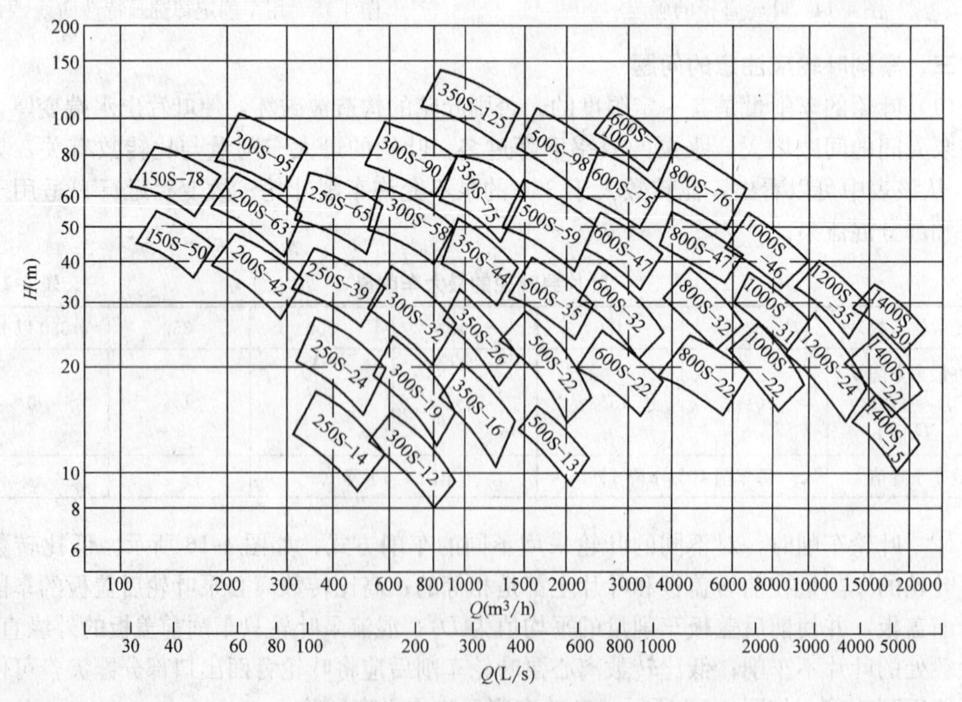

图 4-19　水泵系列型谱图

第五节 叶片泵装置变角运行工况

改变叶片的安装角度可以使水泵的性能发生变化，从而达到改变水泵工况点的目的。这种改变工况点的方式称为叶片泵的变角运行。

一、轴流泵叶片变角后的性能曲线

对于轴流泵，在转速不变的情况下，随着叶片安装角度的增大，Q-H、Q-N 曲线向右上方移动，Q-η 曲线以几乎不变的数值向右移动，如图 4-20 所示。为便于用户使用，将 Q-N、Q-η 曲线用数值相等的等功率曲线和等效率曲线加绘在 Q-H 曲线上，称为轴流泵的通用性能曲线，如图 4-21 所示。

二、轴流泵的变角运行

下面以 500ZLB-7.1 型轴流泵为例，说明按照不同扬程变化时，如何调节叶片的安装角度。在图 4-21 中画出三条管道系统特性曲线 1、2、3，分别为最小、设计、最大静扬程时的 Q-$H_{需}$ 曲线。如果叶片安装角度为 0°，从图中可以看出，在设计静扬程运行时，Q=570L/s、N=48kW、η>81%；在最小静扬程运行时，Q=663L/s、N=38.5kW、η>81%，这时水泵的轴功率较小，电动机负荷也较小；在最大静扬程运行时，Q=463L/s、N=57kW、η=73%，这时水泵轴功率较大，效率较低，电动机有超载的危险。

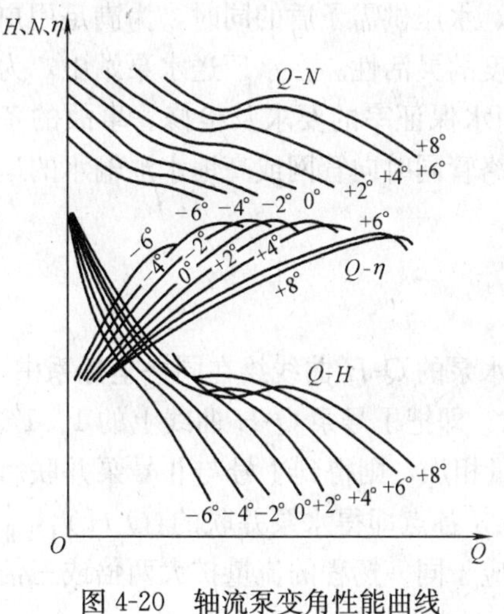

图 4-20 轴流泵变角性能曲线

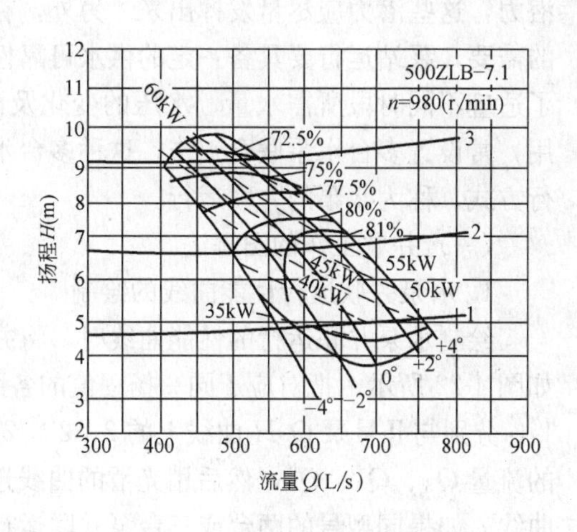

图 4-21 轴流泵通用性能曲线

1、2、3 分别为最小静扬程、设计静扬程、最大静扬程时的 Q-$H_{需}$ 曲线

这台水泵的叶片安装角度可以调节，所以在设计静扬程运行时，将叶片安装角定为 0°。当在最小静扬程运行时，将叶片安装角调大到+4°，这时，Q=758L/s、N=46kW、η=81%，效率较高，流量增加了，电动机接近于满负荷运行。当在最大静扬程运行时，将叶片安装角调到−2°，这时，Q=425L/s、N=51.7kW、η=73%，虽然流量有所减少，但电动机在满负荷下运行，避免了超载的危险。

对比以上情况，可以看出变角运行是优越的。当静扬程变大时，把叶片的安装角变小，在维持较高效率的情况下，适当减少出水量，使电动机不致超载；当静扬程变小时，把叶片的安装角度变大，使电动机满载运行，且能更多地抽水。总之，采用可以改变叶片角度的轴流泵，不仅使水泵以较高的效率抽较多的水，并使电动机长期保持或接近满负荷运行，以提高电动机的效率和功率因数。

中小型轴流泵绝大多数为半调节式，一般需在停机、拆卸叶轮之后才能改变叶片的安装角度。而泵站运行时的扬程具有一定的随机性，频繁停机改变叶片的安装角度则有许多不便。为了使泵站全年或多年运行效率最高，耗能最少，同时满足排水或给水流量的要求，可将叶片安装角调到最优状态，从而达到经济合理的运行。有些泵站在不同季节运行时的扬程是不同的，这时可根据扬程的变化情况，采用不同的叶片安装角。如合流泵站汛期排雨水时，进水侧水位较高，往往水泵运行时的扬程较低，这时可根据扬程将叶片的安装角调大，不但使泵站多抽水，而且电动机满负荷运行，提高了电动机的效率和功率因数；在非汛期排污水时，进水侧水位较低，往往水泵的扬程较高，这时可将叶片安装角调小，在水泵较高效率的情况下，适当减少出水量，防止电动机出现超载。

第六节　离心泵并联及串联运行

一、离心泵的并联运行

给水泵站的设计和运行管理中，在解决水量、水压的供需矛盾时，蕴藏着很大的节能潜力，这些潜力应尽量发挥出来。另外，在解决水量、水压供需矛盾的同时，为满足用户的需要，泵站运行要具备一定的供水可靠性和运行调度的灵活性。在水厂送水泵站中，为了适应不同时段所需水量、水压的变化及满足用户用水保证率的要求及检修、事故的备用，常设置多台水泵联合工作，这种多台水泵通过联络管同时向管网或高地水池输水的运行方式，称为水泵的并联运行。

（一）并联工作的图解法

1. 水泵并联运行性能曲线的绘制

绘制水泵并联运行的性能曲线时，将并联的各台水泵的 Q-H 曲线绘在同一坐标系中，如图 4-22 所示。把对应于同一扬程值的各泵流量相加，即把Ⅰ号泵 Q-H 曲线上的 1、$1'$、$1''$，分别与Ⅱ号泵 Q-H 曲线上的 2、$2'$、$2''$各点的流量相加，则得到Ⅰ号与Ⅱ号泵并联后的流量 Q_3、Q_3'、Q_3''，然后用光滑的曲线连接 3、$3'$、$3''$各点即得水泵并联的 $(Q\text{-}H)_{\text{I}+\text{II}}$ 曲线。如果同型号的两台或三台泵并联运行，则把对应于同一扬程的流量扩大两倍或三倍即可得并联后的 Q-H 曲线。

2. 同型号、同水位、对称布置的两台水泵并联运行

(1) 绘制两台水泵并联后的总 $(Q\text{-}H)_{\text{I}+\text{II}}$ 曲线。

由于两台水泵型号相同，两台水泵在同一吸水井中吸水，如图 4-23 所示，从吸水口 D、E 两点至并联节点 F 的管道完全相同，因此 DF、EF 管段的水头损失相等，两管段通过的流量均为 $\frac{Q}{2}$，FG 管段通过的总流量为两台水泵的流量之和。因此，绘制两台水泵并联后的总 $(Q\text{-}H)_{\text{I}+\text{II}}$ 曲线可直接采用横加法，即把单台水泵同一扬程下的流量扩大两倍后得并联运行的 $(Q\text{-}H)_{\text{I}+\text{II}}$ 曲线。

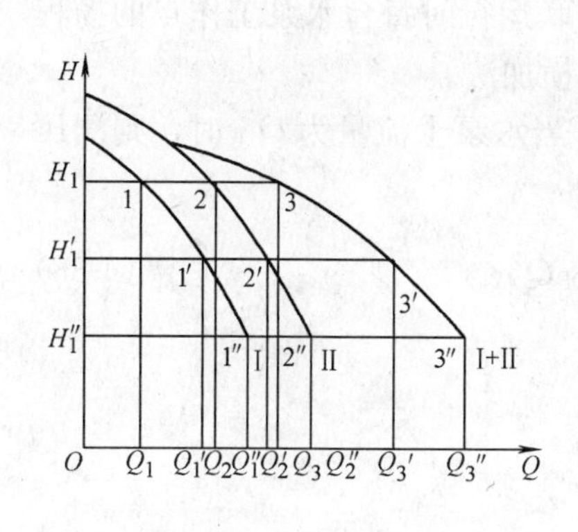

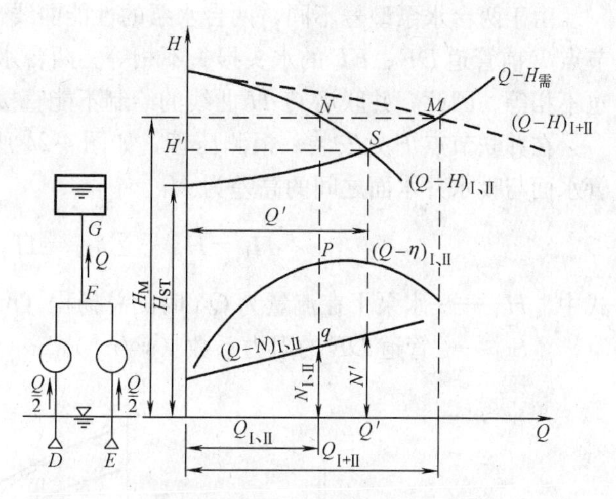

图 4-22　水泵并联 Q-H 曲线的绘制

图 4-23　同型号、同水位、对称布置的两台水泵并联

（2）绘制管道系统特性曲线。由前述知，为了将水由吸水井输入管网或水塔，DG 或 EG 管道中每单位重量的水所需消耗的能量为

$$H_{需}=H_{ST}+\sum h_{DF}+\sum h_{FG}=H_{ST}+S_{DF}Q_{\mathrm{I}}^2+S_{FG}Q_{\mathrm{I}+\mathrm{II}}^2 \tag{4-36}$$

式中　S_{DF}及S_{FG}分别为管道 DF（或 EF）及管道 FG 的阻力系数。因为两台水泵为同型号，管道对称布置，故管道中通过的流量 $Q_{\mathrm{I}}=Q_{\mathrm{II}}=\frac{1}{2}Q_{\mathrm{I}+\mathrm{II}}$，代入式（4-36）得

$$H_{需}=H_{ST}+\left(\frac{1}{4}S_{DF}+S_{FG}\right)Q_{\mathrm{I}+\mathrm{II}}^2 \tag{4-37}$$

由式（4-37）可绘出 DFG（或 EFG）管道系统的特性曲线 Q-$H_{需}$。

（3）求并联的工况点。管道系统的特性曲线 Q-$H_{需}$与并联后的$(Q$-$H)_{\mathrm{I}+\mathrm{II}}$曲线相交于 M 点，M 点称为并联运行的工况点。M 点的横坐标为两台水泵并联工作的总流量 $Q_{\mathrm{I}+\mathrm{II}}$，纵坐标等于每台水泵的扬程 H_M。

（4）求每台泵的工况。通过 M 点向纵轴作垂线，交单泵的 Q-H 曲线于 N 点，N 点即为两台泵并联运行时，各台泵的工况点。其流量为 $Q_{\mathrm{I、II}}$，扬程为 $H_{\mathrm{I}}=H_{\mathrm{II}}=H_M$。通过 N 点向横轴作垂线交 Q-η 曲线于 P 点，交 Q-N 曲线于 q 点，P 点和 q 点分别为各台水泵的效率点和轴功率点。

在并联运行装置中，如果只开一台水泵，另一台水泵停止运行，则图 4-23 中的 S 点即为单泵运行时的工况点。这时水泵的流量为 Q'，扬程为 H'，轴功率为 N'。由图 4-23 可以看出：$N'>N_{\mathrm{I、II}}$。即单泵工作时的轴功率大于并联工作时各台泵的轴功率。因此，在为水泵选配动力机时，要根据每台泵单独运行时的轴功率选配动力机。另外，$Q'>Q_{\mathrm{I、II}}$；$2Q'>Q_{\mathrm{I}+\mathrm{II}}$，即每台泵单独工作时的流量大于并联工作时每台水泵的出水量。也就是说两台水泵并联工作时的总流量不是每台泵单独工作时的流量的倍数，而且并联的水泵台数越多，并联运行时每台泵的流量就越小。当管道系统的特性曲线越陡时，这种现象就越突出。

3. 不同型号、布置不对称在同水位下两台水泵的并联运行由于两台水泵型号不同，两台水泵的性能曲线也就不同；由于管道布置不对称，并联节点 F 前管道 DF、EF 的水头损失不相等。两台水泵并联运行时每台水泵工作点的扬程也不相等。因此，并联后 Q-H 曲线的绘制不能直接采用横加法。

在并联节点 F 处安装一根测压管，如图 4-24 所示，当水泵Ⅰ流量为 Q_{I} 时，则测压管水面与吸水井水面之间的高差为 H_{F}。

$$H_{\mathrm{F}}=H_{\mathrm{I}}-\sum h_{\mathrm{DF}}=H_{\mathrm{I}}-S_{\mathrm{DF}}Q_{\mathrm{I}}^{2} \tag{4-38}$$

式中　H_{I}——水泵Ⅰ在流量为 Q_{I} 时的总扬程（m）；

S_{DF}——管道 DF 的阻力系数（$\mathrm{s^2/m^5}$）。

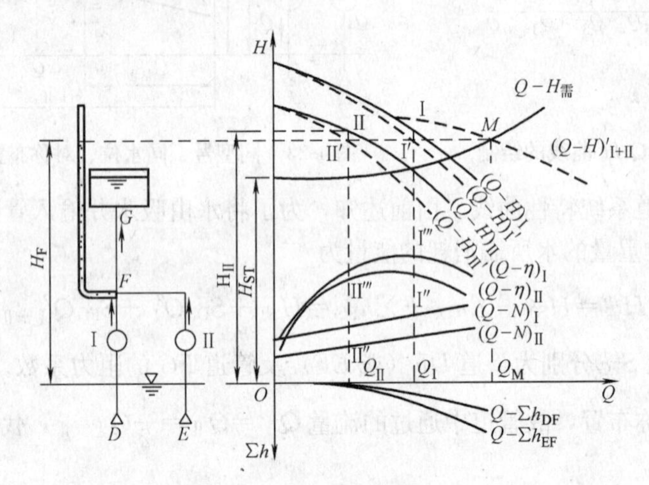

图 4-24　不同型号、布置不对称在同水位下的两台水泵并联

同理
$$H_{\mathrm{F}}=H_{\mathrm{I}}-\sum h_{\mathrm{EF}}=H_{\mathrm{II}}-S_{\mathrm{EF}}Q_{\mathrm{II}}^{2} \tag{4-39}$$

式中　H_{II}——水泵Ⅱ在流量为 Q_{II} 时的总扬程（m）；

S_{EF}——管道 EF 的阻力系数（$\mathrm{s^2/m^5}$）。

式（4-38）、式（4-39）分别表示水泵Ⅰ、水泵Ⅱ的总扬程 H_{I}、H_{II} 扣除了 DF、EF 管道在通过流量 Q_{I}、Q_{II} 时的水头损失后，等于测压管水面与吸水井水面的高差。如果将水泵Ⅰ、水泵Ⅱ的 $(Q\text{-}H)_{\mathrm{I}}$、$(Q\text{-}H)_{\mathrm{II}}$ 曲线上各个纵坐标分别减去 DF、EF 管道的水头损失随流量而变化的关系曲线 $Q\text{-}\sum h_{\mathrm{DF}}$、$Q\text{-}\sum h_{\mathrm{EF}}$，便可得到如图 4-24 中虚线所示的 $(Q\text{-}H)'_{\mathrm{I}}$、$(Q\text{-}H)'_{\mathrm{II}}$ 曲线。显然，这两条曲线排除了水泵Ⅰ和水泵Ⅱ扬程不等的因素。这样就可以采用横加法在图 4-24 中绘出两台不同型号水泵并联运行时的 $(Q\text{-}H)'_{\mathrm{I+II}}$ 曲线。

管道 FG 中单位重量的水所需消耗的能量为

$$H_{需}=H_{\mathrm{ST}}+S_{\mathrm{FG}}Q_{\mathrm{FG}}^{2} \tag{4-40}$$

式中　S_{FG}——管道 FG 的阻力系数（$\mathrm{s^2/m^5}$）；

Q_{FG}——管道 FG 的流量（$\mathrm{m^3/s}$）。

由式（4-40）可绘出 FG 管道系统的特性曲线 Q-$H_{需}$。该曲线与 $(Q\text{-}H)'_{\mathrm{I+II}}$ 曲线相交于 M 点，M 点的流量 Q_{M}，即为两台水泵并联工作时的总出水量。通过 M 点向纵轴作垂线与$(Q\text{-}H)'_{\mathrm{I}}$及$(Q\text{-}H)'_{\mathrm{II}}$曲线相交于Ⅰ′及Ⅱ′两点，则$Q_{\mathrm{I}}$、$Q_{\mathrm{II}}$即为水泵Ⅰ、水泵Ⅱ在并联运行时的单泵流量，$Q_{\mathrm{M}}=Q_{\mathrm{I}}+Q_{\mathrm{II}}$；再由Ⅰ′、Ⅱ′两点各引垂线向上，与$(Q\text{-}H)_{\mathrm{I}}$、$(Q\text{-}H)_{\mathrm{II}}$曲线分别交于Ⅰ、Ⅱ两点。显然，Ⅰ、Ⅱ两点就是并联运行时，水泵Ⅰ、水泵Ⅱ各自的工况点，扬程分别为H_{I}及H_{II}。由Ⅰ′、Ⅱ′两点各引垂线向下，与$(Q\text{-}N)_{\mathrm{I}}$及$(Q\text{-}N)_{\mathrm{II}}$曲线分别相交于Ⅰ″和Ⅱ″点，此两点的$N_{\mathrm{I}}$及$N_{\mathrm{II}}$就是两台水泵并联运行时，各台水泵的轴功率值。同样，其效率点分别为Ⅰ‴、Ⅱ‴点，其效率值分别为η_{I}、η_{II}。

4. 机井供水时两台水泵并联运行

在我国北方平原地区，由于地表水资源匮乏，常以地下水作为供水的水源。这种供水方式一井一泵，泵的压水管用联络管连接后，将水送往水厂或用户，这时需确定泵并联后的总流量及每台泵的流量、效率等参数。其做法是

（1）建立坐标系，横轴为流量，和井中静水位同高，纵轴为扬程，如图4-25所示。

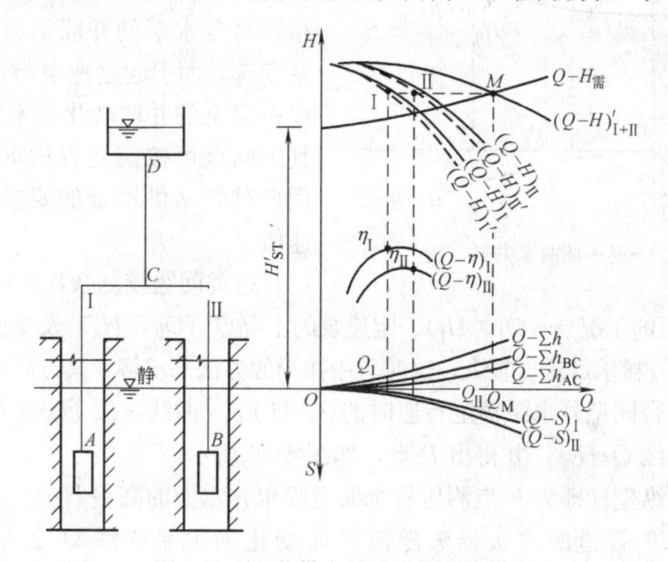

图4-25　机井供水时两泵并联运行

（2）根据所选水泵分别在坐标系中画出每台泵的$Q\text{-}H$、$Q\text{-}\eta$曲线。

（3）根据抽水试验资料分别画出每眼井中水位降深随井涌水量而变化的曲线$(Q\text{-}S)_{\mathrm{I}}$和$(Q\text{-}S)_{\mathrm{II}}$。

（4）做并联节点C到管网控制点管道的水头损失随流量而变化的关系曲线$Q\text{-}\Sigma h$。

（5）分别做出AC、BC管道的水头损失随流量而变化的关系曲线$Q\text{-}\Sigma h_{\mathrm{AC}}$和$Q\text{-}\Sigma h_{\mathrm{BC}}$。

（6）将同一横坐标时的$(Q\text{-}H)_{\mathrm{I}}$曲线的纵坐标减去$Q\text{-}\Sigma h_{\mathrm{AC}}$与$(Q\text{-}S)_{\mathrm{I}}$曲线之和的纵距得$(Q\text{-}H)'_{\mathrm{I}}$曲线，用同样方法得到$(Q\text{-}H)'_{\mathrm{II}}$。然后用横加法得两台水泵并联运行时总的$(Q\text{-}H)'_{\mathrm{I}+\mathrm{II}}$曲线。

（7）由$H_{\mathrm{ST}}+\Sigma h$确定管道系统特性曲线$Q\text{-}H_{需}$。

（8）$Q\text{-}H_{需}$与$(Q\text{-}H)'_{\mathrm{I}+\mathrm{II}}$曲线的交点$M$所对应的流量$Q_{\mathrm{M}}$为两泵的流量之和。然后过$M$点向纵轴做垂线分别交$(Q\text{-}H)'_{\mathrm{I}}$和$(Q\text{-}H)'_{\mathrm{II}}$曲线于Ⅰ、Ⅱ两点；过Ⅰ和Ⅱ点向横轴做垂线可分别得出每台泵的流量Q_{I}和Q_{II}；每台水泵的效率η_{I}和η_{II}及每眼井中的水位降深S_{I}和S_{II}。

如果每台泵的流量分别小于等于该井的最大涌水量，且每台泵的效率均在高效段范围内时，说明所选水泵适宜。否则应重新选泵，直到满足要求为止。

需要指出的是，当两井中的静水位不同时，这时可按静水位埋深较浅的井中静水位做为横轴流量，而在绘另一台水泵并联以前管道的水头损失随流量而变化的关系曲线时，将其水头损失值加上两井静水位之差即可，其余做法不变。

5. 同型号、同水位、对称布置一定一调两台水泵的并联运行

两台水泵并联运行，当一台水泵为定速泵，另一台水泵为变速泵时，如图 4-26 所示。这时并联运行中可能会遇到的问题有两类：其一是定速泵的转速与变速泵的转速均为已知，求两台水泵并联运行时的工况点。这类问题实际上是同型号、同水位、对称布置两台水泵的并联运行中，由于一台水泵变速，而引起定速泵与变速泵的 Q-H 曲线由完全的并联转化为不完全并联的过程，其工况点可按前述方法求得。其二是根据用户对泵站供水量的要求，求变速泵的转速值。

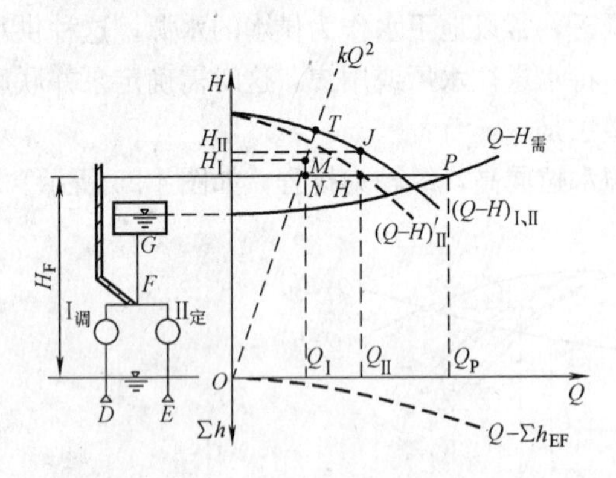

图 4-26　一定一调两泵并联运行

这类问题较复杂，现只知两水泵总供水量 Q_P，而变速泵的工况点（$Q_{Ⅰ}$，$H_{Ⅰ}$）、定速泵的工况点（$Q_{Ⅱ}$，$H_{Ⅱ}$）及变速泵的转速值 $n_{Ⅰ}$ 等为 5 个未知数。直接求解难度很大，这时可用扣损的方法来求解，其方法步骤为：

(1) 画出两台同型号水泵额定转速时的 $(Q\text{-}H)_{Ⅰ、Ⅱ}$ 曲线，按 $H_{需}=H_{ST}+S_{FG}Q^2$ 画出管道系统特性曲线 Q-$H_{需}$，并得出 P 点，如图 4-26 所示。

(2) P 点的纵坐标即为 F 点测压管水面至吸水井水面的高差 H_F。

(3) 画出 EF 管道的水头损失随流量而变化的关系曲线 $Q\text{-}\sum h_{EF}$，在定速泵的 $(Q\text{-}H)_{Ⅱ}$ 曲线上扣除 $Q\text{-}\sum h_{EF}$ 得 $(Q\text{-}H)'_{Ⅱ}$ 曲线，它与 F 点测压管水面线（H_F 高度线）相交于 H 点，如图 4-26 所示。

(4) 由 H 点向上引线交 $(Q\text{-}H)_{Ⅰ、Ⅱ}$ 曲线于 J 点，J 点即为定速泵的工况点（$Q_{Ⅱ}$、$H_{Ⅱ}$）。

(5) 变速泵的流量 $Q_{Ⅰ}=Q_P-Q_{Ⅱ}$，变速泵的扬程为 $H_{Ⅰ}=H_P+S_{DF}Q_{Ⅰ}^2$，即图 4-26 上的 M 点。

(6) 按 $k=\dfrac{H_{Ⅰ}}{Q_{Ⅰ}^2}$ 求出 k 值后，即可画出过（$Q_{Ⅰ}$，$H_{Ⅰ}$）点的相似工况抛物线 kQ^2，该曲线与定速泵 $(Q\text{-}H)_{Ⅰ、Ⅱ}$ 曲线交于 T 点。

(7) 应用比例律公式即可求得变速泵的转速值 $n_{Ⅰ}$，$n_{Ⅰ}=n_{Ⅱ}\left(\dfrac{Q_{Ⅰ}}{Q_T}\right)$，（$n_{Ⅱ}$ 为定速泵的转速）。

6. 一台水泵向两个不同高程的高地水池供水

如在管道分支点 E 处装一测压管，如图 4-27 所示，即可根据测压管中的水面高度分析出水泵向两个不同高程的水池供水时，可能有三种情况：①测压管中水面高于水池 F

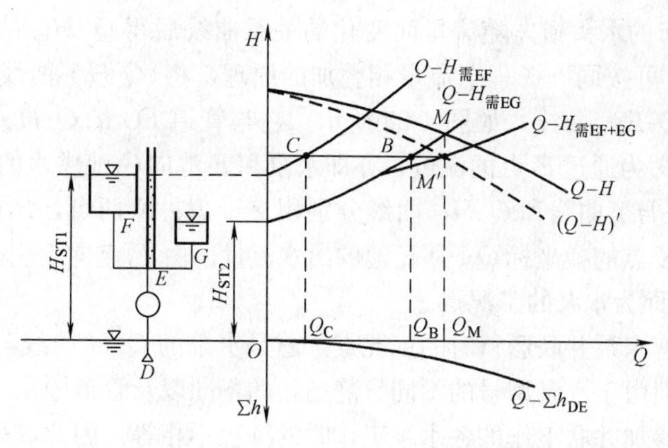

图 4-27　一台泵向两水池供水

内的水面时，水泵同时向两个水池供水；②测压管内水面低于 F 池内水面，而高于 G 池内水面时，则水泵及高地水池 F 并联运行，共同向水池 G 供水；③测压管内水面等于水池 F 内水面时，水池 F 的水既不进，也不出，维持平衡，水泵单独向 G 池供水，这种状况属特殊情况，无实际意义。

对于第一种情况如图 4-27 所示，用扣损法在水泵的 Q-H 曲线上减去相应流量下管道 DE 的水头损失随流量而变化的关系曲线 Q-$\sum h_{DE}$，得 $(Q$-$H)'$ 曲线。然后分别画出点 E 处管道 EF、EG 的管道系统特性曲线 Q-$H_{需EF}$、Q-$H_{需EG}$。由于 $Q_{DE}=Q_{EF}+Q_{EG}$，所以，可按同一扬程下流量相叠加的原理来绘制这两条管道的总管道系统的特性曲线 Q-$H_{需EF+EG}$，如图 4-27 所示，它与 $(Q$-$H)'$ 曲线交于 M' 点，此 M' 点的横坐标即为通过 E 点的流量，亦即水泵向两水池供水的总流量。过 M' 点向上引垂线与 Q-H 曲线交于 M 点，则 M 点为水泵的工况点，纵坐标即为水泵的扬程。由 M' 点向纵轴做垂线与 Q-$H_{需EG}$ 和 Q-$H_{需EF}$ 分别相交于 B、C 两点，B 点的横坐标 Q_B 为向 G 池供水的流量，C 点的横坐标 Q_C 即为向 F 池供水的流量。

对于第二种情况如图 4-28 所示，用扣损法在水泵的 Q-H 曲线上减去相应流量下管道 DE 的水头损失随流量而变化的关系曲线 Q-$\sum h_{DE}$，得 $(Q$-$H)'$ 曲线；在 F 水池的水面水

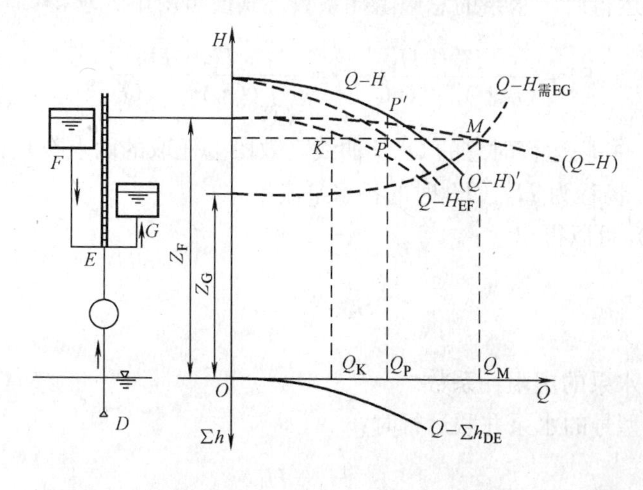

图 4-28　水泵与水池联合工作

平线上减去管道 EF 的水头损失随流量而变化的关系曲线后得 $Q\text{-}H_{EF}$ 曲线。由于 $Q_{EG}=Q_{DE}+Q_{EF}$，所以，可按同一扬程下流量相叠加的原理，将$(Q\text{-}H)'$曲线与 $Q\text{-}H_{EF}$ 曲线相叠加，绘出总的（$Q\text{-}H$）曲线，如图 4-28 所示。它与管道 EG 的 $Q\text{-}H_{需EG}$ 曲线相交于 M 点，M 点的横坐标即为通过 E 点的流量，亦即水泵和 F 池向 G 池供水的总流量。由 M 点向纵轴做垂线与$(Q\text{-}H)'$曲线和 $Q\text{-}H_{EF}$ 曲线分别相交于 P、K 两点，P 点的横坐标 Q_P 为水泵的输水流量，K 点的横坐标 Q_K 为 F 池的出水流量。由 P 点向上引垂线与 $Q\text{-}H$ 曲线相交于 P' 点，P' 点即为水泵的工况点。

综上所述，求解水泵并联运行时的工况点，总是水泵的 $Q\text{-}H$ 曲线与管道系统特性曲线 $Q\text{-}H_{需}$ 的交点。但由于水泵型号的不同、静扬程的不同以及管道中水头损失的不对称等因素的影响，使得参加并联工作的各水泵工作时的扬程不相等。因此，采用特性曲线的扣损法，在水泵的 $Q\text{-}H$ 曲线上扣除水头损失不同的管道的水头损失随流量而变化的关系曲线，即可绘出$(Q\text{-}H)'$曲线，使问题得以简化，这样就可利用同扬程下流量相叠加的原理，绘出总的$(Q\text{-}H)'_{\text{I}+\text{II}}$ 曲线。然后即可得出该曲线与总的管道系统的特性曲线 $Q\text{-}H_{需}$ 的交点，从而求出并联后的总流量。再反推回去即可求得每台水泵的工况点。

离心泵的并联运行是给水泵站中最常见的一种运行方式，这种运行方式具有如下特点：①可增加供水量，总流量等于并联运行中各台水泵的流量之和；②为达到节能的目的和满足用户用水量、水压的需要，可通过开停水泵的台数来调节泵站的流量和扬程；③并联运行提高了泵站运行调度的灵活性和供水的可靠性，如有的水泵出现故障，其他水泵仍可继续供水。

（二）定速泵并联工作的数解法

1. 水泵并联时 $Q\text{-}H$ 曲线的方程式

n 台同型号的水泵并联运行时，其总的 $Q\text{-}H$ 曲线上各点的流量为 $Q=n\cdot Q'$，Q' 为某一扬程时对应的一台水泵的流量。由于水泵的型号相同，并联运行时水泵的总虚扬程 H_x 等于每台水泵的虚扬程 H'_x。因此，n 台同型号水泵并联运行时，$Q\text{-}H$ 曲线的方程式为

$$H=H_x-S_x\cdot(nQ')^2 \tag{4-41}$$

式中　S_x——并联运行时，水泵的总虚阻耗系数。其值可由下式求得：

$$S_x=\frac{H'_a-H'_b}{(nQ'_b)^2-(nQ'_a)^2}=\frac{H'_a-H'_b}{n^2[(Q'_b)^2-(Q'_a)^2]} \tag{4-42}$$

式中　H'_a、H'_b——并联运行时总的 $Q\text{-}H$ 曲线高效段上任取的两点扬程；

Q'_a、Q'_b——扬程为 H'_a、H'_b 时的各水泵流量。

通过式（4-42）可以得出

$$S_x=\frac{S'_x}{n^2} \tag{4-43}$$

式中　S'_x——每台水泵的虚阻耗系数。

对于两台不同型号的水泵并联运行时：

$$S_x=\frac{H_a-H_b}{(Q'_b+Q''_b)^2-(Q'_a+Q''_a)^2} \tag{4-44}$$

式中　Q_a'、Q_a''——在扬程 H_a时，第一台和第二台水泵的流量；

　　　Q_b'、Q_b''——在扬程 H_b时，第一台和第二台水泵的流量。

因此，两台不同型号的水泵并联运行时：

$$H_x = H_a + S_x (Q_a' + Q_a'')^2 = H_b + S_x (Q_b' + Q_b'')^2 \tag{4-45}$$

同样可用类似的方法确定 n 台不同型号的水泵并联运行时的总虚扬程 H_x及总虚阻耗系数 S_x值。

2. 工况点的确定

求得了水泵并联运行时总的 Q-H 曲线方程后，即可根据管道系统的 Q-$H_{需}$曲线方程解得并联运行时的工况点，进而确定出每一台水泵的工况点。

（三）变速运行时并联工况的数解法

在给水工程中，泵站输配水系统一般由取水泵站、送水泵站和加压泵站组成。对于变速运行时水泵并联运行的数解法分述如下。

1. 取水泵站变速运行的数解法

对于取水泵站来说，由于水源水位的变化，将引起水泵流量的变化。为了保证向净水构筑物均匀供水，可采用变速运行的方式来实现取水泵站的均匀供水。

如图 4-29 所示，取水泵站由两台不同型号的离心泵并联工作。其中Ⅰ号泵为定速泵，其 Q-H 曲线高效段的方程为 $H = H_{x\text{I}} - S_{x\text{I}} Q^2$。Ⅱ号泵为变速泵，当转速为额定转速 n_0 时，Q-H 曲线高效段的方程为 $H = H_{x\text{II}} - S_{x\text{II}} Q^2$。图 4-29 中的 Z_1，Z_2分别为Ⅰ号水泵、Ⅱ号水泵吸水井中的水位，Z_0为水厂混合井中的水面高程，S_1、S_2、S_3分别为不同管段管道的阻力系数。当水厂要求取水泵站的供水量为 Q_T时，为实现取水泵站的均匀供水，变速泵的转速 n^* 的确定方法如下：

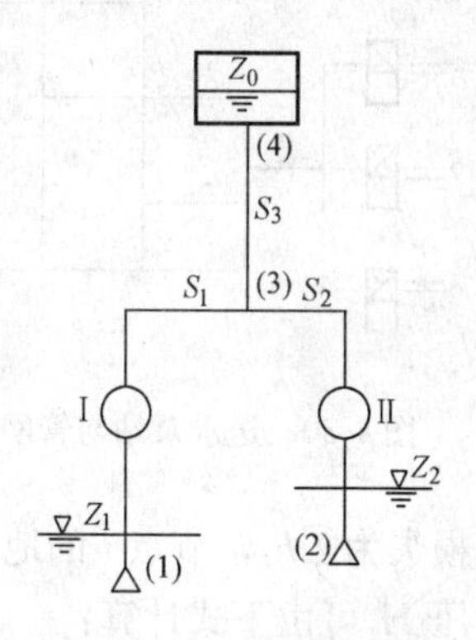

图 4-29　取水泵站变速运行

（1）计算并联点（3）的水压值

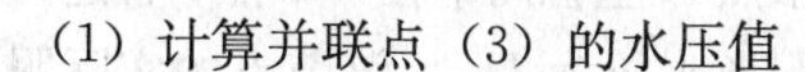

$$H_3 = Z_0 + S_3 Q_T^2 \tag{4-46}$$

（2）计算水泵的出水量。定速泵的流量可按式（4-17）计算，此时，$H_{ST} = H_3 - Z_1$。因此：

$$Q_{\text{I}} = \sqrt{\frac{H_{x\text{I}} + Z_1 - H_3}{S_1 + S_{x\text{I}}}} \tag{4-47}$$

变速泵的出水量 Q_{II} 与水泵的转速有关，设变速泵运行时的转速为 n^*，则相应的 Q-H 曲线高效段的方程根据式（4-30）得 $H = \left(\frac{n^*}{n_0}\right)^2 H_{x\text{II}} - S_{x\text{II}} Q^2$，则变速泵的出水量为

$$Q_{\text{II}} = \sqrt{\frac{\left(\frac{n^*}{n_0}\right)^2 H_{x\text{II}} + Z_2 - H_3}{S_2 + S_{x\text{II}}}} \tag{4-48}$$

（3）计算变速泵的转速 n^*。取水泵站均匀供水，即要求泵站中运行泵的出水量之和等于水厂要求的供水量 Q_T，亦即

$$Q_T = Q_{\text{Ⅰ}} + Q_{\text{Ⅱ}} = \sqrt{\frac{H_{x\text{Ⅰ}} + Z_1 - H_3}{S_1 + S_{x\text{Ⅰ}}}} + \sqrt{\frac{\left(\frac{n^*}{n_0}\right)^2 H_{x\text{Ⅱ}} + Z_2 - H_3}{S_2 + S_{x\text{Ⅱ}}}} \tag{4-49}$$

解上式即可求出变速泵的转速 n^*。

当取水泵站中有多台定速泵与一台变速泵并联运行时，求出并联运行时水泵总的 Q-H 曲线方程，并把它看成是一个总的当量泵。这样就可转换成一台定速泵与一台变速泵的并联运行，再按上述方法求出变速泵的转速值 n^*。

(4) 校核变速泵的转速。前已叙及，水泵变速是有一定范围的。当求得的 n^* 值小于所允许的最低转速 $n_{\min}$时，应取 $n^* = n_{\min}$值，此时应计算出相应于 $n^* = n_{\min}$时的各水泵的流量和总出水量，以便采取其他措施实现均匀供水。

2. 送水泵站变速运行的数解法

送水泵站与城镇管网联合工作工况点的计算比较复杂。这里仅介绍以等压供水为目标的单一水源水泵变速运行的计算方法。所谓等压供水就是控制送水泵站的出水压力使管网控制点的水压能满足用户所需的服务水头的要求。变速泵转速 n^* 的确定方法如下。

(1) 送水泵站出水压力的确定。送水泵站出水压力应保证管网中各节点的水压均能满足用户所需的服务水头。当管网中某些节点的服务水压小于用户所需的服务水压时，送水泵站应通过增开水泵机组等措施来增大出水压力；当服务水压大于用户所需值时，为降低泵站能耗、减少管网的漏水及防止爆管事故的发生，可通过降低变速泵转速的方法来减小送水泵站的出水压力，以降低服务水压。

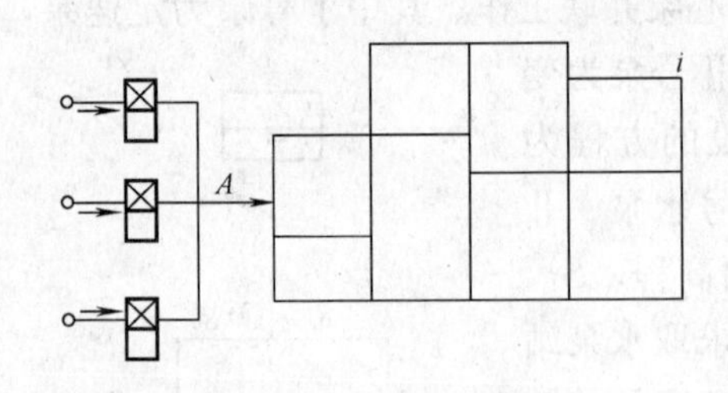

图 4-30 送水泵站与管网联合运行

图 4-30 为送水泵站和管网联合工作的示意图。设送水泵站出水点 A 的水压为 H_A，地面高程为 Z_A，出水点 A 至管网中任一节点 i 管道的水头损失为$\sum h_i$，节点 i 的地面高程为 Z_i，用户所需的服务水压为 H_{ci}。该节点的实际服务水压 H_i可由下式计算：

$$H_i = H_A + Z_A - Z_i - \sum h_i \tag{4-50}$$

为保证用户用水的需要，服务水压 H_i应满足

$$H_i \geqslant H_{ci} \tag{4-51}$$

则送水泵站出水点 A 的水压 H_A应满足

$$H_A \geqslant H_{ci} + Z_i + \sum h_i - Z_A \tag{4-52}$$

因此，最理想的送水泵站出水压力 H_A^* 应为

$$H_A^* = H_{ci} + Z_i + \sum h_i - Z_A \tag{4-53}$$

(2) 计算变速泵的转速 n^*。单一水源的供水管网，送水泵站的流量 Q_T即为管网中用户的用水量，即管网中各节点的流量之和。如确定出送水泵站出水压力 H_A^*，就能确定

出所要求的送水泵站的运行工况（Q_T，H_A^*）。

当送水泵站出水压力为 H_A^* 时，各定速泵的实际出水流量 Q_j 可由式（4-17）计算出，此时 $H_{ST}=H_A^*+Z_A-Z_i$，则：

$$Q_j=\sqrt{\frac{H_{xj}+Z_i-H_A^*-Z_A}{S_{xj}+S_i}} \tag{4-54}$$

求出各定速泵的实际出水流量后，变速泵的出水流量 Q' 为

$$Q'=Q_T-Q_j \tag{4-55}$$

则变速泵的扬程 H'

$$H'=H_A^*+Z_A+S'Q'^2-Z_D \tag{4-56}$$

式中 S'——变速泵吸、压水管道的阻力系数；

Z_D——变速泵吸水井的水位。

变速泵在额定转速 n_0 时，Q-H 曲线高效段的方程为 $H=H_x-S_xQ^2$，通过式（4-21）可求出变速泵的转速 n^* 为

$$n^*=\frac{n_0Q'\sqrt{S_x+k}}{\sqrt{H_x}} \tag{4-57}$$

式中 k 值为

$$k=\frac{H'}{Q'^2}=\frac{S'+(H_A^*+Z_A-Z_D)}{Q'^2} \tag{4-58}$$

(3) 校核变速泵的转速。如果按式（4-57）计算出的 $n^*<n_{min}$，则取 $n^*=n_{min}$，此时应计算出相应于 $n^*=n_{min}$ 各水泵的出水流量和总出水量及节点的实际水压。

3. 加压泵站变速运行的数解法

城镇给水系统的发展远赶不上城镇建设发展的需要，使得住宅小区普遍存在着供水水压不足的问题。为此，住宅小区多采用气压给水增压的方式来解决给水系统供水水压不足的问题。

(1) 加压泵站出水压力的确定。加压泵站出水压力应保证住宅小区内最不利配水点的水压满足要求。因此，加压泵站的出水压力为

$$H^*=Z_1+p=Z_1+H_1+H_2+\sum h_d \tag{4-59}$$

式中 Z_1——气压罐中最低水位至加压泵站出水点的几何高差（m）；

p——气压罐内最低工作压力（m）；

H_1——气压罐内最低水位至最不利配水点的几何高差（m）；

H_2——最不利配水点的流出水头（m）；

$\sum h_d$——气压罐至最不利配水点的总水头损失（m）。

(2) 计算变速泵的转速 n^*。为适应住宅小区内用水量及水压的变化，水泵应采用自动控制方式，即根据用水量变化而引起的住宅小区内管网中水压的变化，控制定速泵的开停及变速泵的转速。对定速泵来说，当气压罐中的压力达最高工作压力时，应停机；当气

压罐中的压力达最低工作压力时，定速泵开机。为减少定速泵的开停机次数，应根据气压罐中压力的变化情况，通过变速装置来调节变速泵的转速。

加压泵站的出水压力 H^* 确定后，各定速泵的实际出水流量为

$$Q_j=\sqrt{\frac{H_{xj}+H^*+Z_2-\sum h_d}{S_{xj}+S}} \tag{4-60}$$

式中 S——定速泵吸水管进口至气压罐管道的阻力系数；

Z_2——水泵进口至吸水井的高差。

求出各定速泵的实际出水流量后，变速泵的出水流量 Q' 为

$$Q'=Q_T-Q_j \tag{4-61}$$

则变速泵的扬程为

$$H'=H^*+S'Q'^2 \tag{4-62}$$

式中 S'——变速泵吸水管进口至气压罐管道的阻力系数。

变速泵在额定转速 n_0 时，Q-H 曲线高效段的方程为 $H=H_x-S_xQ^2$，则变速泵的转速 n^* 为

$$n^*=\frac{n_0Q'\sqrt{S_x+k}}{\sqrt{H_x}} \tag{4-63}$$

式中 k 值为

$$k=\frac{H'}{Q'^2}=\frac{S'+H^*}{Q'^2} \tag{4-64}$$

(3) 校核变速泵转速。如果按式 (4-63) 计算出的 $n^*<n_{min}$，则取 $n^*=n_{min}$，此时应计算出相应于 $n^*=n_{min}$ 各水泵的出水流量和总出水量及最不利配水点的水压。

(四) 并联运行中变速泵台数的确定

给水泵站中并联运行的水泵，如果全部采用变速运行，在满足用户用水量和水压的同时，将减少大量的能源消耗。但由于变速装置价格高，这样势必增大泵站的投资；另外，给水泵站在控制运行时，可用定速泵的开停来大调供水流量和水压，而用变速泵进行微调，即可满足用户用水量和水压的要求。因此，水泵并联运行时，定速泵和变速泵台数可配置一定的比例，在确定配置比例时应以充分使每台变速泵在变速运行时能在高效段范围内运行为原则。

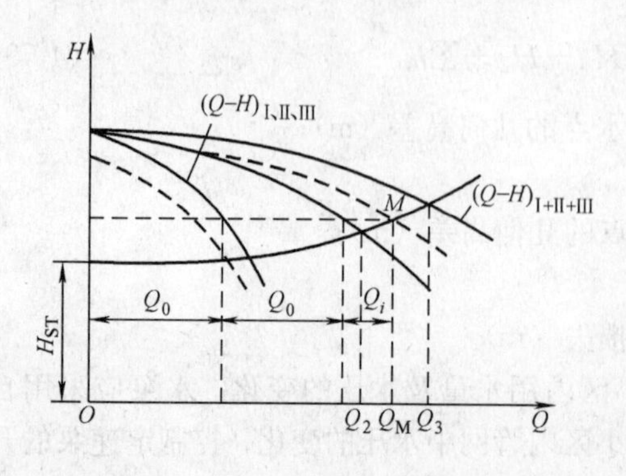

图 4-31 三台同型号泵并联变速运行

当三台同型号的水泵并联运行时。如果采用二定一调方案，当要求泵站供水量为 Q_M 时，如图 4-31 所示。如果 $Q_2<Q_M<Q_3$，开启两台定速泵，一台变速泵完全可以满足要求。此时，泵站的供水量为 Q_M，每台定速泵的流量为 Q_0，变速泵的流量为 Q_i，如图 4-31 所示。如果 Q_M 很接近 Q_2 时，这时变

速泵的出水量Q_i很小，使得变速泵的效率超出高效段，达不到节能的目的。这时，如果采用一定二调方案，效果就不同了，当泵站的供水量为Q_M时，定速泵的流量为Q_0，每台变速泵的流量均为$\frac{Q_0+Q_i}{2}$，这样每台泵均可在高效段内工作。如果要求泵站的供水量进一步减少，当$Q_M \leqslant Q_2$时，此时可以停掉一台定速泵，由两台变速泵供水，这样比较容易地使变速泵在它的高效段内工作，从而达到变速节能的目的。

如果要求泵站的供水量$Q_M > Q_3$时，可设两台定速泵和两台变速泵来满足要求，按此方案类推，可使每台变速泵的流量在定速泵额定流量的0.5～1.0倍之间变化，这样可缩小变速泵的变速范围，使得节能效果更加显著。

二、离心泵的串联运行

n台水泵依次连接，前一台水泵的压水管向后一台水泵的吸水管供水，称为水泵的串联运行。水泵的串联运行，各台水泵通过的流量相等，水流获得的能量为各台水泵的能量之和。

串联运行时的总扬程为$H=H_{\mathrm{I}}+H_{\mathrm{II}}$。由此可见，各台水泵串联工作时，其总的$Q$-$H$曲线等于同一流量下扬程的叠加。只要把参加串联运行的水泵Q-H曲线上横坐标相等的各点纵坐标相加，即可得到总的$(Q\text{-}H)_{\mathrm{I}+\mathrm{II}}$曲线，它与管道系统特性曲线$Q$-$H_{需}$交于$M$点，流量$Q_M$，扬程$H_M$即为串联运行时的工况点，如图4-32所示。自$M$点向横轴引垂线分别交每台泵的$Q$-$H$曲线于$B$、$C$两点，则$B$点和$C$点分别为两台单泵在串联运行时的工况点，扬程分别为$H_{\mathrm{I}}$和$H_{\mathrm{II}}$。

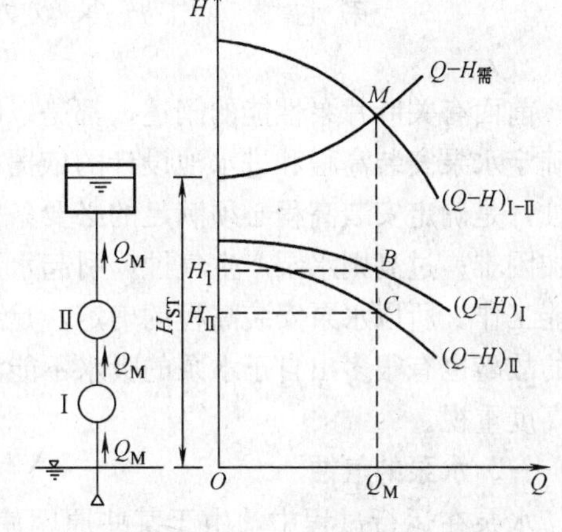

图4-32　水泵串联运行

采用数解法同样可以求得水泵串联运行时的工况点。n台同型号水泵串联运行时，其总扬程等于每台水泵的扬程之和。因此，水泵的总虚扬程为

$$H_x = nH'_x \tag{4-65}$$

水泵的总虚阻耗为

$$S_x = nS'_x \tag{4-66}$$

所以，总扬程为

$$H = nH'_x - nS'_x Q^2 = n(H'_x - S'_x Q^2) \tag{4-67}$$

两台不同型号的水泵串联运行时，水泵的总虚阻耗为

$$S_x = \frac{(H'_2 + H''_2) - (H'_1 + H''_1)}{Q_1^2 - Q_2^2} \tag{4-68}$$

式中　H'_2、H''_2——流量为Q_2时，每台水泵的扬程；

H'_1、H''_1——流量为Q_1时，每台水泵的扬程。其总虚扬程为

$$H_x = H_x' + H_x'' = (H_1' + H_1'') + S_x Q_1^2 = (H_2' + H_2'') + S_x Q_2^2 \tag{4-69}$$

同样采用类似的方法可确定多台不同型号水泵串联运行时的 H_x 和 S_x 值。

求得串联运行时水泵总的 H_x 和 S_x 值后，即可确定水泵串联运行时总的 Q-H 曲线，这样，该曲线与管道系统的特性曲线 Q-$H_{需}$ 的交点即为串联运行时的工况点，进而可确定每台泵的工况点。

随着水泵设计、制造水平的提高，目前生产的各种型号的多级泵基本上能满足给水排水工程的需要。所以一般很少采用串联运行的方式。

如果需要水泵串联运行，要注意串联泵的流量应基本相等，否则，当小泵在后面一级时小泵会超载，或小泵在前面一级时它会变成阻力，大泵发挥不出应有的作用，且串联后的泵不能保证在高效段范围内运行。如果两台泵的流量相差不大，应把流量较大的泵放在第一级，且第一级泵的泵体强度要高，以免泵体受损坏。

第七节　叶片泵吸水性能及安装高程的确定

前面有关叶片泵性能的阐述，都是以叶片泵的吸水条件符合要求为前提的。吸水性能是确定水泵安装高程和进水池设计的依据。而使水泵在设计规定的任何工作条件下不发生气蚀，是确定安装高程必须满足的必要条件。水泵安装过低会使泵房土建投资增大，施工更加困难；过高则水泵产生气蚀，引起水泵工作时流量、扬程、效率的大幅度下降，甚至不能工作。所以水泵安装高程的确定，是泵站设计中的重要课题。在泵站运行中，水泵装置的故障也有很多出自于水泵的吸水不能满足要求。因此，对叶片泵的吸水性能，必须予以高度重视。

一、水泵的气蚀

水泵在运行过程中，由于某些原因使泵内局部位置的压力降到水在相应温度的饱和蒸汽压力（汽化压力）时，水就开始汽化生成大量的气泡，气泡随水流向前运动，运动到压力较高的部位时，迅速凝结、溃灭。泵内水流中气泡的生成、溃灭过程涉及到物理、化学现象，并产生噪声、振动和对过流部件的侵蚀。这种现象称为水泵的气蚀现象。

在产生气蚀的过程中，由于水流中含有气泡破坏了水流的正常流动规律，改变了流道内的过流面积和流动方向，因而叶轮与水流之间能量交换的稳定性遭到破坏，能量损失增加，从而引起水泵的流量、扬程和效率的迅速下降，甚至达到断流状态。这种工作性能的变化，对于不同比转数的泵是不同的。低比转数的离心泵叶槽狭长，宽度较小，很容易被气泡阻塞，在出现气蚀后，Q-H、Q-η 曲线迅速降落。对中、高比转速的离心泵和混流泵，由于叶轮槽道较宽，不易被气泡阻塞，所以 Q-H、Q-η 曲线先是逐渐的下降，气蚀严重时才开始锐落。对高比转数的轴流泵，由于叶片之间流道相当宽阔，故气蚀区不易扩展到整个叶槽，因此 Q-H、Q-η 曲线下降缓慢。

气泡溃灭时，水流因惯性高速冲向气泡中心，产生强烈的水锤，其压强可达（3.3～570）$\times 10^7$ Pa，冲击的频率达 2～3 万次/s，这样大的压强频繁作用于微小的过流部件上，引起金属表面局部塑性变形与硬化变脆，产生疲劳现象，金属表面开始呈蜂窝状，随之应力更加集中，叶片出现裂缝和剥落。这就是气蚀的机械剥蚀作用。

在低压区生成气泡的过程中，溶解于水中的气体也从水中析出，所以气泡实际是水和空气的混合体。活泼气体（如氧气）借助气泡凝结时所产生的高温，对金属表面产生化学腐蚀作用。

在高温高压下，水流会产生带电现象。过流部件的不同部位，因气蚀产生温度差异，形成温差热电耦，导致金属表面的电解作用（即电化学腐蚀）。

另外，当水中泥沙含量较高时，由于泥沙的磨蚀，破坏了水泵过流部件的表层，发生气蚀时，加快了过流部件的蚀坏程度。

在气泡凝结溃灭时，产生压力瞬时升高和水流质点间的撞击以及对过流部件的打击，使水泵产生噪声和振动现象。

二、水泵的吸水性能

1. 允许吸上真空高度 H_s

为保证水泵内部压力最低点不发生气蚀，在水泵进口处所允许的最大真空值，以米水柱表示。H_s是表示离心泵和卧式混流泵吸水性能的一种方式。泵产品样本中，用Q-H_s曲线来表示水泵的吸水性能。

2. 气蚀余量（NPSH）

（1）气蚀余量。是指在水泵进口处，单位重力的水所具有的大于饱和蒸汽压力的富余能量，以米水柱表示。

（2）临界气蚀余量$(NPSH)_a$。是指泵内最低压力点的压力为饱和蒸汽压力时，水泵进口处的气蚀余量。临界气蚀余量为泵内发生气蚀的临界条件。

（3）必需气蚀余量$(NPSH)_r$。泵产品样本中所提供的气蚀余量是必需气蚀余量。为了保证水泵正常工作时不发生气蚀，将临界气蚀余量适当加大，即为必需气蚀余量。其计算式为

$$(NPSH)_r=(NPSH)_a+0.3m \tag{4-70}$$

对于大型泵，一方面$(NPSH)_a$较大，另一方面从模型试验换算到原型泵时，由于比例效应的影响，0.3m的安全值尚嫌小，$(NPSH)_r$可采用下式计算：

$$(NPSH)_r=(1.1\sim1.3)(NPSH)_a \tag{4-71}$$

3. 允许吸上真空高度和气蚀余量的关系

$$H_s=\frac{p_a}{\rho g}-\frac{p_v}{\rho g}-(NPSH)_r+\frac{v_1^2}{2g} \tag{4-72}$$

$$(NPSH)_r=\frac{p_a}{\rho g}-\frac{p_v}{\rho g}-H_s+\frac{v_1^2}{2g} \tag{4-73}$$

上两式中 $\frac{p_a}{\rho g}$——安装水泵处的大气压力水头（m），与海拔高度有关，见表4-3；

$\frac{p_v}{\rho g}$——饱和蒸汽压力水头（m），与水温有关，见表4-4；

$\frac{v_1^2}{2g}$——水泵进口处的流速水头（m）。

不同海拔高程大气压力值 **表 4-3**

海拔高程（m）	0	100	200	300	400	500	600	700	800	900	1000	2000	3000	4000	5000
$\frac{p_a}{\rho g}$(m)	10.33	10.22	10.11	9.97	9.89	9.77	9.66	9.55	9.44	9.33	9.22	8.11	7.47	6.52	5.57

水温与饱和蒸汽压力的关系 **表 4-4**

水温(℃)	0	5	10	20	30	40	50	60	70	80	90	100
$\frac{p_v}{\rho g}$(m)	0.06	0.09	0.12	0.24	0.43	0.75	1.25	2.02	3.17	4.82	7.14	10.33

三、水泵安装高程的确定

水泵的安装高程是指满足水泵不发生气蚀的水泵基准面高程，根据与水泵工况点对应的吸水性能参数，以及进水池的最低水位确定。不同结构型式水泵的基准面如图 4-33 所示。

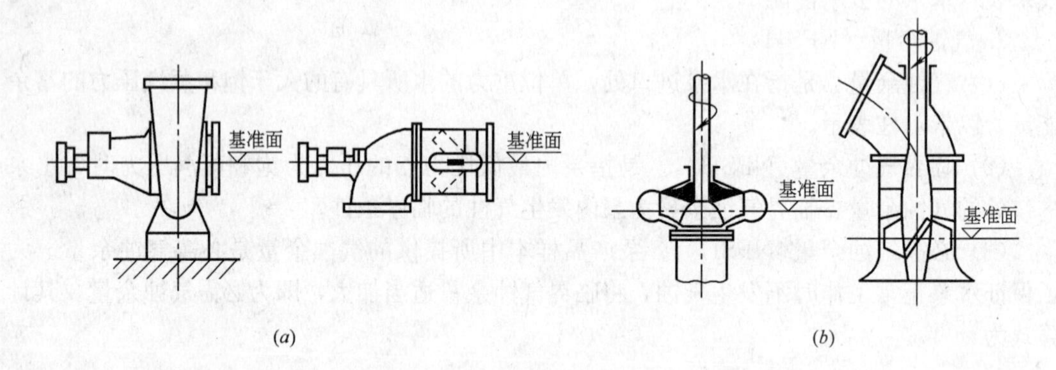

图 4-33 水泵的基准面

(a) 卧式泵；(b) 立式泵

1. 用允许吸上真空高度计算 H_{ss}

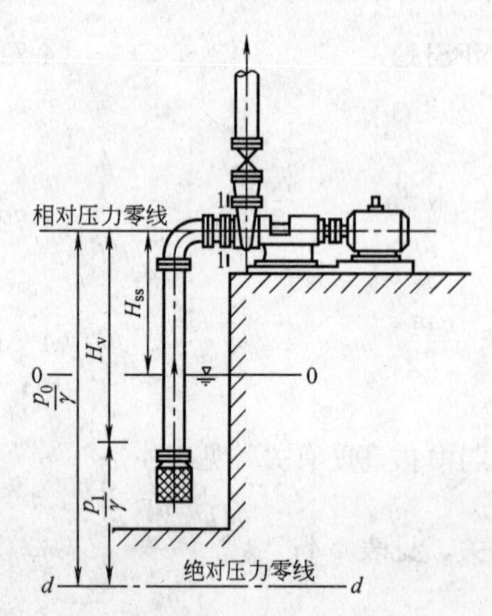

图 4-34 离心泵安装高程的确定

水泵安装情况如图 4-34 所示。以吸水池水面为基准面，写出吸水池水面 0—0 和水泵进口断面 1—1 的能量方程，并略去吸水池水面的行进流速水头，可得

$$\frac{p_a}{\rho g}=\frac{p_1}{\rho g}+H_{ss}+\frac{v_1^2}{2g}+\sum h_s \tag{4-74}$$

式中 $\frac{p_1}{\rho g}$——1—1 断面的绝对压力水头（m）；

H_{ss}——吸水地形高度，即安装高度（m）；

$\sum h_s$——自吸水管进口至 1—1 断面间的水头损失之和（m）。

将式（4-74）整理得

$$H_v=\frac{p_a-p_1}{\rho g}=H_{ss}+\frac{v_1^2}{2g}+\sum h_s \tag{4-75}$$

式中　H_v——水泵进口处的真空值（mH_2O）。

水泵进口处的真空值如果小于等于水泵的允许吸上真空高度 H_s，水泵就不会发生气蚀。因此，将式（4-75）中的 H_v 换成 H_s，经整理水泵的最大安装高度为

$$H_{ss}=H_s-\frac{v_1^2}{2g}-\sum h_s \tag{4-76}$$

必须指出的是水泵厂提供的 H_s 值，是在标准状况下得出的，即大气压力为 10.33mH_2O、水温为 20℃时，以清水在额定转速下通过气蚀试验得出的。当水泵的使用条件不同于上述情况时，应进行修正。

（1）转速修正。可按下式近似计算

$$H_s'=10-(10-H_s)\left(\frac{n'}{n}\right)^2 \tag{4-77}$$

式中　H_s、H_s'——分别为修正前、后工况点的允许吸上真空高度（m）；

n、n'——分别为修正前、后的转速（r/min）。

（2）气压和温度修正。可按下式计算

$$H_s''=H_s'+\frac{p_a}{\rho g}-10.33-\frac{p_v}{\rho g}+0.24 \tag{4-78}$$

式中　$\frac{p_a}{\rho g}$——水泵安装地点的大气压力水头（见表 3-3）；

$\frac{p_v}{\rho g}$——工作水温下的饱和蒸汽压力水头（见表 3-4）。

2. 用必需气蚀余量 $(NPSH)_r$ 计算 H_{ss}

$$H_{ss}=\frac{p_a}{\rho g}-\frac{p_v}{\rho g}-(NPSH)_r-\sum h_s \tag{4-79}$$

在标准状况下，$\frac{p_a}{\rho g}-\frac{p_v}{\rho g}=10.09$m，则

$$H_{ss}=10.09-(NPSH)_r-\sum h_s \tag{4-80}$$

必须指出的是水泵厂提供的 $(NPSH)_r$ 是指额定转速时的值，若水泵工作转速 n' 与额定转速 n_0 不同，则应按下式进行修正：

$$(NPSH)_{r_1}=(NPSH)_r\left(\frac{n'}{n}\right)^2 \tag{4-81}$$

式中　$(NPSH)_r$、$(NPSH)_{r_1}$——分别为修正前、后工况点的必需气蚀余量。

3. 水泵安装高程的确定

水泵的安装高程为

$$\nabla_a=\nabla_{min}+H_{ss} \tag{4-82}$$

式中　∇_a、∇_{min}——分别为水泵基准面高程和进水池最低水位（m）。

【例 4-2】 12Sh-9 型泵的允许吸上真空高度 $H_s=4.5$m，水泵运行时的流量为 $Q=0.2m^3/s$，吸水井最低水位为 13.85m，吸水管阻力系数为 $S_{吸}=50s^2/m^5$，试确定水泵的安装高程。

【解】 先确定水泵进口处的流速，

$$v_1=\frac{4Q}{\pi D^2}=\frac{4\times0.2}{3.14\times(12\times25/1000)^2}=2.83\quad \text{m/s}$$

将有关参数代入 $H_{ss}=H_s-\frac{v_1^2}{2g}-\sum h_s$ 得

$$H_{ss}=4.5-\frac{2.83^2}{2\times9.8}-50\times0.2^2=2.09\quad \text{m}$$

将 $H_{ss}=2.09$m 代入 $\nabla_a=\nabla_{min}+H_{ss}$ 得

$$\nabla_a=13.85+2.09=15.94\quad \text{m}$$

所以，水泵的最大安装高程为 15.94m。

必须指出的是 $(NPSH)_r$、H_s 随流量而变化。$(NPSH)_r$、H_s 应按水泵运行时可能出现的最大、最小静扬程所对应的值分别计算 H_{ss}，将计算出的 H_{ss} 分别加上相应进水池的水位，然后进行比较，选取最低的 ∇_a 作为泵的安装高程。如果按式（4-80）计算出的 H_{ss} 为正值，说明该泵可以安装在进水池水面以上；但立式轴流泵和导叶式混流泵为便于启动和使吸水管口不产生有害的漩涡，仍将叶轮中心线淹没于水面以下 0.5～1.0m。若 H_{ss} 为负值，表示该泵必须安装在水面以下，其淹没深度不小于上述计算的数值，且不小于 0.5～1.0m。另外，对立式轴流泵和导叶式混流泵，泵产品样本上均给出了相应泵型安装高度的具体要求。因此，在确定安装高程时，可不进行计算，直接按泵产品样本中给出的数值确定。

思考题与习题

1. 泵站设计时如何计算总扬程？
2. 什么叫水泵的工况点？如何确定？
3. 如何根据用户需要确定水泵的转速？
4. 根据水泵最高效率点如何确定水泵转速？
5. 水泵转速发生变化时，如何绘制变速后的性能曲线？
6. 如何应用车削定律解决实际问题？
7. 如何根据实际情况确定叶片的安装角度？
8. 两台水泵并联运行时，其总流量 Q 为什么不等于单机运行所提供的流量 Q_1 和 Q_2 之和？
9. 如何确定同型号、同水位、对称布置两台水泵并联运行时水泵的有关性能参数？
10. 同型号、同水位、对称布置两台水泵并联运行的特点是什么？
11. 串联运行时应注意哪些问题？
12. 什么是水泵的气蚀现象？
13. 允许吸上真空高度和必需气蚀余量的定义是什么？
14. 如何确定水泵的安装高程？
15. 离心泵的安装高程与哪些因素有关？为什么高海拔地区泵的安装高程要降低？
16. 为什么要确定水泵的安装高程？什么情况下，必须使泵基准面位于进水池水面以下？

17. 某取水泵站从水源取水，将水输送至蓄水池。已知水泵流量 $Q=1800m^3/h$，吸、压水管道均为钢管，吸水管长为 $l_s=15.5m$，$DN_a=500mm$，压水管长为 $l_d=450m$，$DN_d=400mm$。局部水头损失按沿程水头损失的15%计算。水源设计水位为76.83m，蓄水池最高水位为89.45m，水泵轴线高程为78.83m。设水泵效率在 $Q=1800m^3/h$ 时为75%。

试求：

(1) 水泵工作时的总扬程为多少？

(2) 水泵的轴功率为多少？

18. 某泵站装有一台6Sh-9型泵，其性能参数见表4-5，管道阻力参数 $S=1850.0s^2/m^5$，静扬程 $H_{ST}=38.6m$，此时水泵的出水量、扬程、轴功率和效率各为多少？

6Sh-9 型泵性能参数 **表 4-5**

流量(L/s)	扬程(m)	转速(r/min)	轴功率(kW)	效率(%)
36	52		24.8	74
50	46	2950	28.6	79
61	38		30.6	74

19. 某取水泵站，设置20Sh-28型泵3台（两用一备），其性能参数见表4-6。

已知：吸水井设计水位11.4m，出水侧设计水位20.30m，吸水管道阻力系数 $S_1=1.04s^2/m^5$，压水管道阻力系数 $S_2=3.78s^2/m^5$，并联节点前管道对称。

试用图解法和数解法求水泵工作时的参数。

20Sh-28 型泵性能参数 **表 4-6**

流量(L/s)	扬程(m)	转速(r/min)	轴功率(kW)	效率(%)
450	27		148	80
560	22	970	148	82
650	15		137	70

20. 某水泵转速 $n_1=970r/min$ 时的 $(Q\text{-}H)_1$ 曲线高效段方程为 $H=45-4583Q^2$，管道系统特性曲线方程为 $H_{需}=12+17500Q^2$，试求：

(1) 该水泵装置的工况点；

(2) 若所需水泵的工况点流量减少15%，为节电，水泵转速应降为多少？

21. 某循环泵站，夏季为一台12Sh-19型泵工作 $D_2=290mm$，$Q\text{-}H$ 曲线高效段方程为 $H=28.33-184.6Q^2$，管道阻力系数 $S=225s^2/m^5$，静扬程 $H_{ST}=15m$，到了冬季需减少12%的供水量，为节电，拟将一备用叶轮车削后装上使用。问该备用叶轮的的外径变为多少？

22. 某供水泵站，选用两台6Sh-9型水泵并联运行，并联节点前管道相对较短，水头损失忽略不计，并联节点后管道阻力系数 $S=1850s^2/m^5$，泵站提水静扬程 $H_{ST}=38.6m$，求泵站的供水设计流量及水泵的流量、扬程、效率、轴功率等参数。

23. 某泵站装有20Sh-28型泵，吸水井最低水位为8.30m，要求单泵出水量为

$0.49m^3/s$，吸水管阻力系数为 $S_{吸}=1.52s^2/m^5$，水泵允许吸上真空高度为 $H_s=4.0m$，确定泵的最大安装高程。

24. 某离心泵从样本上查得允许吸上真空高度 $H_s=5.7m$。已知吸水管道的总水头损失为1.5m，当地大气压为 9.81×10^4Pa，流速水头忽略不计。

试计算：(1) 输送20℃清水时泵的安装高度；

(2) 改为输送80℃水时泵的安装高度。

第五章　给水泵站

给水泵站由泵站构筑物和主、辅设施组成。泵站构筑物主要有取水和引水构筑物、进水构筑物、泵房和阀门井等工程设施。主要设备包括水泵、电动机和管道，是泵站的主要工艺设施；辅助设施为主要设备的安装、检修和运行管理提供可靠保证。因此，掌握泵站的设计与管理技术，必须掌握泵站构筑物的设计、水泵的选型、电动机的选型、主机组的布置、机组基础设计、管道直径确定与布置、阀件布置、电气设备的选配及布置。除此之外，还要掌握对保证主机组安装、运行与维护必需的辅助设施，如：计量、充水、起重、排水、通风、减噪、采光、交通及水锤防治等方面的设施与设备的选型、配套和布置。本章将对上述内容逐一进行阐述。

第一节　泵站的组成及分类

一、给水泵站的组成

图 5-1 为某给水泵站的布置图，给水泵站主要由以下几部分组成。

1. 进水构筑物

进水构筑物包括前池和吸水井，其作用是为水泵或水泵吸水管道的吸水喇叭口提供良好的进水条件。

2. 泵房

泵房是安装水泵、电动机、管道及其辅助设施的构筑物。其主要作用是为主机组的安装、检修和运行管理提供良好的工作条件。

3. 主机组

包括水泵和电动机，是泵站中的主要设备。

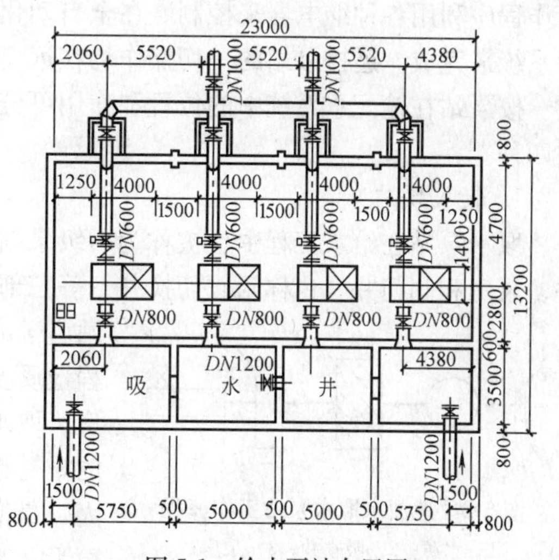

图 5-1　给水泵站布置图

4. 管道

是指水泵的吸水管道和压水管道，水泵的吸水管道从进水构筑物吸水，经水泵后通过压水管道和管网系统将水送至用户。

5. 计量设备

包括流量计、真空表、压力表、温度计等。

6. 充水设备

当水泵为吸入式工作时，启动前需用充水设备进行充水。充水设备主要包括真空泵、气水分离器、循环水箱。

7. 排水设施

用以排除泵房内的积水，以保持泵房内环境整洁和运行安全。主要包括排水泵、集水坑、排水沟等。

8. 起重设备

为水泵、电动机及其他设备的安装、检修而设置的起重设备。起重设备主要有三角架装手动葫芦、单轨悬挂吊车、桥式起重机等。

9. 通风采暖设备

指泵房的通风设备和采暖系统。

10. 防水锤设备

指防治水锤的有关设备。

11. 电气设备

指变电设备、高压配电设备、低压配电设备等。

12. 其他设施

主要包括通信、安全、防火、照明等。

二、给水泵站的分类

给水泵站根据水源、控制方式及在输配水系统中作用的不同，有多种分类方式。

按泵房内外地面高程的关系，泵站可分为地面式泵站、半地下式泵站和地下式泵站。

按泵站操作控制的方式，泵站可分为人工手动控制、半自动化、全自动化和遥控泵站等四种。半自动化泵站是指开始的指令由人工按动电钮，使电路闭合或切断，以后的各种操作程序利用各种继电器来控制。在全自动化的泵站中，一切操作程序都由相应的自动控制系统来完成。遥控泵站的一切操作均在远离泵站的中央控制室进行。

按泵站在输配水系统中的位置和作用可分为取水泵站、送水泵站、加压泵站和循环泵站四种。

1. 取水泵站

取水泵站在给水工程中也被称为一级泵站。以地面水为水源的取水泵站，一般由吸水井、泵房和阀门井（也称闸阀切换井）等三部分组成。其工作流程如图 5-2 所示。取水泵站由于靠近水源，所以水源的水文特征、岸边的工程地质及水文地质条件、航运等都将直接影响到泵房、取水构筑物及吸水井的埋深、结构形式、施工的难易程度和工程的造价等。山区河流水位变幅较大，最高洪水位和最低水位有时相差十几米，甚至更大。为了保证水泵在最低水位时满足吸水要求，在最高洪水位时，泵房不被淹没，因此，泵房的高度一般均较大。对于这类泵房为减少工程量及工程造价，一般采用圆形钢筋混凝土结构。泵房平面面积对泵站的造价影响较大。因此，在泵房内部设备布置时，要充分利用泵房内的空间，水泵机组及闸阀等布置在泵房的最下层，配电设备及控制设备布置在上层平台，这样布置不仅充分利用了泵房空间，降低工程造价，而且有利于电气设备的通风、防潮。

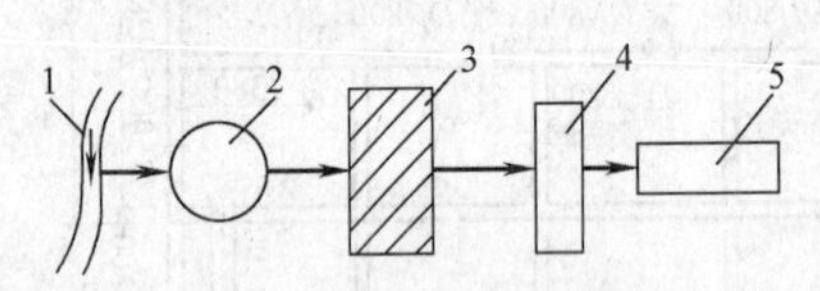

图 5-2　地面水取水泵站工作流程

1—水源；2—吸水井；3—泵房；4—阀门井；5—净水构筑物

我国北方平原区，由于地面水缺乏，许多城镇以地下水作为供水的水源。当地下水的水质符合饮用水标准时，井泵站可直接将水送往居民区供居民饮用。某些大中型工矿企业常有自备水源，有时同一座井泵站内既安装输送给净水构筑物又安装将水输送给车间的水泵。井泵站的工作流程如图 5-3 所示。

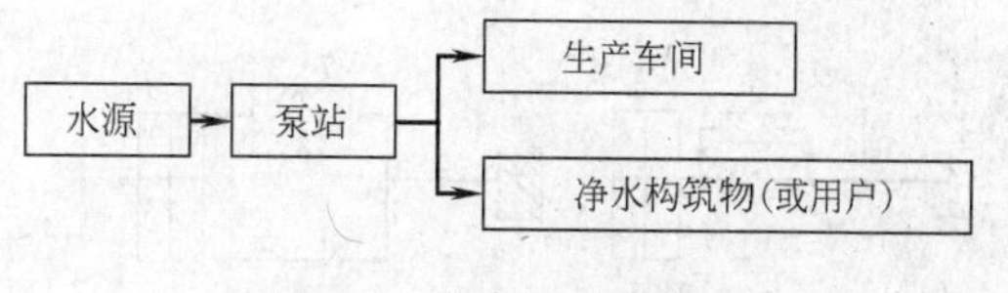

图 5-3　井泵站工作流程

我国北方平原地区的井泵站，常以井群开采地下水，为了防止井的相互干扰和地下水位的大幅度下降，井与井之间的距离有时达数公里，给井泵站的运行管理带来诸多不便，因此，常采用遥控的方式控制各井泵的运行，并遥测井泵运行的有关参数。

2. 送水泵站

送水泵站在给水工程中也被称为二级泵站。它主要由吸水井、泵房和阀门井等构筑物组成，其工作流程如图 5-4 所示。送水泵站通常建在水厂内，经水厂净化后的水从清水池进入到吸水井，水泵从吸水井中吸水，通过输水干管将水送往给水管网。

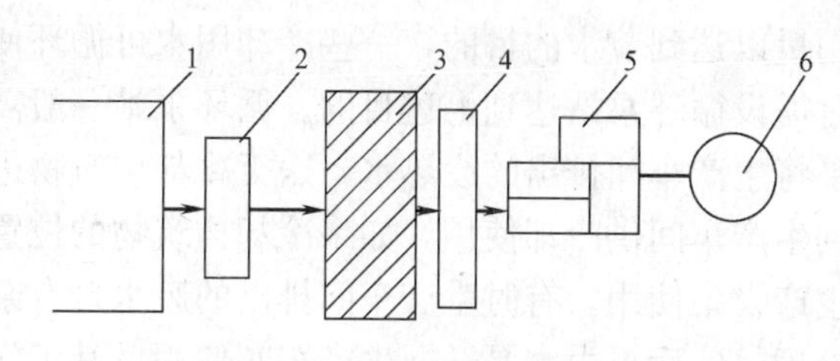

图 5-4　送水泵站工作流程

1—清水池；2—吸水井；3—送水泵站；4—阀门井；5—管网；6—高地水池（水塔）

吸水井在满足水泵吸水管吸水的条件下，要有利于吸水管的布置、安装和维护。吸水井平面形状一般为长方形。

送水泵站吸水井中的水位变幅较小，因此，泵房的埋深一般较浅，多为地面式或半地下式泵房。

送水泵站的流量和扬程直接受用户用水量和水压的影响，由于用户的用水量逐日逐时都在发生变化。因此，送水泵站为了适应给水管网中用户用水量的变化，必须设置不同型号和台数的水泵来满足用户的要求。送水泵站机组的型号和台数较多，因此，泵房的长度和建筑面积较大，机组的运行管理复杂。

3. 加压泵站

城市给水管网的供水面积较大，且输配水管线较长，当用户所在地的地势较高、建筑物较高、要求的水压较大，或城市内的地形起伏较大时，如靠送水泵站满足用户对水压的要求，必然要增大水泵的扬程，这样不仅能耗大，且造成送水泵站附近管网的压力过高，管道漏水量增大，管道和卫生器具易损坏。这时可通过技术经济比较在管网中增设加压泵站。另外，城镇给水系统的发展远赶不上城市建设的发展，使得住宅小区普遍存在着供水水压不足的问题，因此，许多住宅小区采用加压泵站供水的方式。

加压泵站一般有两种形式：①采用在输水管线上直接串联水泵加压的方式，如图 5-5（*a*）所示。这种加压方式，送水泵站和加压泵站中的水泵同步运行。它适用于输水距离较长、加压面积较大的场合；②采用水池和泵站加压的方式（也称为水库泵站加压方式）。送水泵站将水通过管网输送至蓄水池，加压泵站中的水泵从蓄水池中吸水将水输送至管网，如图 5-5（*b*）所示。这种加压方式，由于设置了蓄水池（或称为水库），将对城镇中的用水负荷起一定的调节作用，有利于送水泵站的工作制度均匀和机组的调度管理。由于送水泵站工作制度变得相对均匀，可减少输水管网的水头损失，从而降低能耗。这种加压方式较适合城镇住宅小区的加压供水。它利用夜间用水低峰时蓄水，在用水高峰时从蓄水

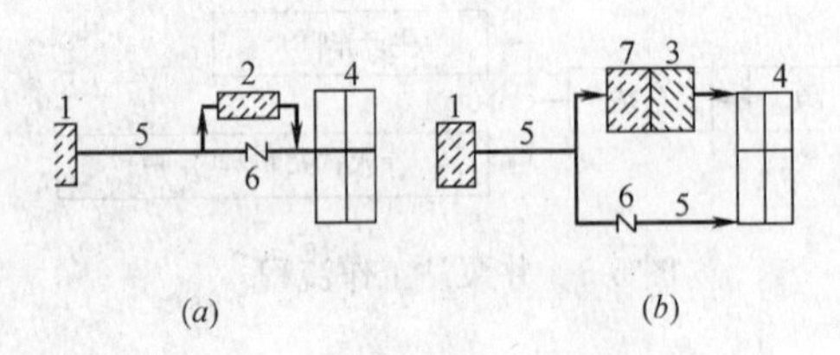

图 5-5　加压泵站工作流程

1—送水泵站；2—加压泵站；3—水库泵站；4—配水管网；5—输水管；6—止回阀；7—蓄水池

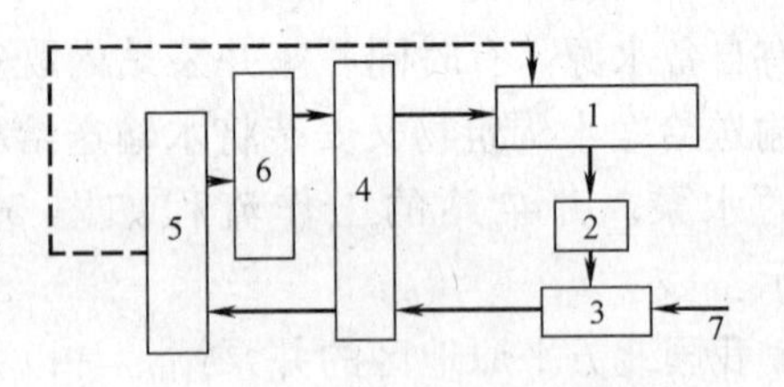

图 5-6　循环泵站工作流程

1—生产车间；2—净水构筑物；3—热水井；4—循环泵站；5—冷却构筑物；6—集水池；7—补充新鲜水

池中抽水以满足用户的需要。

4. 循环泵站

在一些工矿企业中，为减少水资源的用量以达到节水的目的，一些冷却用水可循环使用或生产用水经简单处理后重复利用，这时需设循环泵站达到上述目的。循环泵站一般需设置输送冷、热水的水泵。抽送热水的水泵将生产车间排出的废热水，送至冷却构筑物进行冷却降温，冷却后的水再由冷水泵抽送到生产车间供冷却使用。如果冷却构筑物的位置较高，冷却后的水可自流进入生产车间供生产设备使用。有时生产车间排出的废水含有杂质，这时需把废水先送到净水构筑物进行处理，然后再由水泵送回生产车间使用。其工作流程如图 5-6 所示。

循环泵站供水对象要求的水压比较稳定，水量随季节有所变化；供水的安全性要求较高，水泵台数较多，为保证水泵有良好的吸水条件和运行管理方便，水泵多采用自灌式，因此，循环泵站多数建成半地下式。

第二节　水泵的选型

水泵是泵站中的主要设备，又是其他设备选型和配套的依据，正确选择水泵不仅影响到泵站构筑物的类型和尺寸及工程的投资；同时还影响到泵站的运行管理、能源消耗、泵站供水的可靠性。因此，水泵的选型是给水泵站设计的重要环节。

一、水泵选型的原则

（1）所选水泵应满足用户用水流量和扬程的要求，并保证供水的安全可靠。

（2）根据所选水泵建设的泵站造价低。

（3）水泵在长期运行中，多年平均的泵站效率高、运行管理费用低。

（4）水泵性能好，使用寿命长，便于安装和检修。

（5）水泵的供水能力应考虑近、远期的需要，并留有发展的余地。

二、取水泵站水泵的选型

水泵选型的主要依据是所需的流量、扬程及其变化规律。

（一）水泵抽取地面水输送到净水构筑物

1. 泵站设计流量的确定

为了减少泵站构筑物、输水管道和净水构筑物的尺寸，减少工程量及降低工程投资，对抽取地面水的取水泵站通常要求泵站昼夜均匀供水，因此，泵站的设计流量为

$$Q=\frac{\alpha Q_d}{T} \tag{5-1}$$

式中 Q——取水泵站的设计流量（m^3/h）；

Q_d——供水对象最高日用水量（m^3/d）；

T——取水泵站一昼夜工作的小时数（h）；

α——考虑输水管道漏损和净水构筑物自身用水的系数，一般取 $\alpha=1.05\sim1.1$。

2. 扬程的确定

如图 5-7 所示，取水泵站水泵的扬程可由下式计算

$$H=H_{ST}+\sum h_s+\sum h_d \tag{5-2}$$

式中 H——水泵扬程（m）；

H_{ST}——静扬程，为吸水井最低水位与净水构筑物进口水位之差（m）；

$\sum h_s$——吸水管道的水头损失（m）；

$\sum h_d$——压水管道的水头损失（m）。

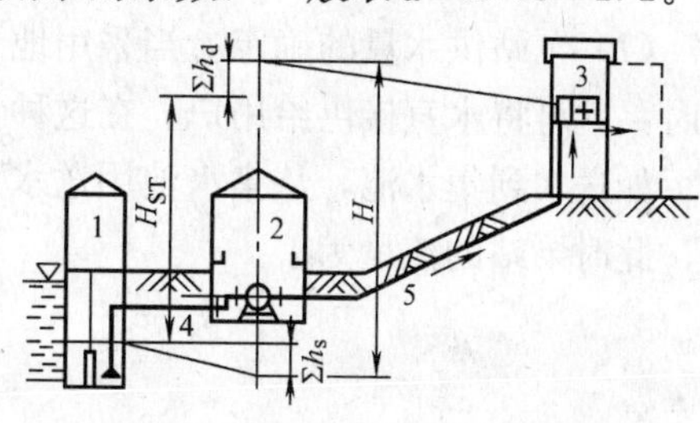

图 5-7 取水泵站扬程计算图

1—吸水井；2—泵房；3—净水构筑物；4—吸水管道；5—压水管道

另外，计算泵站扬程时，还要考虑增加一定的安全水头，一般为 1～2m。

3. 水泵的选型

流量和扬程确定后，即可在泵产品样本或水泵的规格性能表上选择水泵。

4. 选型时应注意的问题

上述确定流量和扬程的方法适用于水源水位变幅较小的场合。如水源的水位变幅较大，再以最低水位对应的扬程和上述流量作为选泵的依据，就会导致运行时大量能量的浪费。这是因为最高日平均时的泵站供水量出现在 7～8 月份，这时水源的水位较高；而最低水位一般出现在 1～3 月份，这时又恰是一年中日用水量较低的时期。因此，取水泵站的最大供水流量与最低水位不可能同时出现，如以此作为选泵的依据，就会导致水泵一年中大部分时间都在低效率下运行，造成能量的浪费，从而增加制水成本。

根据上述情况，水源水位变幅较大的取水泵站选择水泵时，以最高日平均时的流量和以常年最高水位计算的扬程作为一个控制条件；以平均日平均时的流量和常年最低水位计算的扬程作为另一个控制条件。这样能使水泵在大部分时间处于高效率下运行。当以上两控制条件在水源水位变幅较大时不能落在水泵 Q-H 曲线的高效段时，可对水泵的运行进行调节，使两个控制条件均落在 Q-H 曲线的高效段或其附近。

在选择水泵结构型式时，要考虑安装检修、运行管理及对工程投资的影响。

卧式机组安装精度要求比立式机组低，检修方便，特别是水平中开式泵，无需拆卸管道和移动电动机即可拆装维修。机组造价一般较低，但启动前需要充水，泵房的平面尺寸较大。

立式机组占地面积小，电动机在上层有利于防洪和电气设备的防潮、通风。安装精度要求高，保养维修麻烦，机组造价较高。

在确定水泵台数时，应考虑机组台数对泵站建设费、运行管理费和供水的可靠性等方面的影响，合理确定水泵的台数。

（二）水泵抽取地下水直接送往用户或送到集水池

由于泵站抽取地下水，泵出水量的大小受井涌水量的制约。当泵的出水量大于井的最大涌水流量时，将使井中动水位大幅度下降，使得井壁内外压差增大，井壁进水流速加大，导致大量涌沙，使进水管淤塞，井内沉积，缩短井的使用寿命，甚至造成井壁坍塌，水井报废。因此，井泵选型必须慎重。

1. 流量的确定

(1) 泵站供水量的确定。当采用地下水作为生活饮用水水源，而水质又符合饮用水标准时，就可将水直接供给用户，在这种情况下，实际上是起送水泵站的作用。

如送水到集水池，从集水池用送水泵站将水供给用户，由于给水系统中没有净水构筑物，此时泵站的流量为

$$Q=\frac{\beta Q_d}{T} \tag{5-3}$$

式中 β——给水系统自身用水系数，一般取 $\beta=1.01\sim1.02$。

其余符号意义同前。

(2) 井涌水量的确定。由于影响井涌水量的因素较多，计算涌水量比较困难，它主要取决于抽水时的水位降深。较为准确的方法是进行抽水试验，但在规划设计阶段或中、小型工程，有时受条件的限制难以普遍进行抽水试验。故在无抽水试验资料的情况下，可用下法来估算井的最大涌水流量。

此法称为一次水位降落抽水试验法（简称一次降落法）。该法可利用在成井后洗井时所测得的某一稳定水位的有关资料进行估算。

对于浅层（无压水）水井

$$Q_{涌max}=\frac{(2H_1-S_{max})S_{max}}{(2H_1-S)S} \tag{5-4}$$

对于承压井

$$Q_{涌max}=\frac{S_{max}}{S}Q_1 \tag{5-5}$$

式中 $Q_{涌max}$——水井最大涌水量（m^3/h）；

H_1——井中静水位与井底的高差（m）；

S_{max}——井水最大允许降深（m），一般 $S_{max}=\frac{1}{2}H_1$；

Q_1——洗井或一次水位降落法抽水试验在井水稳定时水井的出水量（m^3/h）；

S——相应于 Q_1 时的井水位降深（m）。

在泵站供水量 Q 及井的最大涌水流量 $Q_{涌max}$ 确定以后，可将两者进行比较。如果 $Q\leqslant Q_{涌max}$，说明一眼井即能满足用户用水量的要求；如果 $Q>Q_{涌max}$，说明一眼井不能满足用水量的要求，需根据具体情况确定井的数目，以满足用户用水量的要求。

2. 扬程的确定

当直接向用户供水时，水泵的扬程为

$$H=H'_{ST}+S+\sum h+H_{sev} \tag{5-6}$$

式中 H'_{ST}——井中静水位与管网控制点的高差（m）；

S——井水位降深（m）；

$\sum h$——管道的总水头损失（m）；

H_{sev}——给水管网中控制点所要求的服务水头（m）。

3. 井泵选型的方法步骤

(1) 选型时要掌握水井的有关资料

井径：为使井泵能顺利地安放到井中，必须知道井径的大小。不同类型的井泵对井孔直径都有一定的要求，井泵型号最前面的数字是该泵要求的最小井径。对金属管井，要求井径与泵体最大直径之差不得小于50mm，对非金属管井此差值不得小于100mm。

井水位：为确定井泵输水管放入井中的长度和井泵的安装深度，防止长轴井泵的滤网或潜水泵的电动机插入淤泥中，必须掌握井深、井水深和动、静水位变化等情况。

井水含沙量：含沙量是指单位体积水中所含泥沙的重量。含沙量过大不仅使泵的流量、扬程、效率降低，轴功率增大，而且使泵的叶轮、流道磨损，以及长轴井泵导轴承部位的传动轴磨损，降低泵的使用寿命。

井筒垂直度：是指所测井深范围内，单位井深（如100m）偏离井口中心的距离。井筒不垂直不仅给泵的安装带来困难，而且在运行时因泵和管道、传动轴受径向偏心力，轻者产生振动，造成零部件磨偏；重者发生断管、断轴现象。故井的垂直度一定要满足要求。

(2) 初选井泵型号

在含沙量、垂直度、水质满足要求的前提下，主要根据井的最大涌水流量、井深和井径初步确定水泵的型号。

(3) 确定井泵的流量和扬程

泵流量及井中水位降深的确定：泵的流量是根据井的最大涌水流量确定的。泵型号初步选定后，泵的流量也就定了，这时可根据抽水试验的资料或式（5-4）、式（5-5）确定井水位降深值S，降深S确定后，即可确定井的动水位埋深。

井下输水管长度的确定：为保证井泵正常运行，泵体应淹没于动水位以下1～2m。此时井下输水管的长度为

$$L=H_{动}+1\sim2\text{m} \tag{5-7}$$

式中 L——井下输水管的长度（m）；

$H_{动}$——井的动水位埋深（m）；

求出L值后不应超出井泵规格性能表上所列“泵管放入井中的最大长度”。

井泵的扬程由式（5-6）计算后，为了提水可靠起见，一般将计算出的扬程再增加5%，并对地下水位的逐年下降留有余度。最后根据泵产品样本或水泵的规格性能表确定井泵的扬程和叶轮级数。

三、送水泵站水泵的选型

1. 泵站流量的确定

对于小城镇的给水系统，其用水量较小，泵站多采用均匀供水的运行方式，即泵站的设计流量按最高日平均时用水量确定。

大城市的给水系统，有些采用无水塔、多水源、分散供水的方式，这时采用分级供水的方式较好，按最高日最高时的用水量确定泵站的设计流量。

中等城市的给水系统，当输水管道较长时，宜采用均匀供水的方式，泵站的设计流量按最高日平均时用水量确定。

2. 扬程的确定

$$H=H_{ST}+\sum h+H_{sev} \tag{5-8}$$

式中 H——水泵的扬程（m）；

H_{ST}——送水泵站吸水井最低水位至管网控制点的地面高程之差（m）；

$\sum h$——吸水管道进口至管网控制点的水头损失（m）；

H_{sev}——管网控制点所要求的服务水头（m）。

另外，计算时还应考虑增加一定的安全水头，一般为1～2m。

3. 水泵的选型

水泵选型就是根据供水方式合理地确定水泵的型号和台数。

(1) 水泵台数的确定。给水系统中的用水量逐年、逐月、逐日、逐时发生着变化，随着城市的发展及人民生活水平的提高，给水系统中的用水量将逐年增大。给水系统中管道水头损失的大小又与用水量的大小有关，因而管网中的水压也相应地发生变化。所选的水泵在满足最大流量和最高扬程要求的同时，还要适应用水量和扬程的变化。

如某送水泵站最高日最高时的供水量为 Q_1，相应的水泵扬程为 H_1；平均日平均时的供水量为 Q_2，相应的水泵扬程为 H_2。选择一台水泵即可满足最高日最高时用水量及扬程的要求，如图5-8所示，此时水泵的效率较高。但当用水量为 Q_2 时，所需扬程为 H_2，这时水泵的扬程为 H_2'，水泵的效率由 η_1 降为 η_2。设用水量变化是均匀的，则图5-8中斜线的面积可表示浪费的能量，实际上最大用水量出现的几率极低，因此浪费的能量远较图中斜线的面积大；同时长期运行中水泵的效率也较低。

如果选择几台不同型号的水泵供水，如图5-9所示。图中的曲线1、2、3、4分别代表四台不同型号水泵的 Q-H 曲线。图中斜线的面积表示用水量为均匀变化时浪费的能量。显然，比只用一台水泵工作的情况浪费的能量少得多。

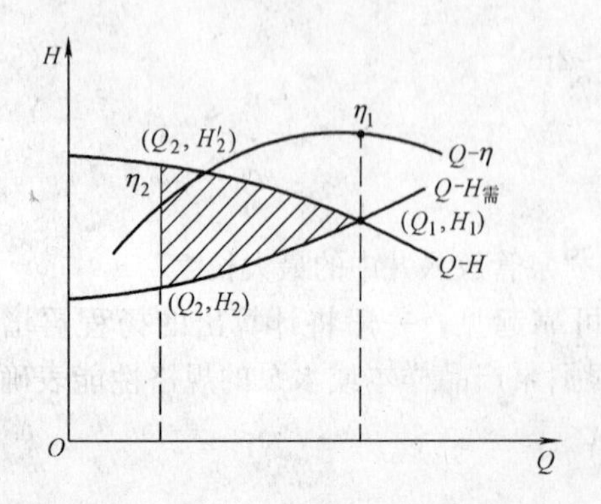

图5-8 送水泵站的单泵运行

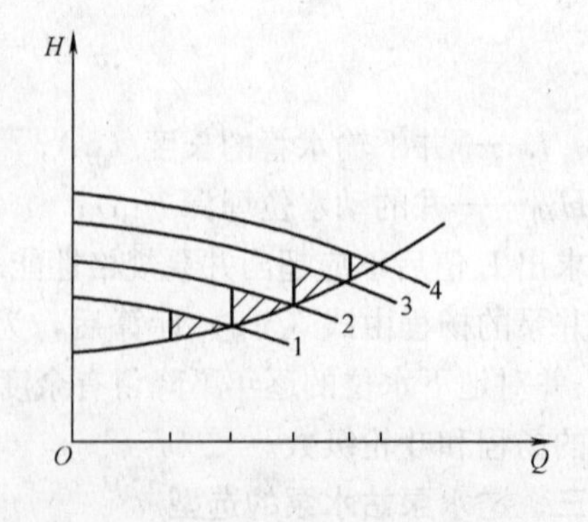

图5-9 多台不同型号的水泵运行

由此可见，在用水量和所需扬程变化较大的情况下，选用不同型号的水泵台数越多，越能适应用水量的变化要求，浪费的能量也就越少。

从泵站的运行管理，设备的安装检修与维护及泵站基建投资的角度来看，水泵的型号和台数越少越有利。这时希望选择同型号的水泵并联工作，这样无论是电动机、电气设备的配套与贮备，管道附件的安装制作，还是配件的采购都会带来很大的方便，同时可减少泵房的建筑面积，降低工程的投资。

综上所述，当管网中设有足够调节容积的网前水塔（或高地水池）的送水泵站、流量和扬程比较稳定的循环泵站，可采用同型号的水泵并联或单独运行；对于采用均匀供水方式的中小城镇可采用 2～3 台同型号的水泵并联运行；对于采用分级供水的大中城市可采用部分同型号与不同型号水泵并联运行的方式。

(2) 确定水泵的工况点。根据初步选定的水泵，确定管道直径进行管道的布置及确定管道的附件，做出管道系统的特性曲线。根据泵站的运行方式即可确定各种运行方式时的 Q-H 曲线，进而确定出水泵各种运行方式时的工况点。要求水泵在各种情况下运行时应在高效段范围内，在经常出现的流量、扬程下运行时，要接近最高效率点。

(3) 近远期相结合。泵站的供水量随着城镇化水平的提高、经济的发展及人民生活水平的提高而增加。因此，在选择水泵时不仅考虑近期供水量，同时对远期供水量的增加要给予高度重视。

(4) 方案比较。选择多种方案进行全面的技术经济比较，选出其中最优的方案。

四、选泵时应注意的问题

(1) 充分利用水泵的吸水性能。在保证水泵正常吸水、不发生气蚀的前提下，合理确定水泵的安装高程，以减少泵房的埋深，降低工程造价。

(2) 应选效率较高的水泵。在几种型号的水泵均能满足流量和扬程要求的前提下，选择效率高的泵。尽量选大泵，因为大泵的效率比小泵高。

(3) 合理确定备用泵。为提高泵站供水的可靠性，应选一定数量的备用泵，以满足出现事故或检修情况下的供水要求。对具体的泵站，当投入正常运行的水泵一定时，备用泵台数越多，供水的可靠性就越高，设备的投资、泵房建筑面积及工程投资也就越大，反之则相反。因此，要根据供水对象所要求的供水可靠性合理确定备用泵的台数。在不允许减少供水的情况下（如钢铁厂的高炉与化工企业的供水），应有两套备用泵；允许短时间内减少供水或中断供水时，可只设一台备用泵。城镇给水系统的泵站及居民小区的泵站，一般设一套备用泵。通常备用泵的型号和泵站中最大的工作泵相同。备用泵和其他水泵一样，应处于随时可以启动的状态，与工作泵互为备用，轮流工作。

(4) 选泵时应尽量选择系列化、标准化、通用化、性能优良的产品；选择有关部门推荐的新产品。

五、选泵后的校核

水泵选好后，要按照发生火灾的情况，校核泵站的流量和扬程是否满足消防的要求。

对于消防来说，取水泵站的任务是在规定的时间内向清水池中补充必要的消防贮备用水。由于供水强度不大，一般可不另设专用的消防泵，启用备用机组加强泵站的供水即可。因此，备用泵的流量可用下式校核。

$$Q_b=\frac{2\alpha(Q_f+Q')-2Q}{t_f} \tag{5-9}$$

式中 Q_b——备用泵流量（m^3/h）；

Q_f——设计消防用水流量（m^3/h）；

Q'——最高用水日连续最大两小时的平均用水流量（m^3/h）；

Q——取水泵站正常运行时的流量（m^3/h）；

t_f——补充消防用水的时间，从 24～48h，由用户的性质和消防用水量的大小决定，详见建筑设计防火规范；

α——考虑输水管道漏损和净水构筑物自身的用水系数。

对送水泵站来说，消防属于紧急情况，其用水量占整个城镇或工厂的供水量比例虽然不大，但要求的供水强度大，使得供水系统供水的强度突然增加。因此，应作为特殊情况在泵站设计中加以考虑。

目前我国城镇给水系统普遍采用低压消防制，即低压管网只保证消防时所需流量，而消防所需水压由消防车从消火栓取水自行加压。但由于消防用水的强度大，即使启动备用泵有时也满足不了消防所需的流量。在这种情况下，可增加一台备用泵。消防时，管网通过大量消防流量，水头损失将明显增大，着火地点的管网水压将明显下降，根据规定，消防时管网自由水压不得低于 10m。消防时泵站中正常运行水泵的扬程可能满足不了水压的要求，在这种情况下如果选择适合消防扬程的水泵，而流量为消防流量与最高日用水量之和，势必大大增加泵站容量，在低压消防制的情况下是不合理的。对于这种情况，最好调整管网中个别管段的直径，而不使消防扬程过高。

【例 5-1】 某给水管网的设计资料为：最高日最高时用水量为 579L/s，时变化系数 k_h =1.8，日变化系数 k_d=1.4，管网进口处所需水压 44.4m，从送水泵站的水泵并联结点至管网进口的水头损失为 2.4m，泵站吸水井最低水位到管网进口处地面高差为 3.2m，试为该送水泵站选择水泵。

【解】 假定用水量最大时泵站内的水头损失为 2.5m，并取安全水头 1.5m，根据式(5-8)，可求得水泵的最大扬程为

$$H=3.2+2.4+2.5+44.4+1.5=54.0m$$

根据 Q=579L/s 和 H=54.0m，在水泵的型谱图（图 5-10）上做出 a 点。因为该用水区域的时变化系数为 1.8，日变化系数为 1.4，所以平均日平均时用水量应为579÷1.8÷1.4=230L/s，根据管网设计要求，当流量较小时，为维持管网一定的压力，则水泵的扬程为 47.4m，即图 5-10 中的 b 点。显然，在用水量变化时，所需扬程将近似地沿 ab 线变化。

从图 5-10 上可以看出，可有两种方案供选择。各方案的水泵型号、台数及分级供水水泵的运行情况见表 5-1。从表 5-1 可以看出，在出现几率较大的平均用水量附近，水泵运行的效率第一方案高于第二方案；虽然两种方案均为 3 台机组，但第一方案只有两种型号，便于水泵的安装、检修及维护。因此，可采用第一方案。

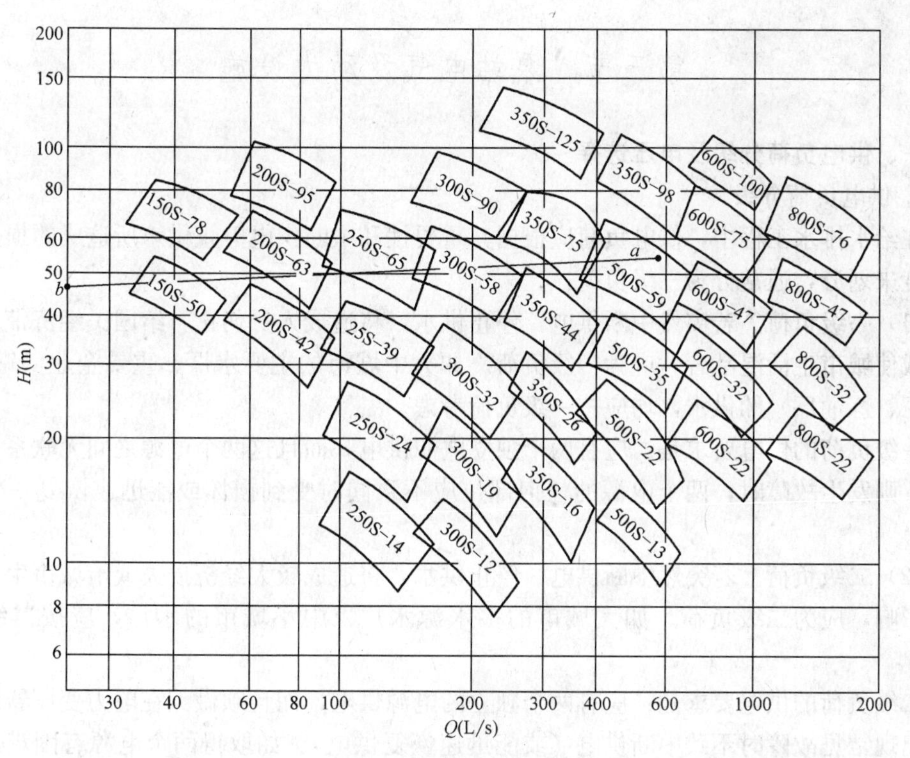

图 5-10 选泵特性曲线

选泵方案比较 **表 5-1**

方 案	用水量变化范围（L/s）	运行水泵型号及台数	水泵扬程（m）	所需扬程（m）	效率（%）
第一方案 两台 300S-58 一台 200S-63	380～579	两台 300S-58 一台 200S-63	54～52	52～54	70.5～84
	320～380	两台 300S-58	56～52	51.5～52	75～84
	220～320	一台 300S-58 一台 200S-63	56～51.5	50.5～51.5	70.5～84
	<220	一台 300S-58	～50.5	～50.5	75～84
第二方案 一台 350S-75B 一台 250S-65A 一台 200S-63	385～579	一台 350S-75B 一台 250S-65A 一台 200S-63	61～54	52～54	70.5～82
	325～385	一台 350S-75B 一台 250S-65A	61～54	51.5～52	74～82
	230～325	一台 350S-75B	59～51.5	51～51.5	75～82
	150～230	一台 250S-65A 一台 200S-63	59～50.5	50～50.5	70.5～81
	<150	一台 250S-65A	～50	～50	74～77

第三节 泵站电气及动力设施

一、供电负荷分级及电压选择

1. 供电负荷分级

在给水排水工程中，供电负荷应根据其重要性和中断供电停止供水所造成的损失或影响程度来划分，通常分为三级负荷。

（1）一级负荷。若突然中断供电，停止供水，将造成人身伤亡，给国民经济带来重大损失或使城市生活混乱者，应为一级负荷。如大中城市的主要水厂、重要企业（钢铁厂、化工厂、炼油厂）的供水，均应按一级负荷考虑。

一级负荷的供电要求是：应有两个独立电源供电，而且这两个电源之间无联系；如有联系，则发生故障时，两个电源的任何部位应不致同时受到损坏或能迅速恢复一个电源供电。

（2）二级负荷。若突然中断供电，停止供水，将造成较大经济损失或给城市生活带来较大影响，应为二级负荷。如大城市的多水源水厂、中小城市的水厂，应按二级负荷考虑。

二级负荷的供电要求是：应有两个独立的电源供电，而且须做到在电力变压器或电力线路出现常见故障时不致中断供电（或能迅速恢复供电）。如取得两个电源有困难，允许由一路专用架空线路供电。

（3）三级负荷。凡不属于一、二级负荷者，应为三级负荷。如一般的给水排水工程或村镇水厂。三级负荷对供电无特殊要求。

2. 电压选择

电压的高低与泵站用电容量和供电距离等有关。目前电压等级有：380V、10kV、35kV 等几种。对于规模很小的水厂（总容量小于 100kW），供电距离较近时，供电电压一般为 380V。对于大多数中小型水厂，供电电压应为 10kV。对于大型水厂，供电电压多数为 35kV。

二、泵站变配电设施

变配电设施是泵站的重要组成部分，掌握有关变配电知识就能向电气设计人员提出明确的要求和资料，使工程设计日臻完善。

1. 变压器容量的确定

变压器的额定容量是指在规定的环境温度下，变压器在正常使用期限内所能连续输出的容量。

变压器的容量取决于环境温度和负荷的大小，可按下式进行计算

$$S_{eb} \geqslant \frac{S_{js}}{k_t \cdot k_f} \tag{5-10}$$

式中 S_{eb}——变压器额定容量（kVA）；

S_{js}——计算视在功率，根据泵站内用电设备的容量确定（kVA）；

k_t——对应于全年环境温度的修正系数，表 5-2 列出了全国典型地区的 k_t 值，其他地区可选表中相近地区的数值；

k_f——对应于负荷曲线填充系数的过负荷倍数，对装于室外的变压器不得超过 1.30，对室内变压器不得超过 1.20，如果变压器昼夜负荷均匀，k_f＝1.0。

油侵蚀变压器的温度修正系数 表 5-2

序号	地区	室外年平均温度(℃)	k_t
1	广州	21.8	0.96
2	长沙	17.2	0.98
3	武汉	16.3	0.98
4	成都	16.7	0.99
5	上海	15.7	0.99
6	开封	14.0	1.00
7	西安	13.3	1.00
8	北京	11.5	1.03
9	包头	6.5	1.05
10	长春	4.9	1.05
11	哈尔滨	3.6	1.05

2. 配电设备及布置

配电设备有高压和低压配电柜（又称开关柜）两种，由电气开关厂成套生产。开关厂根据不同需要按一定的组合和线路将有关的配电设备（如控制设备、互感器、继电保护设备和操作设备等）安装在铁皮柜内。

配电柜布置应遵循如下规定：

(1) 配电柜前的过道宽度不小于下列数值：低压配电柜为 1.5m；高压配电柜为 2.0m。

(2) 柜后需要维修的配电柜与墙壁的净距不宜小于 1.0m。

高压配电室长度超过 7m 时应开两个门，门宽 1.5m，门高应大于 2.5m。

低压配电室的门宽为 1.2m。在布置低压配电室时要考虑，由低压配电室到泵房、高压配电室、变压器室要方便，值班人员上下班出入要方便。

需要指出的是，配电室的门要向外开启。

三、变电所

变电所的变配电设备是用来接收、变换和分配电能的电气装置。

1. 变电所的类型

(1) 独立变电所。设置于距泵房 15～20m 范围内独立的场地或建筑物内。优点是便于处理变电所与泵房建筑上的关系；缺点是距离泵房内的电动机较远，电缆长度大，电能损失大，运行管理不便，因此，给水排水工程中采用较少。

(2) 附属变电所。设置于泵房外，有一面或两面墙壁和泵房相连。优点是变压器靠近了用电设备，对建筑结构影响很小，因此，这种形式采用的较多。

(3) 室内变电所。是将变压器设置于泵房的一端，泵房建筑处理上略复杂一些，但维护和运行管理方便，因此，这种形式采用的也较多。

2. 变电所的位置和数目

(1) 变电所的位置应尽量位于用电负荷中心，减少有色金属用量，减少电压降和电耗。

（2）变电所的位置应考虑周围的环境。

（3）变电所的位置应考虑布线合理，变压器的运输方便。

（4）变电所的数目由负荷的分散程度决定。取水泵站和送水泵站的负荷集中，建一个变电所即可；而井群供水时，由于井数多，距离远，因此，只好每个井泵站设一变电所。

（5）变电所应考虑今后的扩建和发展，有增加进出线和更换或增加变压器的可能。

3. 变电所的布置方案

变电所和泵房总体布置时，要满足变电所尽量靠近电源，低压配电室应尽量靠近泵房，线路布置顺直且尽量短，从泵房可以方便地通向高、低压配电室和变压器室等要求。图 5-11 给出了几种布置方案，可根据具体情况选取。

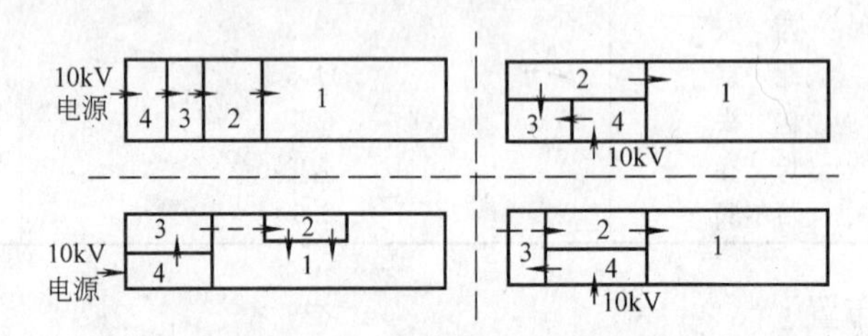

图 5-11　变电所与泵房布置图

1—泵房；2—低压配电室（包括值班室）；3—变压器室；4—高压配电室

四、电动机的选型

电动机从电源获取能量，带动水泵运行，同时又处在一定的外界环境和条件下工作。因此，选择电动机应处理好电动机与水泵、电动机与工作环境的关系；并尽量做到投资少、设备简单、运行安全、管理方便。

1. 电动机类型及特点

在给水排水泵站中，常用的异步电动机有鼠笼型和绕线型两种。鼠笼型电动机具有结构简单、运行可靠、效率高、价格低、易于实现自动控制和遥控等优点；缺点是启动电流大。但由于离心泵是轻载启动，需要的启动转矩小，一般均能满足要求；轴流泵只要是负载启动，启动转矩也能满足要求。因此，在选择异步电动机时，一般优先选用 Y 系列鼠笼型异步电动机，该系列为 J、JO 系列电动机的更新换代产品，具有效率高、启动转矩较大、噪声较小、防护性能良好等优点，只有当电源容量不能满足启动要求、启动转矩较大和功率较大的情况下，才选择绕线型异步电动机。

同步电动机价格高，设备维护和启动复杂；但功率因数和效率高，一般单机功率在 300kW 以上的大型机组才采用同步电动机。

对于不潮湿、无灰尘的地面式送水泵站，可选择一般防护式电动机。而对于潮湿、有滴水的地下式取水泵站，宜选用封闭式扇冷电动机。

2. 电动机功率的确定

当电动机和水泵不是成套供应时，用下式计算电动机的功率。

$$N_{配}=k\frac{\rho gQH}{1000\eta\cdot\eta_i} \tag{5-11}$$

式中　$N_{配}$——为水泵配套的电动机功率（kW）；

η_i——传动装置的效率，联轴器传动时，$\eta_i \geqslant 99\%$，皮带传动时，$\eta_i = 95\% \sim 98\%$；

Q、H、η——水泵工作范围内对应于最大轴功率时的水泵流量、扬程、效率（m^3/s，m，%）；

k——电动机功率备用系数，$k = 1.05 \sim 1.10$。

3. 电动机选型

根据计算的 $N_{配}$ 和水泵的额定转速即可在电动机样本上选择出电动机的规格型号。

五、交流电动机变速

交流电动机变速方式主要有：变频变速、串级变速、斩波内馈变速等。

变频变速具有优异的性能，变速范围较大，平滑性较好，变频时电压按不同规律变化可实现恒转矩或恒功率变速，以适应不同负载的要求，是异步电动机变速最有发展前途的一种方法。缺点是必须有专门的变频装置；在恒转矩变速时，低速段电动机的过载倍数大为降低，甚至不能带动负载。

串级变速具有变速范围广，效率高，便于向大容量电动机发展。它的应用范围广，不仅适用于为水泵配套的电动机变速，还适用于风机的变速，也可用于恒转矩负载。缺点是功率因数较低，采用电容补偿等措施，功率因数有所提高。

斩波内馈变速是基于转子的高效率电磁功率控制变速，通过将转子的部分功率（电转差功率）移出来，使转子的净电磁功率发生改变，电动机转速就得到相应控制。为了获得高性能的变速，内馈变速在电动机定子上另外设置了内馈绕组，用来接收电转差功率，有源逆变器使内馈绕组工作在发电状态，通过电磁感应将功率反馈给电动机定子，使定子的有功功率基本与机械输出功率相平衡。

斩波内馈变速与高压变频变速相比，不仅价格低廉，而且变速效率高，设备结构简单，投资回收期短，是一种较好的变速方式，具有很好的实用性和经济性。

在交流电动机变速时，要根据实际情况综合考虑变速设备的性能、节能效果、变速设备工作的可靠性、变速设备的价格、使用地点的气候特点等因素选择变速设备。

第四节　主机组的布置与机组基础

一、主机组的布置

主机组的布置是泵房内部设备布置的重要内容，它不仅决定泵房建筑面积的大小，而且影响到机组的安装、检修和运行管理。因此，主机组的布置应符合如下原则：满足设备布置、安装、检修和运行管理的要求，运行安全、管理方便、泵房内外交通和运输方便、整齐美观，管道总长度最短、接头配件最少、水头损失最小，并应留有泵房扩建的余地。

（一）主机组的布置形式

1. 直线布置

各机组的轴线在同一条直线上，如图 5-12 所示。这种形式布置的优点是布置简单、整齐美观，泵房跨度小，吸压水管道顺直，水头损失小，检修场地较宽敞。其缺点是机组台数较多时，泵房长度较大，操作管理路线较长。它适用于卧式双吸离心泵，且机组的台数不超过 5～6 台。直线布置各部分尺寸应符合下列要求。

（1）泵房大门对外要求通畅，既能容纳最大设备（水泵或电动机），又要有必要的操作空间。其场地宽度一般用水泵的突出部分至墙壁的净距 A 来表示。如果水泵外形不凸

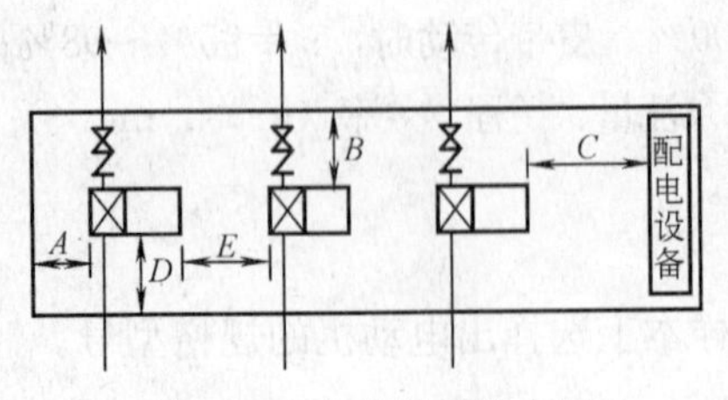

图 5-12 主机组直线布置

出基础，则 A 表示基础与墙壁的净距，A 等于最大设备的宽度加 1m，但不得小于 2m。

（2）出水侧机组基础与墙壁的净距 B，应按管道附件的尺寸及安装要求确定，还应满足泵房内部主通道的宽度不小于 1.2m 等要求，一般 B 不宜小于 3m。

（3）进水侧机组基础与墙壁的距离 D，应根据管道附件的尺寸及安装要求确定，但不得小于 1m。

（4）电动机的凸出部分与配电设备的净距 C，应保证电动机转子在检修时能拆卸，并保持一定的安全距离，C＝电动机轴长＋0.5m。并能满足低压开关柜 $C \geqslant 1.5$m，高压开关柜 $C \geqslant 2.0$m 的要求。

（5）机组基础之间的净距 E 值与 C 的要求相同，如果电动机和水泵凸出基础，则 E 表示凸出部分的净距。

（6）为了减少泵房的跨度，可考虑将管道上的一些附件布置在泵房外。

2. 双列布置

机组双行排列，如图 5-13 所示。这种布置形式紧凑，可缩短泵房的长度，减少泵房的建筑面积，泵房的跨度大，常需考虑桥式起重机，机组的运行管理不便。它适用于机组较多的卧式双吸离心泵。对于机组较多的地下式取水泵站，采用这种布置形式可减少大量的基建投资。应当指出，对于双吸离心泵，这种布置形式两列水泵的转向是相反的，因此，要求有一列水泵需要调换转向，在水泵定货时应向水泵厂提出要求，以使水泵厂配置不同转向的轴套止锁装置。

3. 平行布置

各机组轴线相互平行，如图 5-14 所示。这种布置形式紧凑，泵房的长度和机组的间距较小，泵房的跨度大。它适用于单级单吸离心泵和蜗壳式混流泵。因为这两种水泵系顶端进水，采用平行布置能使吸水管道保持顺直。

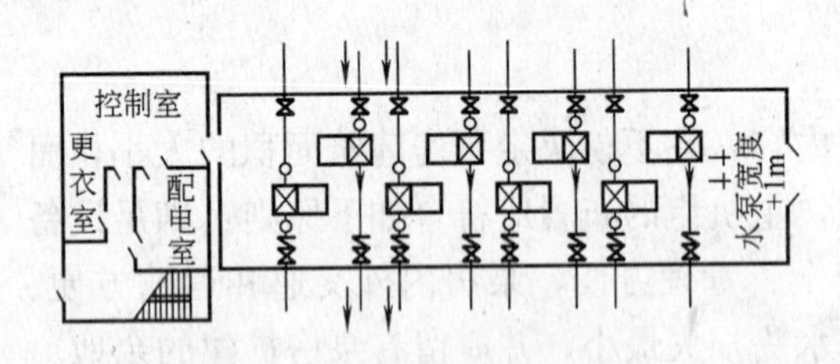

图 5-13 水泵机组双列布置

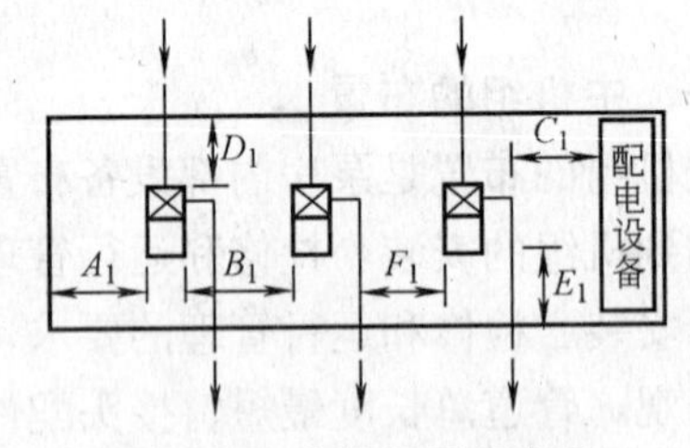

图 5-14 主机组平行布置

平行布置各部分尺寸应符合下列要求。

（1）水泵凸出部分到墙壁的净距 A_1 与直线布置第一条要求相同。

（2）两机组基础之间的距离 B_1 要大于 1.5m。

（3）水管外壁与配电设备应保持一定的安全操作距离 C_1，低压配电设备，C_1 值不小于 1.5m，高压配电设备，C_1 值不小于 2.0m。

（4）基础与墙壁之间的净距 D_1，须满足管道附件的尺寸及安装要求。当就地检修水泵时，D_1 值不小于 1m。如果水泵外形凸出基础，D_1 值为水泵外形与墙壁之间的距离。

(5) 电动机外形凸出部分与墙壁之间的净距 E_1，应保证电动机转子在检修时能拆卸，并适当留有余地。E_1值一般为电动机轴长加 0.5m，但不宜小于 3m，如果电动机外形不凸出基础，则 E_1值表示基础与墙壁之间的距离。

(6) 水管外壁与相邻机组凸出部分的净距 F_1不小于 0.7m。如果电动机容量大于 55kW，F_1不应小于 1m。

(二) 主机组布置应遵循的规定

(1) 当机组直线布置时，相邻两机组及机组至墙壁间的净距：电动机容量不大于 55kW 时，不小于 1.0m；电动机容量大于 55kW 时，不小于 1.2m。当机组平行布置时，需满足相邻吸、压水管道间净距不小于 0.6m 的要求。

(2) 当机组双列布置时，吸、压水管道与相邻机组间的净距宜为 0.6～1.2m。

(3) 当考虑就地检修时，应考虑泵轴和电动机转子在检修时能拆卸。

(4) 泵房内主要通道宽度不小于 1.2m。

(5) 地下式泵房或移动式取水泵房以及电动机容量小于 20kW 时，水泵机组间距可适当减小。

(6) 叶轮直径较大的水泵机组净距不应小于 1.5m，并满足进水流道的布置要求。

二、机组的基础

水泵和电动机安装在共同的基础之上，基础的作用是支承并固定机组，使机组运行平稳，不发生剧烈振动，基础不允许产生沉陷。因此，对基础的要求是：①坚实牢固，基础除承受机组的静荷载外，还承受机组振动的荷载，所以基础要有足够的强度；②基础要浇筑在较坚实的地基上，以免发生基础下沉或不均匀沉陷。故地基应满足稳定性和承载力的要求。

1. 基础尺寸的确定

卧式机组的基础为块状，基础的平面尺寸根据所选机组的安装尺寸来确定。机组地脚螺栓的螺孔中心至基础边缘的距离 b 应不小于 15～20cm，如图 5-15 所示。基础高度 H 可根据螺栓最小埋深 h_2和螺栓弯钩下缘至基础底的距离 t 来确定。螺栓最小埋深 h_2可根据表 5-3 确定，t 值不小于 15～20cm。为便于机组的安装和防止积水对机组的影响，基础顶面应高出泵房内地面 h_1＝10～30cm。

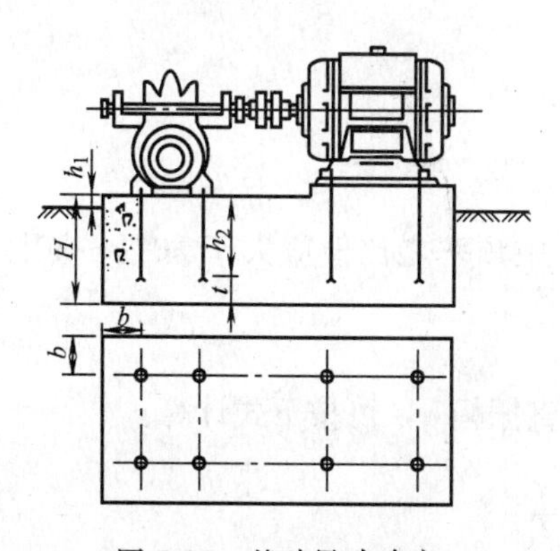

图 5-15　基础尺寸确定

螺栓最小埋深值　　　**表 5-3**

螺栓直径 (mm)	末端有弯钩的螺栓埋深 h_2(cm)
＜20	40
20～30	50
32～36	60
40～50	70～80

2. 基础底面承载力验算

通常按下式验算基础底面承载力。

$$p \geqslant \psi R \tag{5-12}$$

$$p = \frac{G}{A} \tag{5-13}$$

式中 p——基础底面的应力（kN/m^2）；

R——在静荷载作用下地基的容许承载力（kN/m^2）；

ψ——振动折减系数，对于电动机采用0.8；

G——机组和基础的重力（kN）；

A——基础底面积（m^2）。

3. 振动验算

中小型卧式机组，基础振动验算的主要内容是验算共振和振幅。

（1）共振验算。假设机组和基础的重心及作用力与基础底面形心均在同一直线上，这时仅产生垂直振动，基础垂直振动的自振频率 ω_0 为：

$$\omega_0 = \sqrt{\frac{C_z A}{m}} \cdot s^{-1} \tag{5-14}$$

式中 C_z——天然地基弹性均匀压缩系数（N/m^3），由土工试验确定，当无试验资料时，可按表5-4选用；

A——基础底面积（m^2）；

m——机组和基础的质量，$m = \frac{G}{9.8}$（$N \cdot s^2/m$）；

G——机组和基础的重力（N）。

基础弹性均匀压缩系数 **表5-4**

土的计算强度(N/cm^2)	10	20	30	40	50
C_z(N/m^3)	20000	40000	50000	60000	70000

基础强迫振动频率 ω' 为：

$$\omega' = \frac{\pi n}{30} \cdot s^{-1} \tag{5-15}$$

式中 n——机组的转速（r/min）。

根据要求，自振频率与强迫振动频率之差和自振频率之比值应大于20%～30%，即 $\frac{\omega_0 - \omega'}{\omega_0} > 20\% \sim 30\%$。

（2）振幅验算。卧式机组的基础一般仅验算垂直振幅 a，可按下式计算：

$$a = \frac{F}{C_z A - m' \omega^2} \tag{5-16}$$

式中 F——机组转子的离心力，$F = m' e \omega^2$（N）；

m'——机组转子的质量（kg）；

e——机组转动质量中心与转动中心的偏差值，通常可参考表 5-5 取值（mm）。

e 值 **表 5-5**

转速(r/min)	3000	1500	≤750
e(mm)	0.05	0.2	0.3～0.8

按要求垂直振幅不应超过 0.12～0.15mm。

对于小型机组可不进行振动验算，但基础的重量应大于机组总重的 2.5～4.0 倍。这样，在已知基础平面尺寸的情况下，根据基础的总重量计算基础的高度。基础的高度一般应不小于 50～70cm。

基础在泵房地面以下的埋深除与基础的高度有关外，还取决于临近的管沟深度，基础埋深应大于管沟深度。由于水能促进振动的传播，所以应尽量使基础的底面位于地下水位以上。而对于半地下式或地下式泵房的底板应做成整体的钢筋混凝土结构，机组安装在底板凸起的基座上。

第五节　进水构筑物

水泵或水泵的吸水管道水流流态的良好与否，直接影响到水泵的工作状况、效率的高低及使用寿命。

取水泵站的吸水井（池）通常与前池合建，从进水管（渠）至吸水井（池）之间的扩散段称为前池，前池以后的部分称为吸水井（池）。

一、前池布置及尺寸的确定

前池是进水管（渠）和吸水井（池）之间的连接构筑物，它的作用是：平顺地扩散水流，将进水管（渠）的水均匀地输送给吸水井（池），为水泵或水泵的吸水管道提供良好的吸水条件，当水泵的流量变化时，前池的容积起一定的调节作用，从而减小前池和进水管（渠）的水位波动。

1. 前池的布置

前池有正向进水和侧向进水两种布置形式。正向进水是指前池的来水方向和吸水井（池）的进水方向一致，如图 5-16 所示。侧向进水是指两者的水流方向正交或斜交，如图 5-17 所示。

正向进水前池中的水流比较平稳，流速分布均匀。但当机组台数较多时，致使前池长度加大，工程投资增加或由于受场地的限制总体布置困难时，则采用侧向进水前池。

侧向进水前池的流态比较紊乱，由于水流方向的改变，造成流速分布不均匀，前池及吸水井易产生回流和漩涡，出现死水区和回流区，影响水泵的吸水。如受条件限制必须采用侧向进水前池时，池中宜设导流设施，必要时通过模型试验验证。

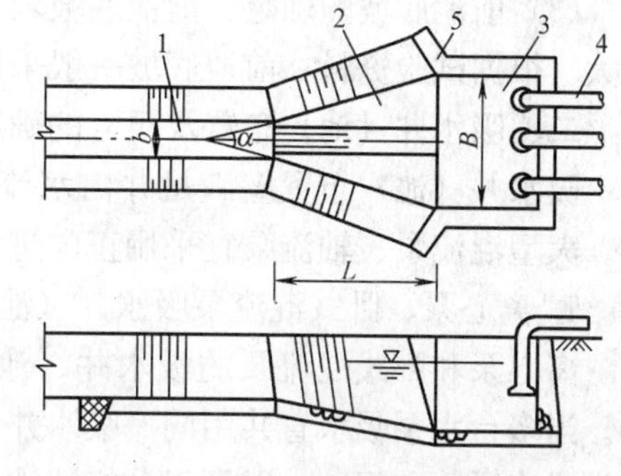

图 5-16　正向进水前池

1—进水渠；2—前池；3—进水池；4—吸水管；5—翼墙

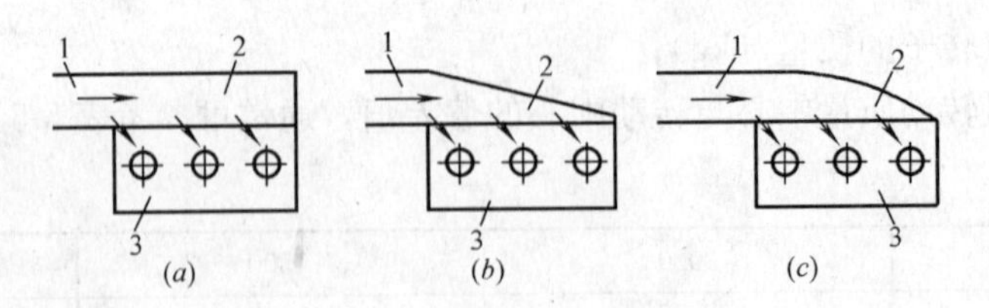

图 5-17　侧向进水前池

(a) 矩形；(b) 梯形；(c) 曲线型

1—进水渠；2—前池；3—进水池

2. 正向前池尺寸的确定

(1) 前池扩散角。前池扩散角 α 是影响池中流态及前池尺寸的主要因素。根据有关试验和工程实践，前池扩散角一般为 $\alpha=20°\sim40°$，前池扩散角不宜大于 40°。

(2) 前池长度的确定。在进水管（渠）末端底宽 b 与吸水井（池）宽度 B 已知的条件下，根据已选定的扩散角 α，可按下式计算前池的长度 L。

$$L=\frac{B-b}{2\tan\frac{\alpha}{2}} \tag{5-17}$$

如果进水管（渠）末端底宽与吸水井（池）宽度相差较大，则按上式计算出的 L 值较大。这时，可将前池平面做成折线扩散型或曲线扩散型，如图 5-18 所示。这样可缩短池长，减少工程量，降低工程投资。

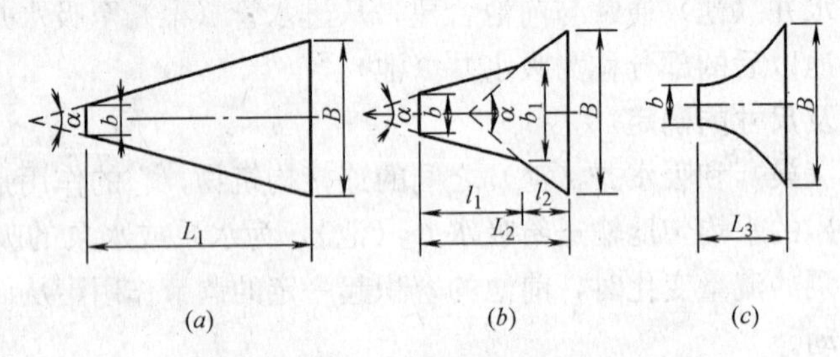

图 5-18　前池平面形状

(a) 直线扩散；(b) 折线扩散；(c) 曲线扩散

(3) 前池底坡的确定。前池底坡较大时，水流产生纵向回流，水泵吸水管道进口阻力增大。根据试验资料，前池底坡一般采用 0.2～0.3。

二、吸水井（池）布置及尺寸的确定

吸水井（池）布置应满足井内水流顺畅、流速均匀、不产生漩涡，且便于施工及维护。大型混流泵、轴流泵宜采用正向进水。

1. 离心泵、卧式混流泵吸水井（池）布置及尺寸的确定

离心泵和卧式混流泵的吸水井（池）位于泵房前面，水泵吸水管伸入井（池）内吸水。当多台水泵吸水管共用同一吸水井（池）时，常将吸水井（池）分成两格，中间隔墙上设置连通管和闸阀，以便于分格清洗。

吸水井（池）的尺寸通常按吸水喇叭口间距来确定，如图 5-19 所示。

(1) 吸水喇叭口直径 D 的确定。吸水喇叭口直径一般不小于吸水管直径的 1.25 倍，

在确定喇叭口直径时一般采用

$$D=(1.3\sim1.5)d \qquad (5\text{-}18)$$

式中 d——吸水管道直径（m）。

（2）悬空高度 h_1 的确定。悬空高度 h_1 过小将使吸水管道进口处的流线过于弯曲，水头损失增加，水泵效率降低，严重时使池底冲刷或吸入池底沉渣；悬空高度过大将形成单面进水，并使池底板高程降低，增加工程造价。悬空高度 h_1 根据喇叭口的布置情况确定。

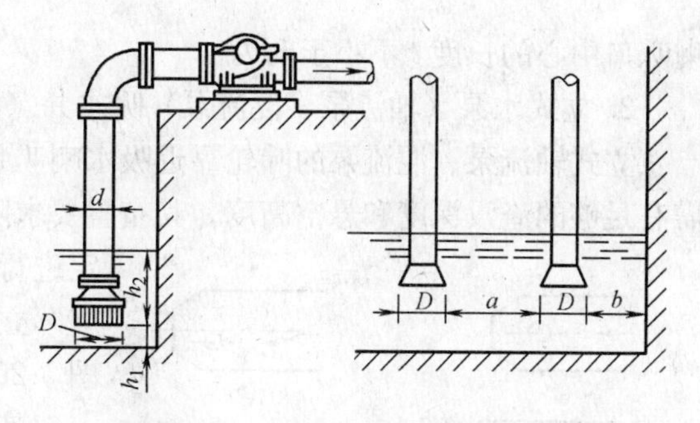

图 5-19 吸水井布置及尺寸确定

喇叭口垂直布置时

$$h_1=(0.6\sim0.8)D \qquad (5\text{-}19)$$

喇叭口倾斜布置时

$$h_1=(0.8\sim1.0)D \qquad (5\text{-}20)$$

喇叭口水平布置时

$$h_1=(1.0\sim1.25)D \qquad (5\text{-}21)$$

大管径采用较小系数，小管径采用较大系数。为安装检修的需要，h_1 不得小于 0.5m。

（3）淹没深度 h_2 的确定。淹没深度 h_2 与吸水井（池）进水流速、吸水管流速、悬空高度 h_1、吸水井边壁形式、喇叭口至后壁距离等因素有关，进水流速和吸水管道流速越大，要求的淹没深度越大。吸水喇叭口在最低运行水位时的淹没深度 h_2 根据喇叭口的布置情况确定。

喇叭口垂直布置时

$$h_2=(1.0\sim1.25)D \qquad (5\text{-}22)$$

喇叭口倾斜布置时

$$h_2=(1.5\sim1.8)D \qquad (5\text{-}23)$$

喇叭口水平布置时

$$h_2=(1.8\sim2.0)D \qquad (5\text{-}24)$$

（4）喇叭口间净距 a 的确定。吸水喇叭口之间的净距 a 可由下式计算。

$$a=(1.5\sim2.0)D \qquad (5\text{-}25)$$

（5）喇叭口与井壁间净距 b 的确定。吸水喇叭口与井壁之间的净距 b 可由下式计算。

$$b=(0.8\sim1.0)D \qquad (5\text{-}26)$$

（6）吸水井（池）进水长度 l 的确定。多台水泵的吸水井（池）应有一定的进水长度，以调整水流使其平顺而均匀地流向各吸水管道，并使吸水井（池）有足够的容积，防止水泵开始工作时吸水井（池）中水位下降过大。一般要求吸水井（池）格网出水至吸水

喇叭口中心的长度 l 不小于 $3D$。

2. 立式水泵（轴流泵、混流泵）吸水井（池）的布置及尺寸的确定

立式轴流泵、混流泵的叶轮靠近吸水喇叭口，池中水流的流态对水泵工作影响很大，需有足够的淹没深度和悬空高度。其布置要求随泵而异，应按水泵厂对各种型号水泵的规定进行吸水井设计。

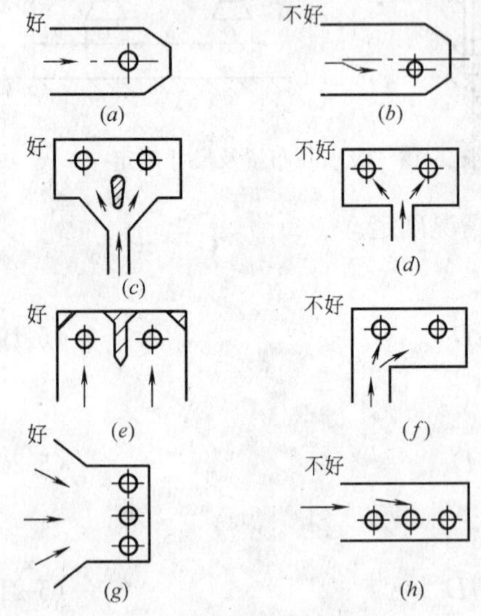

图 5-20　吸水池的形式及布置

立式轴流泵、混流泵吸水井（池）的形式如图 5-20 所示。

其布置要求为：

（1）数台水泵在同一水池中吸水时，应不产生相互干扰，必要时分设吸水井（池）。

（2）进水水流应尽量顺直，避免转弯或偏流。

1）吸水井（池）应尽量采用单泵布置，水泵吸水喇叭口的位置放在吸水井（池）中间，如图 5-20（a）、（c）所示。

2）由狭窄的暗管（渠）向较宽的吸水井（池）引水时，应使各水泵获得均等水量，如图 5-20（c）所示。

3）不宜在狭窄的吸水井（池）上串联地排列水泵，如图 5-20（f）、（h）所示。

第六节　吸水管道与压水管道

吸水管道和压水管道是泵站的重要组成部分，合理确定管径和选择管道附件、合理布置与安装吸水、压水管道，对保证泵站的安全运行、可靠供水、减少工程投资、降低能源消耗，有很大的关系。

一、对吸水管道的要求

吸水管道应满足如下基本要求。

1. 不漏气

吸水管道不允许漏气，否则吸水管道吸入空气时，水泵的出水量减少，甚至抽不上水来。因此，吸水管道多采用钢管，接口采用焊接。

2. 不积气

水泵吸水管道内达到一定的真空值时，溶解于水中的气体就会因管道内压力降低而逸出，如果吸水管道设计不当，会在吸水管道的某段（或某处）出现积气，影响过水能力，严重时破坏水泵的正常吸水。

为了使水泵能及时排走吸水管道内的空气，吸水管道应有沿水流方向连续上升的坡度 i，i 值一般大于 0.005，以免形成气囊，如图 5-21 所示。为减少吸水管道的水头损失，提高水泵的安装高程，吸水管道的直径一般均大于水泵进口直径，这时吸水管道上的变径管应采用偏心渐缩管，以保持变径管的上端水平，避免形成气囊。

3. 不吸气

吸水管道进口淹没深度不足时，由于进口处水流产生漩涡，吸水时带进空气，严重时破坏水泵的正常吸水。这种情况，多见于取水泵站在水源低水位运行时。为了避免吸水井（池）水面产生漩涡，防止吸入空气，应按前述方法确定淹没深度。

4. 吸水管道的流速

吸水管道的流速宜采用下列数值。

直径小于 250mm 时，流速为 1.0～1.2m/s；

直径在 250～1000mm 时，流速为 1.2～1.6m/s；

直径大于 1000mm 时，流速为 1.5～2.0m/s；

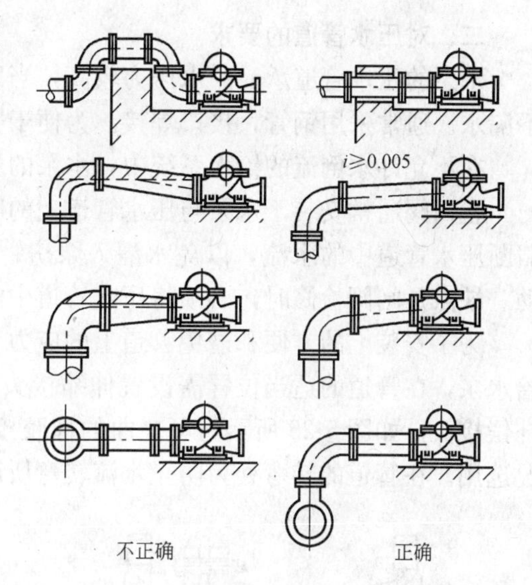

图 5-21　正确和不正确吸水管道安装

在吸水管道不长且水泵吸水高度不大的情况下，或水泵为自灌式工作时，可采用比上述数值大些的流速。

为了减少吸水管道的水头损失，吸水管道进口通常采用喇叭口。如果水中有较大的杂物，而吸水井（池）进口又没有格栅或格网时，喇叭口外面还要加设滤网，以防水中杂物吸入水泵。

当水泵不采用抽气设备充水时，吸水管道进口应安装底阀。底阀的种类很多，它的作用是只允许水吸入水泵，而不能使水倒流。图 5-22 所示为一种形式的铸铁底阀，水泵运行时由于吸水管道内压力降低，在压差的作用下阀门打开。水泵停机时，阀门在吸水管道倒流水及本身自重的作用下关闭，使水不能倒流。底阀上有滤网，防止杂物随水流进入水泵。实践证明，水下式底阀橡胶垫容易损坏，引起底阀漏水，须经常检修更换橡胶垫，由于在水下给检修更换橡胶垫带来不便。为了改进这一缺点，水上底阀已试验成功并应用，如图 5-23 所示。由于水上底阀有良好的使用效果及安装检修方便等优点，因而设计中采用者日益增多。采用水上底阀时，吸水管道水平段要有足够的长度，以保证水泵充水启动后，管道中能产生足够的真空值。

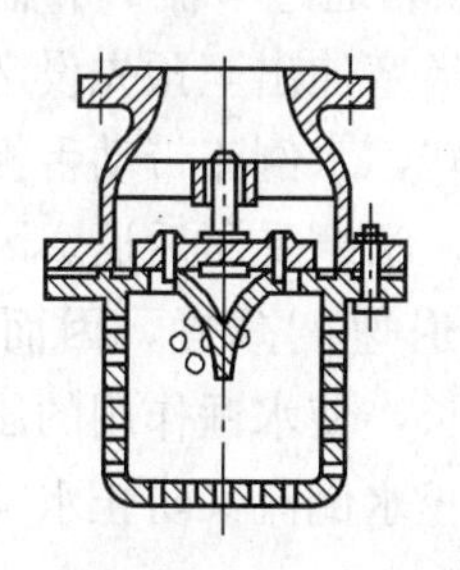
图 5-22　铸铁底阀

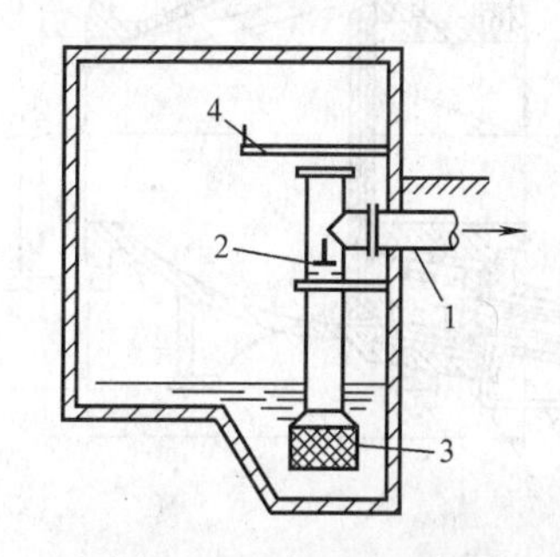

图 5-23　水上式底阀

1—吸水管；2—底阀；3—滤网；4—工作台

必须指出的是，无论何种类型的底阀所产生的水头损失均较大，一般适用于吸水管道直径较小的场合，当吸水管道直径大于 200mm 时，须取消底阀改用真空泵抽气充水。

二、对压水管道的要求

水泵的压水管道承受的水压力较高，当发生水锤时压力更高，所以要求压水管道坚固不漏水。通常采用钢管，接口焊接。为便于安装和检修，在适当位置设法兰接口。

在不允许水倒流的给水系统中，水泵的压水管道上应设止回阀。

止回阀通常安装于水泵与压水管道上的闸阀之间，当检修或更换止回阀时，可用闸阀截断压水管道中的水流，以免水灌入泵房；水泵启动时，阀板两边受力均衡便于水泵启动。缺点是闸阀检修时，必须将压水管道中的水放空，造成浪费。

为了安装上的方便和避免管道上的应力（如受温度变化、水锤作用所产生的应力）传给水泵，在管道的适当位置需设置伸缩接头或可挠曲的橡胶接头，如图 5-24 所示为法兰补偿接头，如图 5-25 所示为可挠曲的橡胶接头。管道伸缩接头类型较多，可根据具体情况选用。在管道的转弯处为防止水流转弯所产生的离心力，应设置专门的支墩或拉杆。

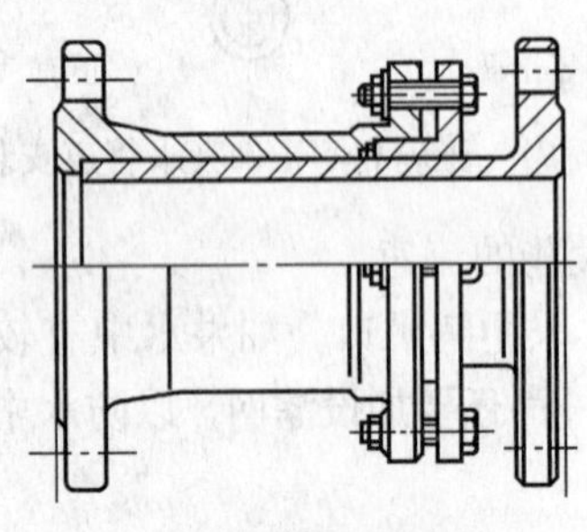

图 5-24　法兰补偿接头

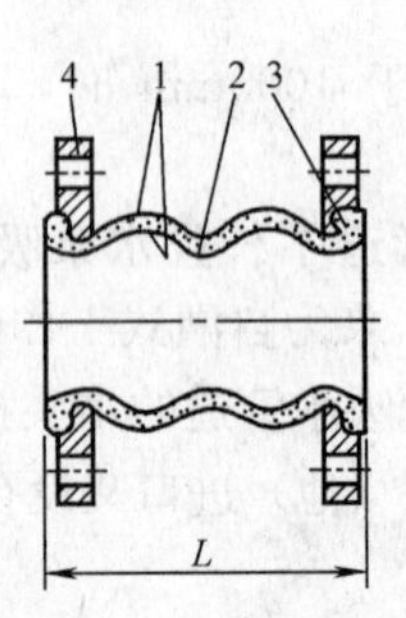

图 5-25　可挠曲的橡胶接头

1—主体；2—内衬；3—骨架；4—法兰

常用的止回阀有旋启式和微阻缓闭式两大类。旋启式止回阀的阀板关闭时间较短，突然停泵时产生比较大的水锤压力。因此这种止回阀将逐渐被微阻缓闭式止回阀所取代。微阻缓闭式止回阀，如图 5-26 所示，当水泵开始运转，在水压力推动下舌板开启，杠杆、平衡砣与舌板处于平衡状态，阀门阻力因而减小，减少了水头损失，节约了能源。在水流入的同时水压打开节流阀 8，顺利通过节流阀和输水导管进入活塞后部，推动活塞伸出至预先设定的位置。当水泵突然停止运转，水倒流带动舌板快速关闭至与活塞端部接触，活塞受压后退。因节流阀节流作用，使活塞后退速度减慢，因而舌板缓慢关闭。关闭时间延长，使水锤作用的压力大幅度下降，达到了既防止水倒流又防止水锤升压过高的作用。

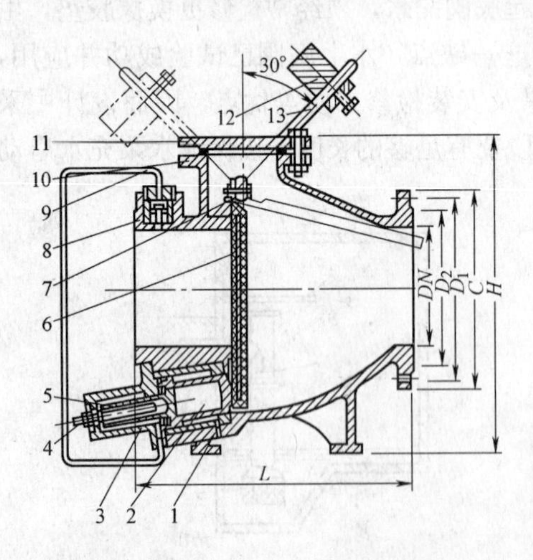

图 5-26　微阻缓闭式止回阀示意图

1—呼吸孔；2—活塞；3—支架；4—螺杆；5—套管；6—舌板；7—轴；8—节流阀；9—导管；10—阀体；11—阀盖；12—砣；13—杠杆

压水管道上的闸阀，因承受高压，启闭比较困难。对直径大于等于 300mm 的闸阀，如启闭频繁，可采用液压或电动闸阀。

压水管道的流速宜用下列数值。

直径小于 250mm 时，流速为 1.5～2.0m/s；

直径在 250～1000mm 时，流速为 2.0～2.5m/s；

直径大于 1000mm 时，流速为 2.0～3.0m/s。

压水管道的流速比吸水管道要大，因为压水管道允许的水头损失较大。再有压水管道上管件和阀件较多，减少了管件和阀件的直径，就可以减轻它们的重量、造价和减小泵房的建筑面积，从而降低工程的造价。

三、吸水管道和压水管道的布置

1. 吸水管道的布置

为保证水泵有良好的进水条件，非自灌充水的水泵宜分别设置吸水管道，如图 5-27（*a*）所示。三台水泵（其中一台备用）各设一条吸水管道，水泵轴线如果高于吸水井最高水位，吸水管道上可不设闸阀，否则吸水管道上应设置闸阀，便于水泵的检修，运行期间闸阀应处于全部开启状态，闸阀一般采用手动。

设有 3 台或 3 台以上的自灌充水的水泵，水泵台数大于吸水管道数目时，吸水管道应不少于两条，当一条吸水管道发生事故时，其余吸水管道仍能通过设计流量。当吸水管道条数少于水泵台数时，须设置联络管，在联络管上必须设置一定数量的闸阀，以保证水泵的正常工作。如图 5-27（*b*）所示，三台水泵（其中一台备用）采用两条吸水管道。在每条吸水管道上装闸阀 1，在联络管上装设两闸阀 2，在每台水泵的吸水管道上装闸阀 3，当两个闸阀 2 都关闭时，水分别由两条吸水管道引向水泵Ⅰ和水泵Ⅲ。其他情况运行时，均要开启两个闸阀 2 中的一个。

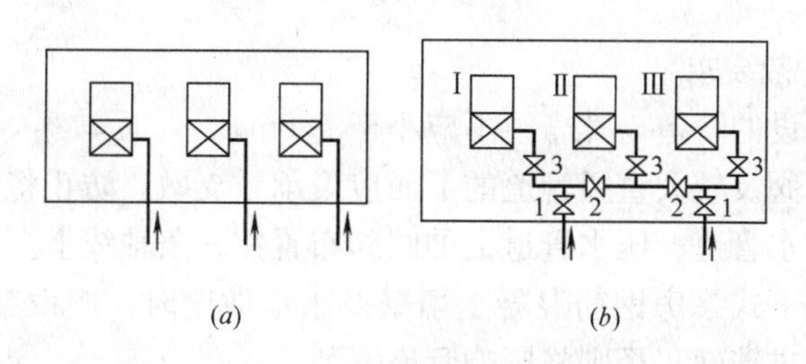

图 5-27　吸水管道的布置

设置联络管虽然缩短了吸水管道的总长度，但增加了闸阀的数量和联络管，给泵站的运行管理带来了不便。这种布置方式适用于吸水管道很长而又不能在泵房附近设吸水井的情况。

2. 压水管道的布置

为了保证供水安全可靠，输水干管通常设置两条（在给水系统中有较大容积的高地水池时，可设一条），而泵站内的水泵一般均在两台以上。为此，就必须考虑当一条输水干管发生故障需要维修或工作泵发生故障改用备用泵时，均能将水送往用户。

送水泵站通常在站外输水干管上设检修闸阀，或每台水泵压水管道上设一检修闸阀，即每台水泵压水管道上设有两个闸阀。这种闸阀为常开，只有检修时才关闭。这样布置，可大大地减少总联络管上大闸阀的个数，因而既安全又经济。

压水管道及管道上闸阀的布置方式较多，不同的布置方式对泵站的节能效果与供水的安全性有不同的影响。图 5-28、图 5-29 给出了三种布置方式，供设计时参考。

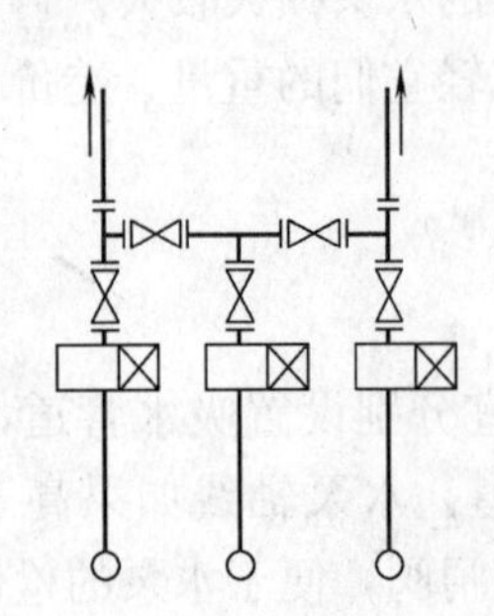

图 5-28　压水管道的布置

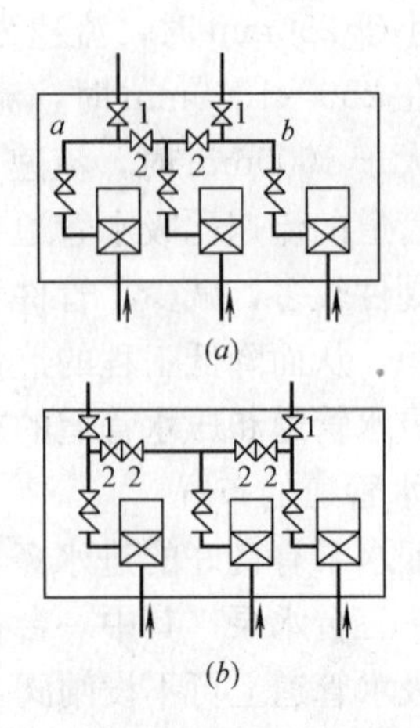

图 5-29　三台水泵时压水管道的布置

供水安全性要求较高的泵站，为提高泵站供水的安全性，在布置压水管道时，必须满足：

(1) 任何一台水泵及闸阀停用检修而不影响其他水泵的工作。

(2) 每台水泵能输水至任何一条输水管道。

为了减少泵房的跨度，有时将联络管置于泵房外的管廊中，把联络管上的闸阀置于闸阀井中，如图 5-30 所示。

四、管道的敷设

1. 管道敷设的一般要求

(1) 互相平行敷设的管道，其净距不应小于 0.5m。

(2) 闸阀、止回阀及较大直径管道的下面应设承重支墩，防止将重量传给水泵。

(3) 尽可能将吸水管道、压水管道上的闸阀布置在一条轴线上。

(4) 管道穿过地下式泵房钢筋混凝土墙壁及水池池壁时，应设穿墙管，如图 5-31 所示。穿墙管的定位要求准确，否则将影响管道安装。

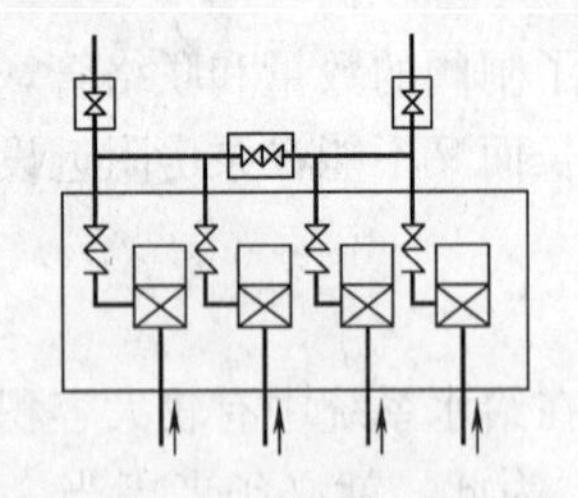

图 5-30　联络管在站外的布置

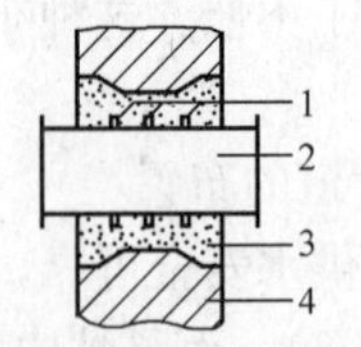

图 5-31　穿墙管

1—截水环；2—穿墙管；
3—二期混凝土；4—钢筋混凝土

(5) 埋深较大的地下式泵房和取水泵站的吸水、压水管道一般沿地面敷设；地面式泵房或埋深较浅的泵房宜采用管沟内敷设管道，使泵房布置简洁、交通方便，维修场地宽敞。

2. 管道敷设

(1) 地面上敷设

水泵吸、压水管道直进直出，敷设在泵房地面上，减小了管道长度和水头损失，水力条件好，便于安装、检修和操作，一般在 $DN>500$mm 及泵房埋深较大时，采取这种敷设方式。

为了便于泵房内通行，可以在压水管道一侧设跨越管道的便桥或通行平台，同时要考虑管道检修方便。

(2) 管沟中敷设

水泵吸、压水管道均敷设在管沟中，如图 5-32 所示。这种敷设形式泵房内整洁、通行便利。在 $DN<500$mm 的地面式或地下式泵站中采用较多。

为了减少吸水管道的水头损失，也可以将吸水管敷设在地面上，压水管道敷设在管沟中，压水管道一侧作为泵房的主要通道。这种布置形式也采用较多，如图 5-33 所示。

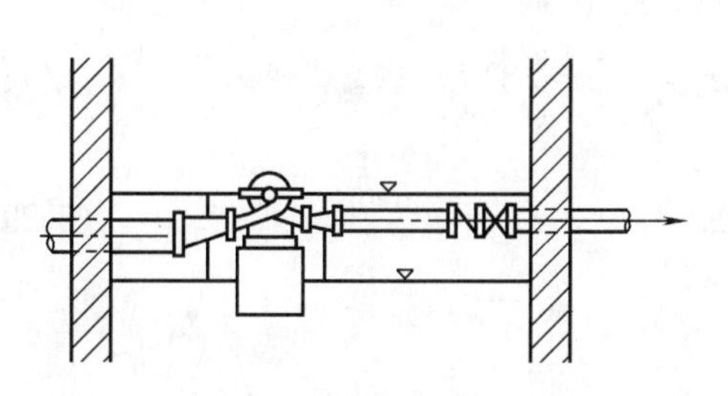

图 5-32 管道在管沟中敷设

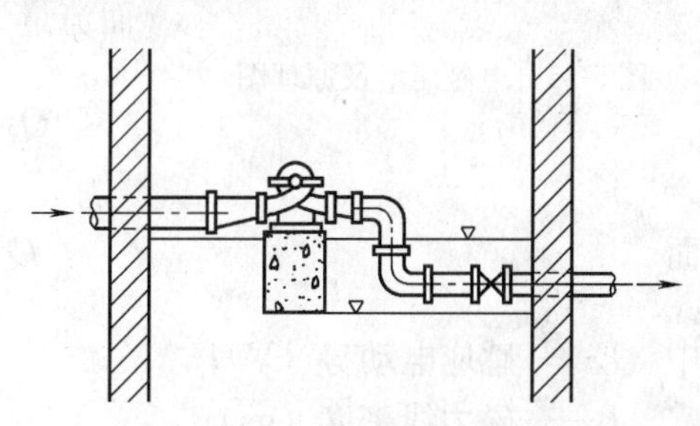

图 5-33 吸水管道在地面上压水管道在管沟中敷设

管沟上应有可揭开的盖板，盖板一般采用钢板，也可用预制钢筋混凝土板。管沟的宽度和深度应便于管道的安装和检修。直径在 200mm 以下的管道应敷设在地沟的中间，沟壁与管道侧面的距离不小于 350mm。直径大于 250mm 的管道应不对称地敷设于管沟中，从上管壁到沟顶盖板的距离 L_1 不小于 150mm，从沟底到下管壁的距离 L_3 不小于 350mm，管壁到沟壁的距离，一侧 L_2 不小于 350mm，而另一侧 L_4 不小于 450mm，如图 5-34 所示。

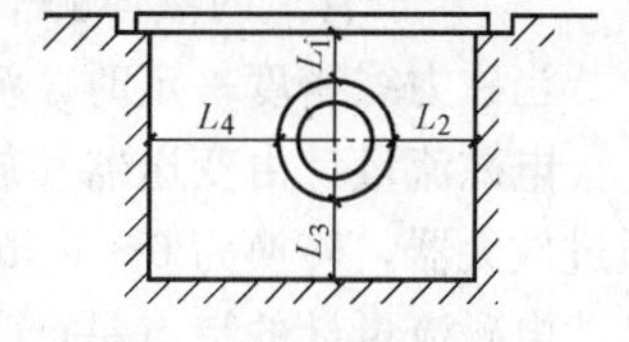

图 5-34 管道在管沟中的位置

沟底应向集水坑或排水口倾斜，坡度一般为 0.01。

泵房内管道一般不宜架空安装。地下式泵房埋深较大时，为了与室外管道连接，有时不得不架空安装。管道架空安装时，应作好支架或支柱，但不能阻碍通行，更不允许影响机组的安装和检修及运行管理；不允许管道架设于电气设备的上方，以免管道漏水或凝露时，影响下面电气设备的安全运行。

吸水、压水管道引出泵房后，必须埋设在冰冻层以下，并应有必要的防腐防震措施。如管道位于泵站施工回填土的范围内，则管道底部应作好基础处理，以免回填土发生过大的沉陷，造成管道断裂。

第七节 给水泵站的主要辅助设施

泵站中的辅助设施为主机组的正常、安全运行及安装、检修提供可靠的保证。在给水泵站中辅助设施主要有：计量、充水、排水、起重、采暖通风等。

一、计量设备

为掌握泵站的运行状况、合理调度水泵的工作及对泵站的运行进行经济核算，泵站必须设置计量设备。泵站中常用的计量设备有：电磁流量计、超声波流量计、涡轮流量计及涡街流量计等。

1. 电磁流量计

电磁流量计是利用法拉第电磁感应定律制成的流量计，如图 5-35 所示。导电液体在内径为 D 的管道中以平均流速 v 切割磁力线时，便产生感应电动势。感应电动势的大小与磁力线密度和导体运动速度成正比。即

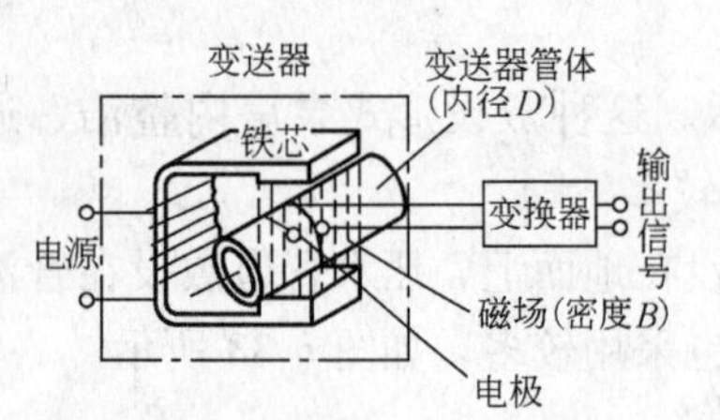

图 5-35　电磁流量及原理图

$$E=BDv\times10^{-8} \tag{5-27}$$

而流量为

$$Q=\frac{\pi}{4}D^2v \tag{5-28}$$

因而

$$Q=\frac{\pi D}{4B}E \tag{5-29}$$

式中　E——感应电动势（V）；

B——磁力线密度（gs）；

Q——管道内通过的流量（cm^3/s）；

D——管道直径（cm）；

v——管道内液体的平均流速（cm/s）。

当磁力线密度一定时，流量与感应电动势成正比，测出了电动势，即可得出流量。

电磁流量计由变送器和放大器组成，变送器安装在管道上，电动势 E（即流量信号）通过放大器，转换为 0～10mA 直流电信号输出，显示、记录出瞬时流量 Q。

电磁流量计的特点是：①测试过程中不受液体温度、黏度、密度、压力变化的影响。②变送器结构简单，无运动部件，不产生水头损失，无滞后现象，反应灵敏，可以测脉动流量。输出信号与流量成线性关系，测量流量范围大。③输出信号为 0～10mA 直流，与其他电动仪表配套，对流量进行记录、计算、调节、控制等。④测量精度高，误差约为±1.5%。⑤重量轻，体积小，占地少。⑥价格较高，怕潮湿，怕水浸。

电磁流量计具有很宽的测量范围和量程比，适用于量测较高的流速，所以一般情况下即使流量很大，也不必选用比管道口径大的变送器。在流速较小的情况下，可以选择比管道直径小的变送器，以提高变送器内的平均流速（一般满量程流量时的流速以 2～4m/s 为宜），即可得到较高的量测精度，又可节省仪表购置费用。所选流量计的量程应大于最大的工作流量，在满量程附近误差值相对比较小，因此，正常的工作流量最好选择在仪表满量程的 50%以上。

电磁流量计应尽量避免环境温度过高、阳光直射以及潮湿的场合。尽量避开有电磁场的设备，如大电动机、大变压器等。为了保证测量精度，要求流速分布必须满足轴对称，从变送器连接部算起，在上游侧有大于 5 倍管径的直管段，下游侧直管段为管径的 3 倍以

上。调节流量的闸阀应安装在变送器下游，如果必须安装在上游的话，则上游侧直管段长度应大于10倍管径。

对于地下埋设的管道，电磁流量计的变送器应安装在钢筋混凝土水表井内。井内有泄水管，井上有盖，防止雨水的浸淹。电磁流量计的电源线和信号线，应分别穿在金属套管内敷设，以免损坏电线，同时可以减少干扰，提高仪表的可靠性和稳定性。在流量计的下游侧安装伸缩接头，以便于仪表的拆装。

2. 超声波流量计

超声波流量计是利用超声波在液体中传播速度随着流体的流速变化这一原理设计的。一般称为速度差法，目前世界各国所用的超声波流量计大部分属于这种类型。在速度差法中，根据接收和计算方法的不同，又有时差法、频差法和时频法等多种类型的超声波流量计。近年来又出现了根据多普勒效应而研制的超声波多普勒流量计。

超声波多普勒流量计的基本原理是发射电路激励发射晶片向逆流方向发射超声波。在流体中，超声波遇到悬浮粒子或气泡后被散射，产生多普勒频移。其中一部分超声波回到接收换能器，在接收换能器上与发射信号直达波拍频，拍频信号经放大、检波和低通滤波后，得到多普勒信号，经过零检测电路和定宽电路，把多普勒信号变成幅度和宽度一定的脉冲，以便进行数模转换，输出直流信号，根据仪表系数可以计算出瞬时流量。同时定宽电路的输出脉冲经仪表系数选择电路，把输入的脉冲变成以“m^3”或“L”为单位的输出脉冲，变换后的脉冲用6位计数器计数，显示累计流量。

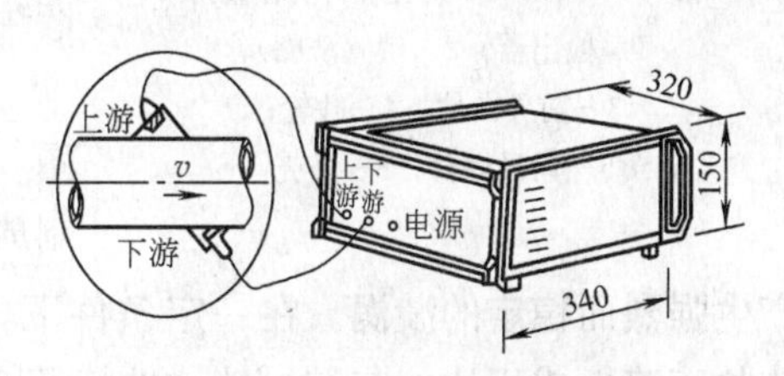

图5-36　超声波流量及安装示意图（单位：mm）

图5-36为超声波流量计的示意图。由图可以看出，它是将一对换能器置于管壁内或管壁外，由换能器发射的超声波，穿过管壁和被测液体，被另一侧的换能器接收。被测液体处于静止时，收到的超声波信号没有差别，液体流动时，顺流和逆流发射的超声波速度发生变化，接收到的信号包含了与被测液体流速有关的差别。采用不同的方法，检测出这种差别，从而测出沿超声波传播路径上的被测流体的线平均流速，可由二次仪表指示瞬时流量和累计流量。

超声波流量计的主要特点是：可以进行非接触测量，不破坏流场，无水头损失；尺寸小，重量轻，安装维修比较方便；测量精度一般在±2%范围内。

安装换能器时，应将换能器置于通过轴心的对面管壁上，若将换能器镶在管壁内，其测量精度可达0.2%～0.5%。若将换能器装在管壁外，使用方便，但精度有所降低。为了保证测试精度，仪表前直管段应大于10倍管径，下游的直管段不小于5倍的管径。目前国产的超声波流量计已可测管径100～3000mm之间的任何管道，信号传送一般为30～50m以内。

3. 涡轮流量计

涡轮流量计它主要由传感器和显示仪表两部分组成，被测液体流经传感器时，传感器内叶轮借助于液体的动能而旋转。此时，叶轮叶片旋转装置中的磁路磁阻发生周期性变化，因而在检出线圈两端就感应出与流量成正比的电脉冲信号，经前置放大器放大后送至显示仪表。试验证明，传感器发出的电脉冲流量信号的频率与液体流过的体积流量成正

比。其关系为

$$Q=\frac{f}{k} \tag{5-30}$$

式中 f——流量信号的频率（次/s）；

k——传感器的仪表常数（次/m^3）；

Q——流量（m^3/s）。

一般保证仪表精度的流速范围为 0.5～2.5m/s。目前，用于管径 100～1000mm 的管道涡轮流量计，仪表的精度为±2.5%。LWCQ 型涡轮流量计的测量范围为 0.3～3.0m/s。

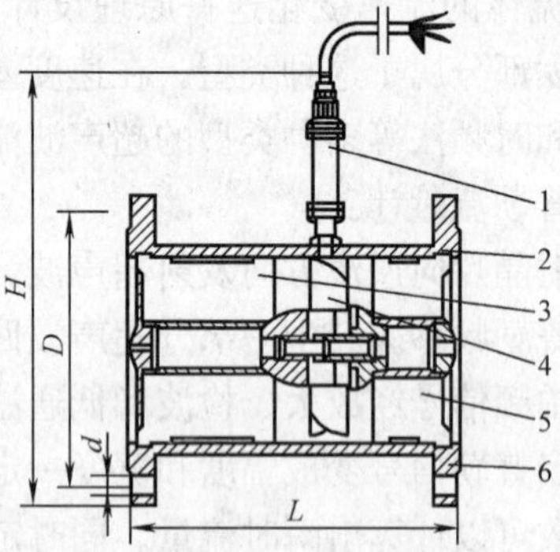

目前国产的涡轮流量计有 LWC 型、LWCB 型、LWCQ 型和 LWGY 型。图 5-37 为 LWGY 型涡轮流量计。LWC 型必须在管道断流的情况下才能安装和拆卸。所以它只适用于可以随时停水的管道，否则应安装旁通管。而 LWCB 型、LWCQ 型和 LWGY 型可在管道不断流的情况下安装和拆卸。

图 5-37 LWGY 型涡轮流量计

1—检出器；2—销（涨圈）；3—前导向件；4—叶轮；5—后导向件；6—外壳

4. 涡街流量计

涡街流量计是利用管内水流因遇障碍物（挡体）产生振荡运动的规律制成的。

涡街流量计的主要部件为传感器、放大器等，如图 5-38 所示。传感器中产生漩涡的挡体是用不锈钢制成的多棱柱复合挡体结构，这种复合挡体结构可以产生强烈而稳定的漩涡。在一定条件下，液体流经漩涡挡体时产生的漩涡频率数 f 与液体的流速 v 成正比，与漩涡挡体的特征宽度 d 成反比。

$$f=S_t\frac{v}{d} \tag{5-31}$$

式中 S_t——斯特卢哈尔数，它是雷诺数的函数。

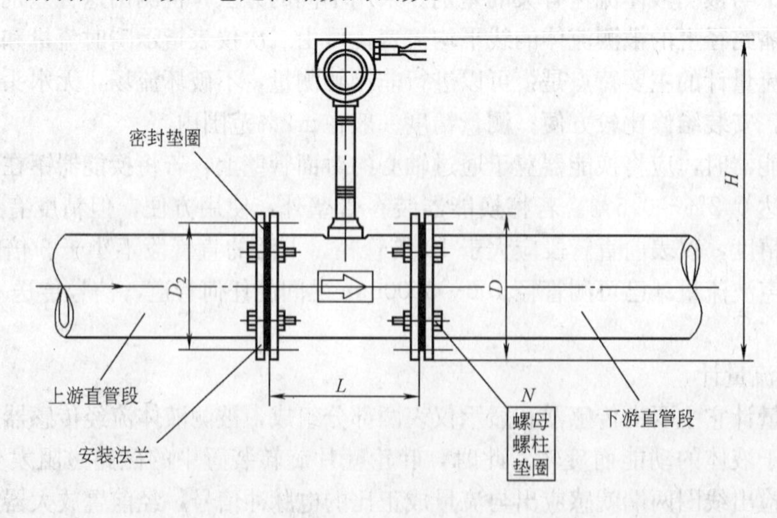

图 5-38 涡街流量计

根据液体连续性原理

$$Q=v\cdot A$$

则

$$f=S_{t}\frac{Q}{Ad}$$

令

$$K=\frac{S_{t}}{Ad}$$

则得

$$f=KQ \tag{5-32}$$

式中 Q——管道中通过的流量（m^3/s）；

A——管道的断面面积（m^2）；

K——流量计的仪表常数。

上式表明，管道中通过的流量与漩涡频率成正比。

涡街流量计没有运动部件，结构简单，安装方便；测量范围大，最大流量与最小流量之比在50以上；测量精度高，在全量程范围内，精确度可达±1%；信号便于累计，便于远传。目前测量的管径范围为50～1400mm，型号以漩涡流量传感器的型号命名。常用的型号是LUCB、LUGB型。

二、充水设备

根据水泵的安装高程与吸水井（池）中水位的关系，水泵的工作有自灌式和吸入式两种形式。自灌式是指泵壳最高处低于吸水井（池）中的最低水位。要求启动快的大型水泵，自动化程度高，供水可靠性高，宜采用自灌式。当水泵为吸入式（水泵安装高程高于吸水井最低水位）时，水泵启动前必须充水。充水方式根据吸水管道进口是否有底阀而不同。

1. 吸水管道进口有底阀

（1）人工充水。此法是将水从泵顶部的灌水孔灌入水泵，适用于临时性小型水泵供水的场合。

（2）用压水管道中的水倒灌充水。当压水管道中经常有水，且水压不大而又无止回阀时，直接打开压水管上的闸阀，将水灌入吸水管道和水泵内。如压水管道中的水压较大且在泵后装有止回阀时，需在闸阀后装设旁通管引水入泵壳顶的灌水孔。旁通管上应设闸阀，充水时开启，充满水后关闭。此法适用于吸水管道直径小于300mm的中小型水泵。

2. 吸水管道进口不装底阀

（1）真空泵充水。真空泵充水的优点是，水泵启动快、运行可靠、易于实现自动化。因此，该种充水方式在泵站中普遍采用。目前采用最多的是水环式真空泵，如图5-39所示为水环式真空泵的构造和工作原理图。

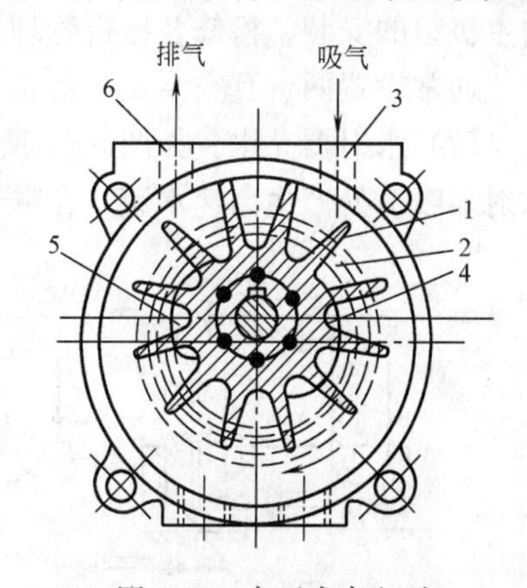

图5-39　水环式真空泵的构造与工作原理

1—叶轮；2—水环；3—吸气管；4—吸气口；5—排气口；6—排气管

水环式真空泵的构造特点是泵轴上安装了对于圆形泵壳偏心的星形叶轮。启动前真空泵内灌入一定量的水，当星形叶轮旋转时，由于离心力的作用将水甩至泵壳周围，形成和转轴同心的水环。水环上部的内表面与轮毂相切，水环下部的内表面与叶轮轮毂之间形成了小的气室，气室的容积在右半部随叶轮旋转递增，在左半部递减。当叶轮顺时针旋转时，在前半圈随着轮毂与水环间容积的增加而形成真空，因此空气通过抽气管及真空泵泵壳端盖上月牙形的进气口被吸入真空泵内；在后半圈，随着轮毂与水环间容积的减少空气被压缩，空气的压力升高，空气从泵壳端盖上另一个月牙形排气口排出。叶轮不断地旋转，真空泵就不断地吸气和排气。

选择真空泵的依据是真空泵的抽气量和最大真空值。抽气量与形成真空所要求的时间和所抽空气的体积有关，可按下式计算：

$$Q_V = K\frac{V_P + V_S}{T} \tag{5-33}$$

式中 Q_V——真空泵抽气量（m^3/min）；

V_P——泵站中最大一台水泵泵壳容积（m^3），相当于水泵吸水口面积乘以水泵吸水口至压水管闸阀间的距离；

V_S——从吸水井（池）最低水位至水泵吸水口之间吸水管道中空气体积（m^3）；

T——水泵充水的时间（min），一般应小于5min，消防泵不得超过3min；

K——漏气系数，一般取1.05～1.10。

最大真空值 H_{Vmax} 可由吸水井（池）最低水位到泵最高点之间的垂直距离计算，并将其折合成毫米汞柱高或压强（kPa）。

根据 Q_V 和 H_{Vmax}，查真空泵产品样本便可选择真空泵。

泵站内真空泵及管道的布置，如图5-40所示。真空泵布置以不增加泵房的建筑面积为原则，为减少泵房的建筑面积必要时也可将其安装在托架上。气水分离器的作用是防止水泵中的水和杂质进入真空泵内，影响真空泵的正常工作。对于输送清水的送水泵站，也可不用气水分离器。水环式真空泵运行，应有少量的水不断地循环，以保持泵内形成水环和能够及时带走由于叶轮旋转而产生的热量，为此，应设置循环水箱。

连接真空泵与水泵的管道，根据水泵的大小，一般为25～50mm。管道的布置以不影响主机组的安装、检修及运行管理为原则。

通常设置两台真空泵，一台正常运行一台备用。

（2）水射器充水。如图5-41所示为水射器充水装置。水射器充水是利用压力水通过水射器喷嘴处产生高速水流，在喉管进口处形成真空，将水泵及吸水管道内的空气抽走。

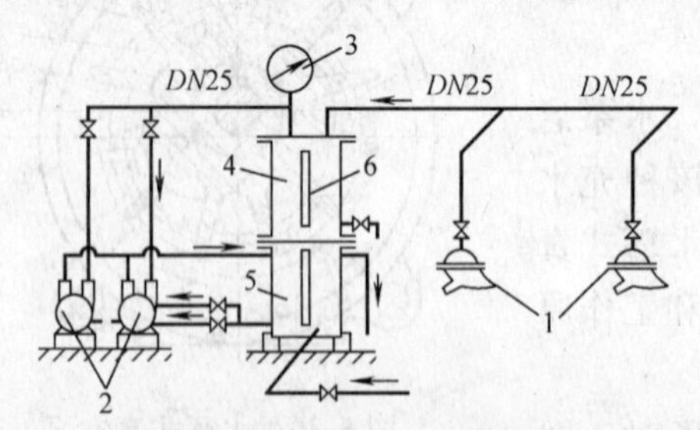

图5-40 真空泵及管道布置

1—水泵；2—真空泵；3—真空表；4—气水分离器；5—循环水箱；6—玻璃水位计

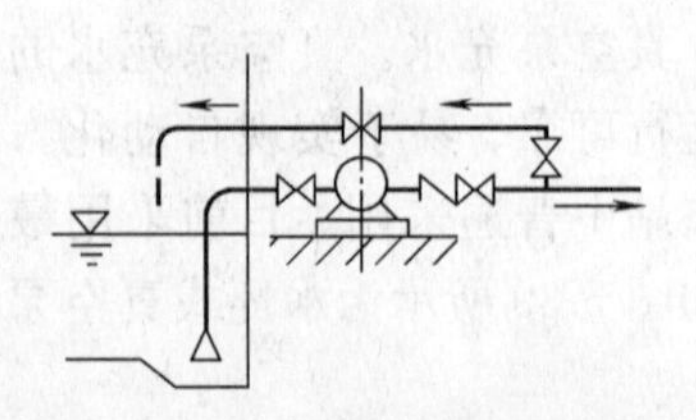

图5-41 水射器充水

使用水射器需要供给压力水作为动力。采用水射器充水，水射器应连接于水泵的最高点，在启动水射器前，关闭水泵压水管道上的闸阀，当水射器开始带出水时，就可启动水泵。水射器具有结构简单、占地少、安装容易、工作可靠、维护方便等优点；缺点是效率低，需供给大量的高压水，因此，这种充水方式使用于压水管道经常有水的场合。

三、排水设备

水泵水封用的废水、轴承冷却水、管阀漏水、检修时存于泵及管道中的水及渗入泵房内的水等，需要排水设备排除，以保持泵房内环境整洁和运行的安全。

泵房地面应有向进水侧倾斜的坡度（约2%左右），并设排水干、支沟。排水干沟一般沿泵房进水侧墙或出水侧墙布置，支沟一般沿机组基础布置。积水沿支沟汇集于干沟中，然后穿出泵房墙壁自流入下水道。而对于地下式、半地下式泵房没有自流条件，泵房内可专设排水泵进行抽排，这时积水通过排水支沟和干沟流入集水坑中，集水坑位于泵房较低处。排水干支沟的断面尺寸一般为深50mm、宽100mm、纵坡1%。集水坑的平面尺寸一般为400mm×400mm，深600mm，或根据所选排水泵的具体情况确定相应尺寸。

四、起重设备

为了便于水泵、电动机及其他设备的安装和检修，泵房内应设起重设备。常用的起重设备有三角架装手动葫芦、单轨悬挂吊车、桥式起重机等三种，应根据最重吊运设备或部件和吊具的总重量按表5-6的规定选取相应的起重设备。

起重设备的选定 **表5-6**

起重量(t)	可采用起重设备的形式
<0.5	三脚架装手动葫芦或固定吊钩
0.5～3.0	手动或电动单梁悬挂吊车
>3.0	电动双梁起重机

选择起重设备的主要参数是起重量、起重高度和吊车跨度。

对于起吊高度大、吊运距离长或起吊次数多的泵房，可适当提高起重设备的机械化水平。

图5-42为手动单轨悬挂吊车，它由手动单轨小车和起重葫芦组成。小车可沿固定于屋顶大梁或屋架下弦上的单轨行驶，单轨用工字钢做成，轨道宜布置在正对机组轴线的位置上。单轨悬挂吊车结构简单、价格低，但作业面较窄。

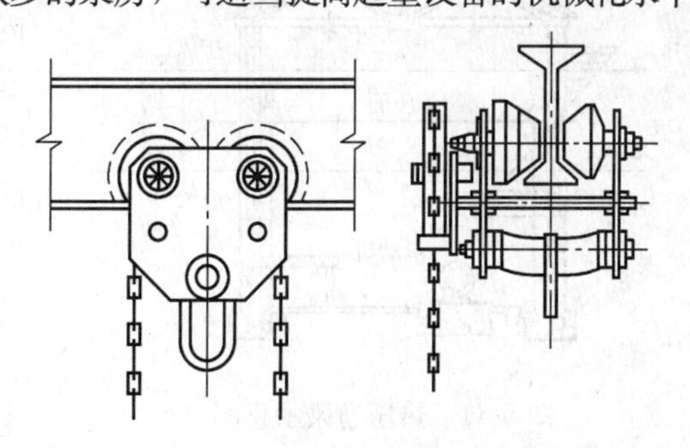

图5-42 手动单轨悬挂吊车

桥式起重机轨道一般安装在钢筋混凝土排架柱牛腿上的吊车梁上，如图5-43所示。桥式起重机由大车和小车组成，大车在吊车梁的轨道上沿泵房长度方向行驶，小车在大车的轨道上沿泵房跨度方向行驶。可以起吊在吊钩极限范围内的设备，作业面宽，使用灵活。

五、采暖通风设施

泵房中的电动机等电气设备，在运行中散发出大量的热量，再加上太阳的辐射，尤其是在夏季，往往造成泵房内温度很高，不仅影响工作人员的身体健康，同时也将加速电动机及

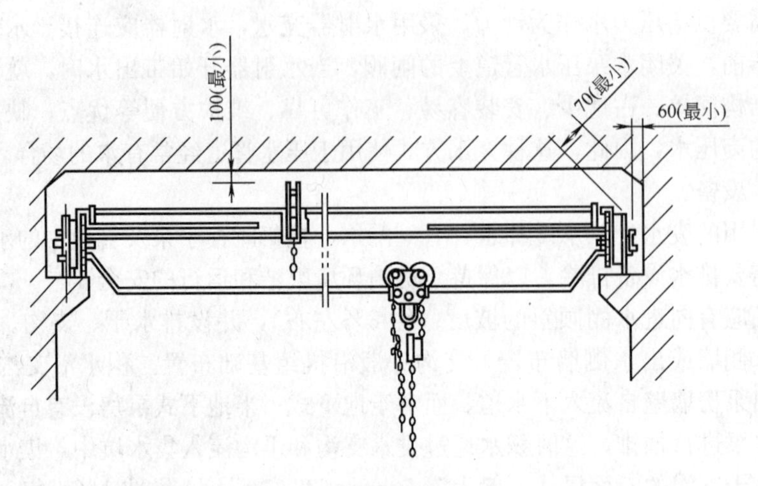

图 5-43　手动单梁桥式起重机外形（单位：mm）

其他电气设备的绝缘老化，效率降低。实测资料表明，当电动机周围的温度达到 50℃时，则输出功率降低 25%。因此，地下式或半地下式泵房必须充分重视泵房的通风问题。

泵房通风降温的方法有两种：一种是依靠泵房内外温差形成风的作用，使泵房内外的空气进行交换，达到降温的目的，这种方法称为自然通风。另一种是依靠风机所造成的压力差，强迫空气进入或排出泵房，这种方法称为机械通风。

1. 自然通风

自然通风空气对流的压差可能在两种情况下形成：一是内外冷热两部分空气自身重力作用的结果使空气对流，称为热压通风；另一种是外界风力作用的结果使空气对流，称为风压通风。风压通风随季节、时间而变，无风时就没有风压。因此，在计算通风时，只按热压通风计算。

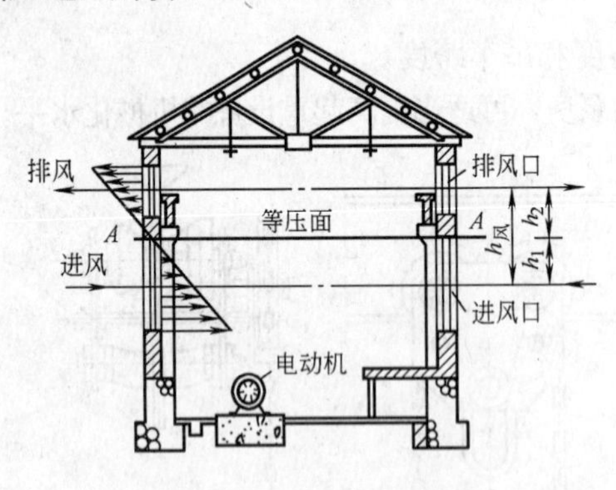

图 5-44　热压通风示意图

热压通风的工作原理如图 5-44 所示。当泵房内空气温度高于泵房外空气温度时，室内空气比室外空气重度小，因此，在泵房下部，室外空气柱所形成的压力比室内空气柱所形成的压力大。由于存在着这种因温度差而形成的压力差，室外的空气就会从泵房下部窗口进入泵房内，同时迫使室内温度较高的空气经上部窗口排出。

（1）泵房内散热量。泵房内产生的热量主要是电动机和电气设备，其中电动机散发的热量为最大，其值 $Q_{机}$ 为

$$Q_{机}=860\frac{1-\eta}{\eta}NZ\ (\mathrm{kJ/h}) \tag{5-34}$$

式中　860——1kW 功率相应的热当量（kJ/kWh）；

η——电动机效率（%）；

N——电动机功率（kW）；

Z——电动机台数。

另外泵房屋面及墙壁进入室内的太阳辐射热量，一般以 $Q_{机}$ 的10%计算。因此，泵房内的总热量为

$$Q=1.1Q_{机} \tag{5-35}$$

（2）泵房内降温所需空气量。电动机及太阳辐射所散发的热量必须排出，并从泵房外引入温度较低的空气，所需通风量为

$$G=\frac{Q}{c(t_{内}-t_{外})} \tag{5-36}$$

式中　G——通风量（kg/h）；

c——空气比热，一般采用 $c=0.24$kJ/(kg·℃)；

$t_{内}-t_{外}$——泵房内外温差，一般为3～5℃。

设室内外压力差等于零的中和面 $A—A$，如图5-44所示。该面上压力为 p_0，h_1 和 h_2 分别为进、排风窗口中心至中和面的距离，则 $h_{风}$ 为

$$h_{风}=h_1+h_2 \tag{5-37}$$

在进风窗口1处的压强差为

$$\Delta p_1=(p_0+h_1\gamma_{外})-(p_0+h_1\gamma_{内})=h_1(\gamma_{外}-\gamma_{内})\ (\mathrm{kP_a}) \tag{5-38}$$

在排风窗口2处的压强差为

$$\Delta p_2=(p_0+h_2\gamma_{内})-(p_0+h_2\gamma_{外})=h_2(\gamma_{外}-\gamma_{内})\ (\mathrm{kP_a}) \tag{5-39}$$

由流体空气动力学原理可求出进、排风窗口的风速 v_1 和 v_2 分别为：

$$v_1=\sqrt{\frac{2gh_1(\gamma_{外}-\gamma_{内})}{\gamma_{外}}}\ (\mathrm{m/s}) \tag{5-40}$$

$$v_2=\sqrt{\frac{2gh_2(\gamma_{外}-\gamma_{内})}{\gamma_{内}}}\ (\mathrm{m/s}) \tag{5-41}$$

再由假定单位时间内进入泵房内的空气量等于在同一时间内从泵房排出的空气量，可求出 h_1 和 h_2 值为：

$$h_1=\frac{F_1^2}{F_1^2+F_2^2} \tag{5-42}$$

$$h_2=\frac{F_2^2}{F_1^2+F_2^2} \tag{5-43}$$

式中　F_1、F_2——进、排风窗面积（m²）。

求出 h_1、h_2 后，即可根据空气动力学公式，计算出进风窗和排风窗的进、出空气量：

$$G_1=\mu_1F_1\sqrt{2gh_1(\gamma_{外}-\gamma_{内})\gamma_{外}}\ (\mathrm{kg/s}) \tag{5-44}$$

$$G_2=\mu_2F_2\sqrt{2gh_2(\gamma_{外}-\gamma_{内})\gamma_{内}}\ (\mathrm{kg/s}) \tag{5-45}$$

式中　μ_1——进风窗流量系数；

μ_2——排风窗流量系数；

$\gamma_{内}$——室外空气重度（kN/m³）；

$\gamma_{外}$——室内空气重度（kN/m³）。

当计算出的进、排风量 G_1、G_2 与前面泵房内所需冷却空气量 G 换算成同一单位后，如大于、等于所需冷却空气量，说明自然通风可满足泵房通风降温的要求，否则应考虑加

大窗户面积。

在北方地区，地面式泵房一般采用自然通风，当通风窗口面积达到泵房地面面积的20%～30%时，即可满足通风要求。如受泵房结构等原因不能加大窗口面积时，应采用机械通风。

2. 机械通风

机械通风分机械抽风与机械排风两种。前者是将风机放在泵房上层窗口顶上，通过接到电动机排风口的风道将热风抽出室外，冷空气自然补充；后者是在泵房内电动机附近安装风机，将电动机散发的热量，通过风道排出室外，冷空气也就自然补进。

对于埋深较大的地下式泵房，当机组容量较大，散热量较多时，只采用排出热空气、自然补充冷空气的方法，有时也不能满足要求，这时可采用进、出两套机械通风系统。

泵房机械通风设计主要是布置风道系统和选择风机。

选择风机的依据是通风量和风压。

通风量可由式（5-36）进行计算。

风压包括沿程损失和局部损失两部分。

（1）沿程损失

$$h_f = li \text{（mmH}_2\text{O）} \tag{5-46}$$

式中 l——风管的长度（m）；

i——每米风道的沿程损失，根据管道内通过的风量和风速，由《通风设计手册》查得。

（2）局部损失

$$h_j = \sum\xi \frac{v^2 \gamma_{外}}{2g} \text{（mmH}_2\text{O）} \tag{5-47}$$

式中 ξ——为局部阻力系数，可查《通风设计手册》；

v——风管中的风速（m/s）。

风管中的全部阻力损失为

$$h = h_f + h_j \tag{5-48}$$

通风机根据所产生风压的大小，分为低压风机（全风压在100mmH$_2$O以下），中压风机（全风压在100～300mmH$_2$O之间），和高压风机（全风压在300mmH$_2$O以上）。

风机按工作原理和构造特点可分为离心式和轴流式风机两种，泵房通风一般采用轴流式风机。轴流式风机应装在圆筒形外壳内，并且叶片的末端与机壳内表面之间的空隙不得大于叶片长度的1.5%。如果吸气侧没有风管，则在圆筒形外壳的进风口处安装边缘平滑的喇叭口。

3. 采暖设备

在寒冷地区，泵房应考虑采暖设备。泵房内采暖的温度：对于自动化泵站，水泵间为5℃，非自动化泵站水泵间为16℃，辅助间温度在18℃以上。在计算大型泵房采暖时，应考虑电动机所散发的热量，但也应考虑冬季天冷停机时可能出现的低温。大中型泵站可采用集中采暖的方式。

第八节　泵站停泵水锤及防护

由于压力管道中流速的急剧变化，引起管道中水流压力急剧升高或降低的水力冲击现象称为水锤现象或水击现象。

泵站水锤有启动水锤、关阀水锤和停泵水锤。只要按照正常的操作程序启动水泵，不至于引起造成危害的启动水锤，只是在空管情况下、当管中空气不能及时排出而被压缩时才会加剧水流压力的变化。关阀水锤在正常操作时也不会引起过大的水锤压力。而由于突然停电或误操作造成的事故停泵所产生的泵站水锤往往数值较大，一般可达正常压力的1.5～4倍或更大，破坏性强，常造成意外事故。因此，对泵站水锤必须认真分析，并进行计算，以便采取必要的防护措施。

一、停泵水锤分析

1. 管道上无止回阀的停泵水锤

管道上无止回阀的停泵水锤过程分三个阶段。

(1) 水泵工况。当动力突然中断后，由于机组和水流的惯性作用，机组仍然保持正转，水流仍然按正常流动方向流动。但正转转速逐渐减小，流速和流量也逐渐减小，压力降低。一般情况下，机组惯性较大时，当水流受管壁的摩阻和重力的作用停止流动时，机组仍然减速正转。这一阶段，从动力突然中断起到管内水流完全停止正向流动（即 $Q=0$）为止，如图5-45所示。

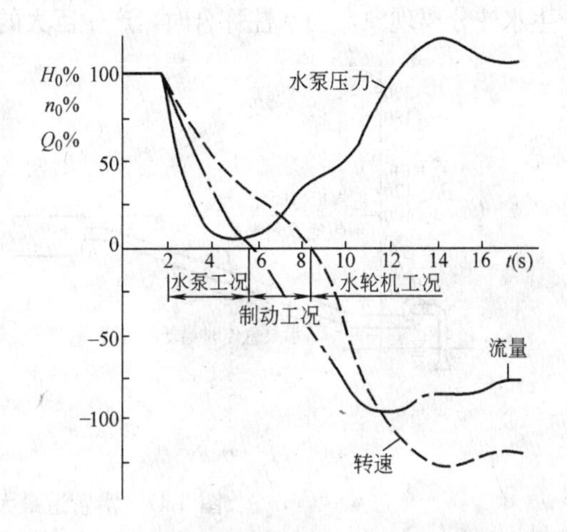

图5-45　无止回阀时水泵出口处水力过渡过程线

(2) 制动工况。瞬态静止的水，在重力和静水头的作用下，开始倒流。倒流水对正转的转子起制动作用，使机组转速继续降低。当正转转子的能量耗尽时，水泵停止正转。由于倒流水受到正转叶轮的阻力，水泵和管道中水压力开始回升，这一阶段从水开始倒流（即 $Q=0$）起，到水泵停止正转（即转速 $n=0$）止。

(3) 水轮机工况。在倒流水的作用下，水泵开始反转，并逐渐加快，泵中水压也不断升高。倒流流量很快达最大值，反转转速也因而上升。随着叶轮转速的升高，势必挟带水一起旋转，阻止水流下泄。反而使倒流流量有所降低，使管道中压力增至最大值，相应地转速也达到最大值。随后，由于倒流流量继续减少，因而反转转速略有降低，最后机组在稳定的转速和流量下运行。由于这时的机组受到倒流水的作用，在无任何负载的情况下空转，所以这一稳定的转速叫飞逸转速。

图5-45所示为无止回阀时水泵出口处在突然停泵后的压力、流量、转速变化过程线。从该图中可以看出，水泵出口处升压水锤值可达正常压力的10%～50%，降压水锤值可达正常压力的90%左右。

2. 管道上装有止回阀时的停泵水锤

当水泵出口处装有止回阀时，其水锤过程的第一阶段与无止回阀的情况相同。即水泵正转水正流，压力降低，最大降压值为正常压力的90%左右。在第二阶段，止回阀关闭，引起压力突然升高，最大增压值为正常压力的90%左右。机组转子因无倒流水的作用，

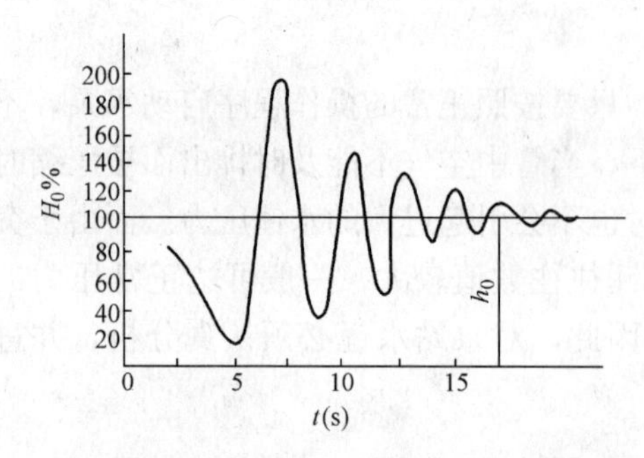

图 5-46　止回阀出水侧水锤压力过程线

其正转转速缓慢下降。压力达到最大值后，急速下降，随后又上升、下降，以静水头100%处为基线，上下交替变化。因管道的摩擦阻力，水锤波的峰值逐渐降低，最后稳定在静水头线上，如图 5-46 所示。

3. 水锤压力沿管道的分布线

图 5-47 所示为有止回阀与无止回阀时管道沿程最大、最小压力分布线。从该图中可以看出，靠近水泵出口处压力降较大，而在出水池附近压力降较小。若管道中某点（如 C 点）形成的负压低于工作温度下的饱和蒸汽压力，水将发生汽化，产生水柱分离现象，当水柱弥合时，产生巨大的局部压力，使压水管道遭到破坏。

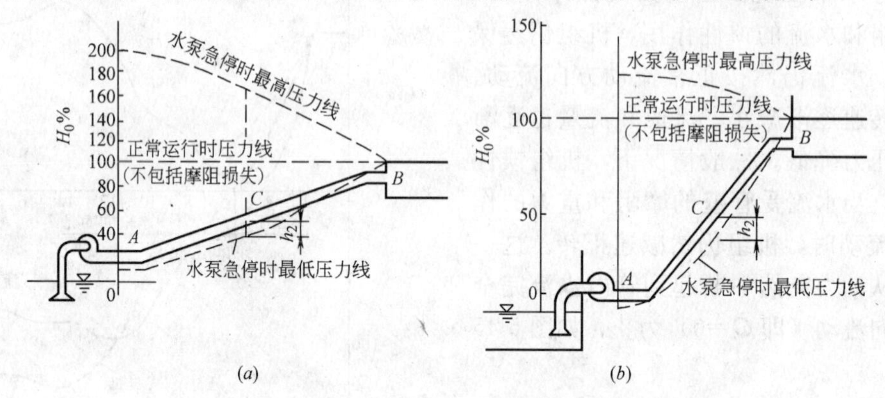

图 5-47　沿管道最大、最小压力线分布

(*a*) 有止回阀；(*b*) 无止回阀

二、停泵水锤的危害

当泵站发生停泵水锤事故时，将造成“跑水”，停水，严重的还造成泵房被淹；有的还造成工厂被迫停产，冲坏铁路，还有的设备被水锤压力破坏，甚至造成人员伤亡事故。如某电厂泵站从水库取水输送至电厂，管线全长 13200m，管线沿地形起伏铺设，呈逐渐上升的趋势。采用工作压力为 1.0MPa 和 0.8MPa 的预应力钢筋混凝土管道，管道投入运行后曾先后多次发生水锤爆管事故，电厂被迫停止发电，造成极大的经济损失。

停泵水锤事故容易在下列条件下发生。

(1) 单管向高处供水，当供水地形高差超过 20m 时，就要注意停泵水锤可能带来危害；

(2) 水泵的总扬程（或工作压力）大；

(3) 输水管道内流速过大；

(4) 输水管道很长，且管线起伏变化；

(5) 自动化泵站中的阀门关闭太快。

三、停泵水锤计算

停泵水锤计算的方法较多，但目前常用的方法是简易计算法。

简易计算法是美国工程师帕马金提出的一组图解曲线，如图 5-48 所示。其图解方法是先求出参数 2ρ 和横坐标 $K\dfrac{2L}{a}$ 值后，即可在曲线上查出所需的数据。其中

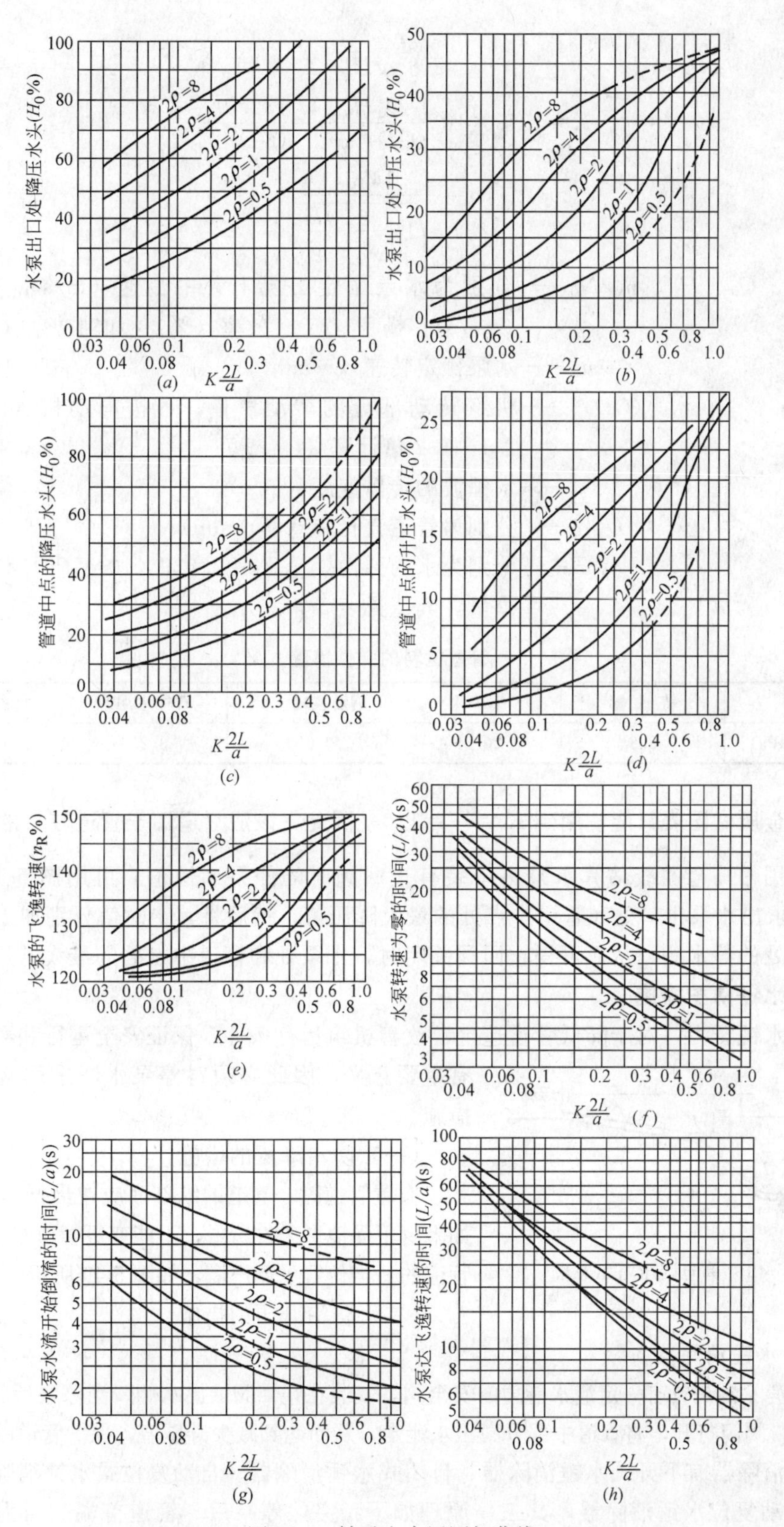

图 5-48 帕马金水锤图解曲线

$$2\rho=\frac{av_0}{gH_0} \tag{5-49}$$

$$K=1.79\times10^3\frac{Q_0H_0}{(GD)^2\eta n_0^2}=\frac{182.5N_0}{(GD)^2n_0^2} \tag{5-50}$$

$$a=\frac{1425}{\sqrt{1+\frac{\varepsilon}{E}\cdot\frac{D}{\delta}}} \tag{5-51}$$

式中 v_0、Q_0、H_0、η、N_0——分别为水泵额定工况下管中流速（m/s）；水泵流量（m^3/s）；扬程（m）；效率（%）；和轴功率（kW）；

n_0——水泵额定转速（r/min）；

$(GD)^2$——机组转动部分的转动惯量，可按电动机 $(GD)^2$ 值的 1.1～1.2 倍计算（$t\cdot m^2$）；

a——水锤波的传播速度（m/s）；

D、δ——分别为管道直径和壁厚（mm）；

ε、E——分别为水的弹性模量（$\varepsilon=2.029\times10^3$MPa）和管材弹性模量，其值见表 5-7。

管壁材料的弹性模量 **表 5-7**

管 材	铸铁管	钢 管	钢筋混凝土管	石棉水泥管	橡胶管
$E(\times10^3$MPa)	8.8	20.59	2.059	3.236	0.00689

帕马金所做图表只能使用到 $K=\frac{2L}{a}=1.0$，因此，该法只适用于管道较短的情况。

如果用帕马金曲线估算水泵出口装有止回阀时的停泵水锤值，可用图 5-48（a）和（c）分别求出水泵出口处和管道中点处的最大降压值，然后将其绝对值分别加上水泵处和管道中点处的静水头，从而可得止回阀关闭时，水泵处和管道中点处的最大升压值。

四、水锤防护措施

减少水锤压力，对于降低管道造价、改善机组运行条件、保证安全运行和可靠供水具有重要意义，因此必须对停泵水锤采取必要的防护措施。

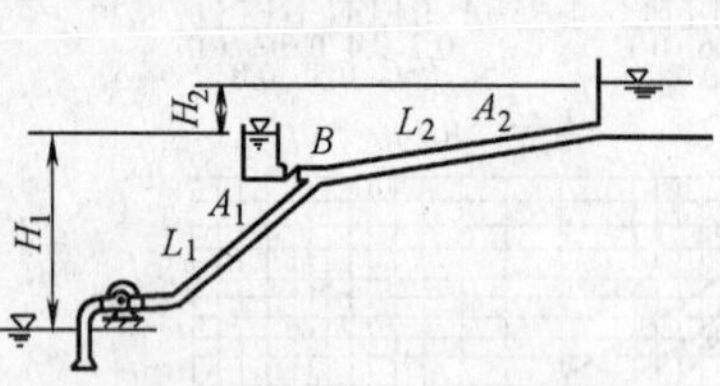

图 5-49 单向调压塔示意图

（一）防治降压的措施

布置管道时，管道的纵剖面应在最低压力线以下，如果由于受地形条件所限，不能变更管道布置时，可在管道的适当位置设调压塔，如图 5-49 所示。

（二）防治升压的措施

1. 装水锤消除器

水锤消除器是具有一定泄水能力的安全阀，安装在止回阀的出水侧。当停泵后管道中水压力降低时，阀门打开，将管道中部分高压水泄走，从而达到减少升压值，保护管道的目的。

水锤消除器有下开式水锤消除器、自闭式水锤消除器、自动复位式水锤消除器等。图 5-50 为自动复位水锤消除器，其工作原理如下：突然停泵后，管道首端的压力下降，水锤消除器缸体 2 外部的水经阀门 9 流到管 8，缸体中的水经阀 3 流到管 8，此时在重锤 5

作用下，活塞1下落到虚线所示位置，当最大水锤压力到来时，高压水即经排水管4排出。一部分水经止回阀瓣上的小孔回流到缸体内，直到活塞下的水量慢慢增多，压力增大，使活塞上升，重锤复位，排水管管口封闭。缓冲器6使重锤平稳复位。

选择消除器时，其进口直径 d 可由下式估算

$$d=\frac{1.13D\sqrt{v_0-0.005H_1}}{\sqrt[4]{H_1}} \tag{5-52}$$

式中 D——主管道直径（mm）；

H_1——管道允许的水压值，可采用管道试验压力值（m）；

v_0——管道正常流速（m/s）。

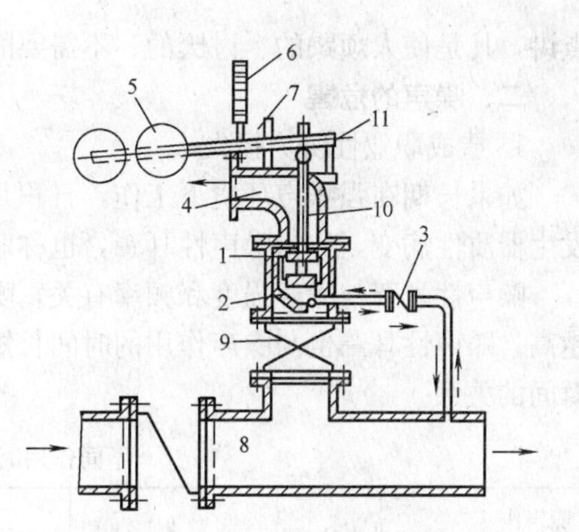

图 5-50　自动复位下开式水锤消除器

1—活塞；2—缸体；3—阀瓣上钻有小孔的止回阀；4—排水管；5—重锤；6—缓冲器；7—保持杆；8—管道；9—闸阀（常开）；10—活塞联杆；11—支点

初选时，可采用 $d=0.25D$。

2. 安装缓闭阀

缓闭阀是当事故停泵时，通过相应的传动机构让止回阀阀板或其他类型的阀板按预定的程序和时间自动关闭。这样，既减弱了正压水锤，又可限制倒泄流量和水泵的倒转转速，是一种较好的水锤防护措施，有时还将其作为水泵主阀来用。缓闭阀主要有：微阻缓闭式止回阀、缓闭式蝶阀和缓闭式平板闸阀。图 5-26 为微阻缓闭式止回阀示意图。

3. 取消止回阀

取消水泵出口处的止回阀，水倒流时可以经过水泵泄回吸水井（池），这样不会产生很大的水锤压力。平时还能减少水头损失，降低电耗。但是，倒流水会冲击水泵倒转，有可能导致轴套退扣（当轴套为丝接时）。此外，还应采取其他措施，以解决取消止回阀后带来的新问题。

国内有关单位对取消止回阀降低停泵水锤压力，曾做过许多研究和试验。从已有的国内试验资料可知：取消止回阀后，最大停泵水锤升压仅为正常工作压力的 1.27 倍左右；水泵机组最大反转转速为正常转速的 1.24 倍；仅在个别试验中发生过轴套退扣和机轴窜动现象；没有发生机组或其他部件的损坏情况；电气设备也没有发生故障。取消止回阀后应立即关闭压水管道上的闸阀，否则大量水回泄，造成浪费。对于送水泵站若取消止回阀，配水管网由于大量泄水可能使管网内压力大大降低，在管网中有可能形成负压以致在管网漏水处将外部污染水吸入管道内，使管网受到污染。现在不少单位对突然断电后及时关闭压水管道上的闸阀问题进行研究，取得了良好的效果。

第九节　泵站噪声及防治

一、噪声的定义

从物理学观点讲，噪声是各种不同频率和声强的声音无规律的杂乱组合；从生理学观

点讲，凡是使人烦躁的、讨厌的、不需要的声音，统称为噪声。

二、噪声的危害

1. 造成职业性听力损失

如果长期在强噪声环境下工作，日积月累将形成永久性听力疲劳，会使内耳听觉器官发生器质性病变，称为噪声性耳聋，也称职业性听力损失。

噪声性耳聋与噪声强度和频率有关，噪声强度越大、频率越高，噪声性耳聋的发病率越高。噪声性耳聋也与噪声作用的时间长短有关，表 5-8 列出了听觉损失危险标准与作用时间的关系。

不同作用时间的允许噪声级 **表 5-8**

噪声作用时间	8h	4h	2h	1h	30min	15min	8min	4min	2min	1min	30s
允许噪声声级(dB)	90	93	96	99	102	105	108	111	114	117	120

2. 噪声引起多种疾病

噪声能引起多种疾病，是指在噪声的影响下，可以诱发一些疾病。噪声作用于人的中枢神经系统，使人的大脑皮层兴奋和抑制平衡失调，导致条件反射，使人脑血管张力遭到损害，产生头疼、脑胀、耳鸣、多梦、失眠、心慌和乏力等症状。

噪声还会对人的消化系统和心血管系统造成损害，导致胃病及胃溃疡的发病率增高；使人心跳加快、心律不齐、血管痉挛、血压升高以及冠心病和动脉硬化的发病率增高等。

3. 噪声影响正常生活

噪声影响人们的生活，它妨碍睡眠、干扰谈话、令人烦恼。因此，泵房应远离办公楼和居民区。

4. 噪声降低劳动生产率

在嘈杂的环境里，使人心情烦躁，工作容易疲乏，反应迟钝，工作效率降低，且影响工作质量。噪声还使人们的注意力分散，容易引起工伤事故。

三、泵站中的噪声源

工业噪声通常分为空气动力性、机械性和电磁性噪声三种。

空气动力性噪声是由于气体振动产生的，当气体中有了涡流或发生压力突变时，引起气体扰动，就产生了空气动力性噪声，如风机、空气压缩机等产生的噪声。

机械性噪声是由于固体振动而产生的。在撞击、摩擦、交变的机械应力作用下，发生振动，就产生了机械性噪声，如车床、闸阀、水泵轴承产生的噪声。

电磁性噪声是由于电动机的空隙中在交变力相互作用下而产生的。如电动机定、转子的吸力，电流和磁场的相互作用，磁滞伸缩引起的铁芯振动等。

泵站中的噪声源有：电动机噪声、泵产生的噪声、风机噪声、管道及闸阀噪声和变压器噪声等。其中以电动机转子高速旋转时，引起的与定子间空气振动而发出的高频声响为最大。

四、泵站内噪声的防治

防治噪声最根本的方法是从声源上治理，即将发声体改造成不发声体。但是，在许多情况下，由于技术或经济上的原因，直接从声源上治理噪声往往很困难。这就需要采取吸声、隔声、隔振、消声等噪声控制技术。

1. 吸声

吸声是用吸声材料，如玻璃棉、矿渣棉等装于房间内壁，或敷设于管道外壁上，将噪声吸收一部分，从而达到降低噪声的目的。

吸声材料是一种孔隙率高的材料，孔内充满空气，声波传播到多孔材料表面，一部分从多孔材料表面反射，另一部分进入多孔材料后引起细孔和狭缝中空气振动，声能由于小孔的摩擦和黏滞阻力而转化为热能被吸收。

吸声材料 4～5cm 厚时，可降低噪声 6～10dB。

2. 隔声

用厚实的材料和结构隔断噪声的传播途径，隔声材料一般为砖、钢板、钢筋混凝土等。如 3mm 厚的钢板隔声量为 32dB，一砖厚的墙隔声量为 50dB。

3. 隔振

振动是噪声的主要来源，噪声不仅通过空气向外传播，还通过固体结构向外传播，一般以涂刷阻尼材料，装弹簧减振器、橡胶、软木等，使振动减弱。

4. 消声

水泵、电动机、风机主要的消声措施有：

(1) 风机的消声措施。风机噪声从三个途径传播出来，即风机壳体辐射空气噪声，从风机基础振动辐射固体噪声，从进出风管内的流体辐射气流噪声。其消声的措施是：为消减气流传播噪声设置消声器；为消减空气辐射噪声设置隔声间；为消减基础振动辐射噪声设置隔振器。

(2) 泵的消声措施。泵主要以防振为主，如图 5-51 所示。这种防振措施，首先在基础上设防振胶或防振弹簧。减振设计与安装可参考有关设计手册和给水排水标准图集中《水泵隔振基础及其安装》部分。另外在吸压水管道上设置挠性接头。

(3) 电动机的消声措施。用隔声罩将电动机单独罩起来，也可以将电动机、风机或泵一起罩起来。但需注意的是电动机属于发热设备，应考虑罩内空气流通，以排除热量。如图 5-52 所示，为电动机隔声罩。

(4) 管道及附件的消声措施。在管道和附件中，有时发出很大的噪声，这些噪声为设备的振动噪声、流体噪声、流速过大在弯头和渐变管及管道中产生的涡流噪声，或闸阀等附件后部的涡流和冲击产生的噪声。防治措施有：

1) 在泵与风机的吸压管道上，设置挠性接头或消声器，以防止设备振动或噪声传到管道系统中。

2) 管道外壁进行隔声处理，这种隔声的做法同保温做法一样，不同的是吸声材料代替了保温材料，外壳使用能隔声的金属板，隔声金属板的隔声效果达 10～20dB。

3) 管道产生共振时，应改变管径或支架间距。

4) 流速过大会增加水头损失，而且成为弯头、渐变管等处产生涡流噪声和振动噪声的原因。所以降低管内流速是降低噪声的重要措施之一。

5) 管道转弯时弯曲半径不能太小，管道突然扩大或缩小时，其扩散角不得大于 8°。

6) 管道穿墙时，为了防止把管道振动传给墙体，应对穿墙处进行密封处理。

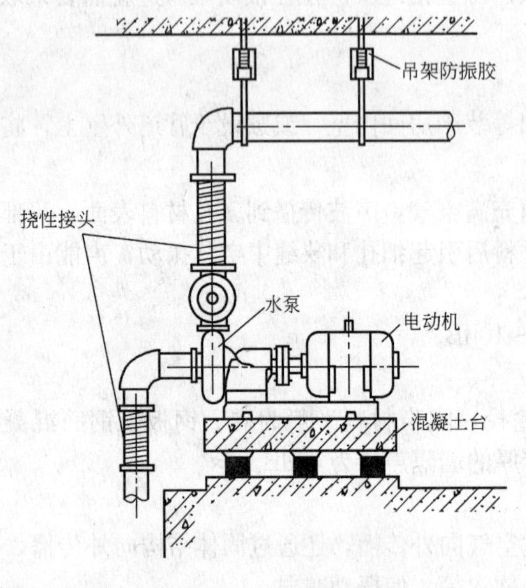

图 5-51　水泵防振措施

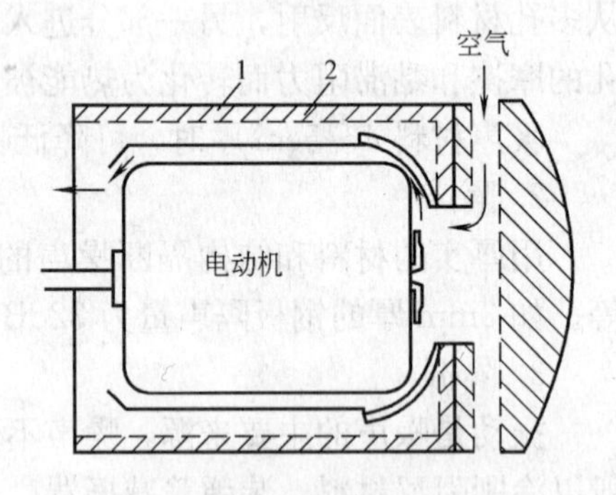

图 5-52　电动机隔声罩

1—钢板外壳；2—玻璃棉

第十节　给水泵站泵房尺寸确定和稳定分析

一、泵房的构造特点

（一）取水泵站泵房的构造特点

以地面水为水源的取水泵站，泵房一般建成地下式或半地下式。

1. “临水埋深”

地下式取水泵站的泵房多数为临河修建，由于河水位变幅较大，低水位时为保证水泵有良好的吸水条件，同时出现高水位时泵房又不被淹没，泵房高度和埋深一般较大，因此泵房具有“临水埋深”的特点。

2. 泵房结构满足稳定要求

泵房结构承受土压力、水压力、泵房结构自重、设备重量及其他各种荷载，泵房结构要满足抗渗、抗浮、抗滑、抗倾要求。不仅要求泵房筒体和底板不透水，而且泵房要有一定的自重以抵抗浮力。泵房地下部分多建成圆形结构，泵房地下部分筒体和底板为连续浇筑的钢筋混凝土结构。

3. 泵房结构应考虑设备布置

为减少投资，地下式泵房在保证供水安全、安装和检修方便的前提下，应尽量减少泵房的面积。常把出水联络管和管道附件布置于泵房外，闸阀放置于泵房外的闸阀井中；吸水井（池）和泵房采用分建的形式，为充分利用泵房空间和减少泵房面积，一般采用立式机组，采用立式机组还可改善设备和运行管理人员的工作条件。

在结构的具体处理时，为便于起重设备的布置，防洪水位以上部分为矩形砖混结构；泵房与切换井之间的管道，应敷设于支墩或混凝土管床上，以免产生不均匀沉陷；吸水管道敷设于钢筋混凝土暗沟中（吸水井与泵房分建时），暗沟应留进人孔，以便于吸水管道的检查和维护，暗沟与泵房连接处应设沉陷逢，以防不均匀沉陷。

4. 泵房结构要考虑防洪

从1998年长江洪水来看，许多沿江取水泵站被淹。被淹的主要原因是防洪标准偏低，随着人类活动对自然的影响加剧和气候变化等原因，河流水文规律也将发生相应的变化。因此要选取适当频率的洪水位作为取水泵站泵房的防洪高程或围堤设计高程的依据，以防泵房被淹。

5. 应留有发展余地

取水泵房扩建困难，泵房要为远期发展留出必要的空间，可采用泵房土建部分一次建成，设备分期安装（或近期采用小泵，远期换大泵）的设计方案。

6. 土建应考虑的其他要求

(1) 通风。当自然通风不能满足要求时，可采用机械通风。

(2) 泵房交通。泵房对内对外交通要方便，垂直交通可设宽0.8～1.2m、坡度为1∶1或稍小坡度的扶梯，当踏步超过20级时，应设中间平台。泵房对外应设一大门，门宽应为最大设备外形尺寸加0.3m，当采用汽车运送设备进出大门时，门的尺寸应满足汽车自由进出的要求。

(3) 排水。泵房内壁四周应设排水沟，沟底向集水坑应有一定的坡度，水汇集到集水坑后由微型水泵排出。

(4) 水封水。取水泵站抽取的是未经处理的浑水，不宜用作水封用水，需外接自来水作为水封用水。

(5) 取水泵房内还应有通讯、消防和运行监测设备。

（二）送水泵站泵房的构造特点

泵房的特点是水泵机组较多，占地面积较大，水泵的吸水条件较好。多将泵房建成地面式或半地下式。

送水泵站的泵房属于一般的工业建筑，常采用砖混结构，砖墙砌筑于地基梁上，外墙有一砖、一砖半和两砖厚三种形式，根据当地气候的寒暖选定。为了防潮，墙体用防水砂浆与基础隔开。对于装有桥式起重机的泵房，墙内须设置牛腿柱。泵房设计时应做到平面、立面简单，体形规整，不做局部突出的建筑，并注意泵房外面装修与周围其他建筑协调，泵房内外墙颜色应为冷色调。

(1) 泵房布置。在保证供水安全、运行管理方便、便于维护及工艺要求的前提下，合理布置机组、管道、电气设备和电缆。

(2) 隔声与减振。泵房内机组多，噪声大，应采取适当的措施降低噪声。水泵机组可采取减振措施，控制室要采取隔声措施。

(3) 设置流量计与水位监测仪表、电工仪表等。

（三）深井泵站泵房的构造特点

深井泵站广泛用于深层地下水的开采。深井泵站泵房有地面式、半地下式和地下式三种形式，通常与变电所合建。地面式泵房造价最低，建成投产迅速；通风采光条件好，室内温度一般比半地下式低5～6℃；便于操作管理和检修；便于室内排水；但压水管道弯头多，管道布置不方便，且水头损失较大。半地下式泵房比地面式造价高；压水管道可不用弯头，管道布置方便，水头损失较小；通风采光条件较差，夏季室温较高；室内有扶梯，有效面积缩小；操作管理、检修维护、人员上下、机器设备搬运均不便；室内地面低，不便于排水；地下部分施工较困难。地下式泵房的造价最高；施工难度最大；室内排水困难；操作管理、检修维护、人员上下、机器设备搬运均不便；因不受阳光照射，夏季室温较低。

深井泵站泵房的地下部分为钢筋混凝土结构，地上部分一般为砖混结构。

地面式泵房高度一般为 3～3.5m；为满足设备的安装、检修要求，需要起重设备，起重设备可安装在三脚架或安装在屋顶专门开设的吊装孔横梁上。

（四）潜水泵站泵房的构造特点

中低扬程、大流量的潜水泵较为广泛的应用于给水排水工程中。由于潜水泵将水泵和电动机“合二为一”共同潜入水下工作，因此泵房的构造具有显著的特点。

1. 泵房结构简化。泵房为钢筋混凝土结构，由吸水井、进水室和钢竖井组成。与立式轴流泵站和立式混流泵站的泵房相比，地面以上泵房和起重设备可省略或简化。泵房结构大为简化，混凝土用量大为减少，泵房土建部分的投资大为降低，经济效益和社会效益显著。

2. 设备安装检修方便。潜水泵结构设计合理，水泵和电动机“合二为一”直接安装于钢竖井中，自行对中找正，不需要紧固件连接。检修水泵时，打开钢竖井法兰盖板和电缆密封压盖，用穿在潜水泵吊环上的尼龙绳使吊钩在水中穿进潜水泵顶部的吊环，用汽车起重机便可吊出，进行检修与维护。

3. 运行噪声小。潜水泵淹没于水下运行，工作场所的噪声很低，一般在 50dB 左右。

4. 便于运行监控。潜水泵接线腔内装有漏水检测探头、定子腔内装有感温元件、电动机下端装有漏水检测器、轴承温度检测器、油隔离室装有油水检测探头等，这些检测元件发出相应信号，便于实现自动监控。

二、泵房尺寸的确定

泵房尺寸的确定是指机组、管道及其他设备布置后确定泵房的长度、宽度和高度。为使泵房主要构件达到标准化、系列化，必须使泵房主要尺寸和高程符合建筑统一模数制。我国规定的统一模数制以 100mm 为基本单位，用“M_0”表示。

1. 泵房长度的确定

泵房长度根据机组台数、机组（或机组基础）在泵房长度方向的尺寸、机组间距以及机组与墙之间的间距确定。

图 5-53 为泵房平面尺寸示意图，图中机组基础与墙之间的间距为 a，机组基础长 L' 加机组之间的间距 b 即为机组中心距 L_0。L_0 还应与每台水泵要求的吸水井（池）宽度和隔墩宽度之和相一致。如果两者不一致，可调整机组的间距，以满足吸水要求。

泵房的柱距一般为 $60M_0$ 的倍数。需指出的是，水泵吸压水管道不允许在柱下通过，否则要调整结构的平面布置。泵房两侧配电间、检修间的柱距，可与水泵间的柱距相同或根据需要确定。

在建筑设计中，平面主要尺寸均由定位轴线表示。柱距方向的轴线称横向定位轴线，定位轴线间的距离应符合模数的规定。

2. 泵房宽度的确定

泵房宽度根据机组在泵房宽度方向的尺寸，吸水、压水管道和管道附件的长度，以及安装、检修和操作所需的空间，并考虑交通道宽度及吊车跨度确定。图 5-53 所示 b_1为装拆水管所需的空间，一般不小于 0.3m；b_2为偏心渐缩管的长度；b_3为机组在宽度方向的长度；b_4为闸阀长度；b_5为止回阀长度；b_6为拆装止回阀所需要的空间，一般不小于 0.3m；b_7为交通道宽度。查有关手册，找出相应管道、附件的规格型号、尺寸及交通道路宽度，按比例将其画在图上，逐一标出尺寸，依次相加，即可得出泵房的最小宽度。

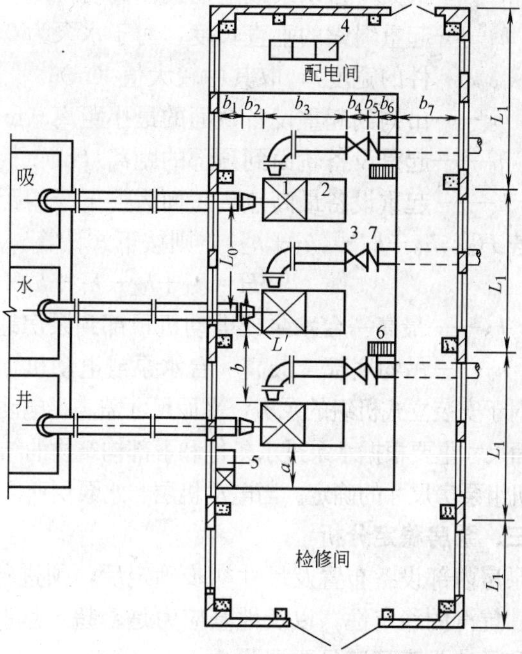

图 5-53 泵房平面尺寸示意图

1—水泵；2—电动机；3—闸阀；4—配电柜；5—真空泵；6—踏步；7—止回阀

泵房宽度方向的轴线称纵向定位轴线，一般为 $30M_0$ 的倍数。泵房的纵向定位轴线应与屋架的跨度相吻合，并与起重设备的跨度相一致。

3. 泵房高度的确定

泵房高度指屋架下弦下缘距室内地面的高度。按照建筑模数的规定，泵房高度一般为 $30M_0$的倍数。有桥式起重机的泵房，牛腿至室内地面的高度应为 $3M_0$ 的倍数；吊车轨顶至室内地面的高度应为 $6M_0$ 的倍数（允许有±200mm 的差值）。

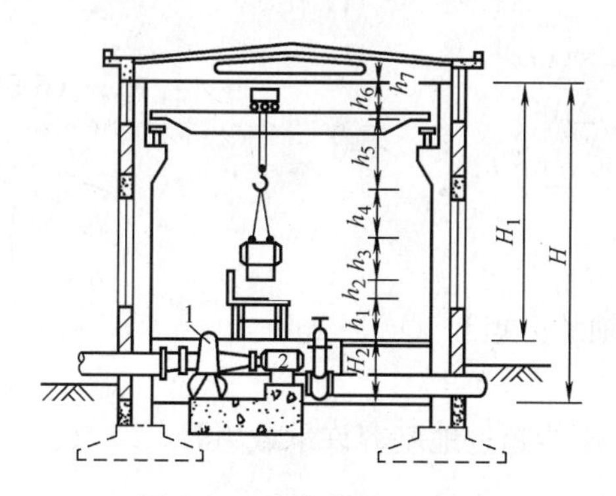

图 5-54 泵房高度示意图

1—水泵；2—电动机

小型泵房一般不专设固定的起重设备，但应考虑临时起重设施及通风采光的要求，一般泵房的净高度不小于 3.0m。对设有起重机的泵房，应考虑载重汽车驶入检修间的要求，泵房高度应满足起重设备从汽车车厢上吊起设备，同时考虑起重设备能在已安装好的最高设备顶部自由通行。

图 5-54 所示为泵房高度示意图。可根据检修间地面以上高度 H_1 和地面以下高度 H_2 计算，即

$$H = H_1 + H_2$$
$$= h_1 + h_2 + h_3 + h_4 + h_5 + h_6 + h_7 + H_2 \qquad (5\text{-}53)$$

式中 h_1——车厢底板距地面的高度（m）；

h_2——吊物离车厢底板的必要高度，一般不小于 0.2m；

h_3——最大一台水泵或电动机的高度（m）；

h_4——起重绳索的垂直长度，对于水泵为 $0.85x$，对于电动机为 $1.2x$（x 为起重部件的宽度），取其中较大值（m）；

h_5——吊钩到起重设备轨面的最小距离（m）；

h_6——起重设备轨面到顶部的距离（m）；

h_7——起重设备最高点到屋面大梁下缘的距离（m）。

若 $H_2 < h_8 + h_9 - (h_1 + h_2)$，则按下式计算

$$H = h_3 + h_4 + h_5 + h_6 + h_7 + h_8 + h_9 \tag{5-54}$$

式中 h_8——最高一台水泵或电动机顶部到泵房地面的距离（m）；

h_9——吊物底部至最高一台水泵或电动机顶部的距离，一般不小于 0.5m。

对于安装立式机组的泵房，平面尺寸需满足电动机层和水泵层两方面的布置要求。水泵层的平面尺寸主要根据水泵进水条件和下部构筑物的结构形式确定。电动机层的平面尺寸可参考卧式机组泵房尺寸的确定。当电动机层、水泵层所需尺寸不一致时，应取其中较大尺寸。

三、泵房稳定分析

泵房内部设备布置及尺寸初步确定后，须进行泵房整体稳定分析，以验证泵房抗渗、抗浮、抗滑的稳定性，以及地基应力是否超过地基容许承载力。必要时应修改泵房布置、结构和尺寸，直到满足要求为止。

1. 地基应力校核

作用于泵房上的荷载有垂直荷载和水平荷载。其中垂直荷载有泵房结构自重，机电设备重量，进水、出水管道重量（包括管内水重），浮托力，人群荷载，起重设备荷载，雪荷载等。水平荷载有水压力和土压力以及风荷载，有时还要考虑地震荷载。如图 5-55 所示为立式轴流泵取水泵房受力简图。

荷载组合应根据使用过程中可能同时作用的荷载进行分析，找出最不利荷载组合。

地基应力按下式进行计算

$$p_{\min}^{\max} = \frac{\sum G}{A} \pm \frac{\sum M}{\sum W} \tag{5-55}$$

式中 $p_{\min}^{\max}$——基础底面最大或最小地基应力（kN/m^2）；

$\sum G$——计算单元内垂直荷载代数和（kN）；

A——计算单元内底板面积（m^2）；

$\sum M$——计算单元内全部荷载对底板形心轴的力矩和（kN·m）；

$\sum W$——底板抗弯截面模量（m^3）。

为保证地基土的稳定，要求平均地基应力 $\overline{p}$ 不能超过地基容许承载力 R，即

$$\overline{p} = \frac{p_{\max} + p_{\min}}{2} \leqslant R \tag{5-56}$$

受偏心荷载作用时，地基应力不均匀系数 $\eta = \frac{p_{\max}}{p_{\min}}$，在砂土地基中 η 为 1.5～2.0，在黏土地基中 η 为 1.2～1.5。

如果平均地基应力超过地基容许承载力，则应加大泵房底板面积或进行泵房的地基处理。如果地基应力不均匀系数超过规定的容许值，可采取调整泵房内部布置和改变泵房结构、尺寸等措施，使地基应力分布尽量均匀。

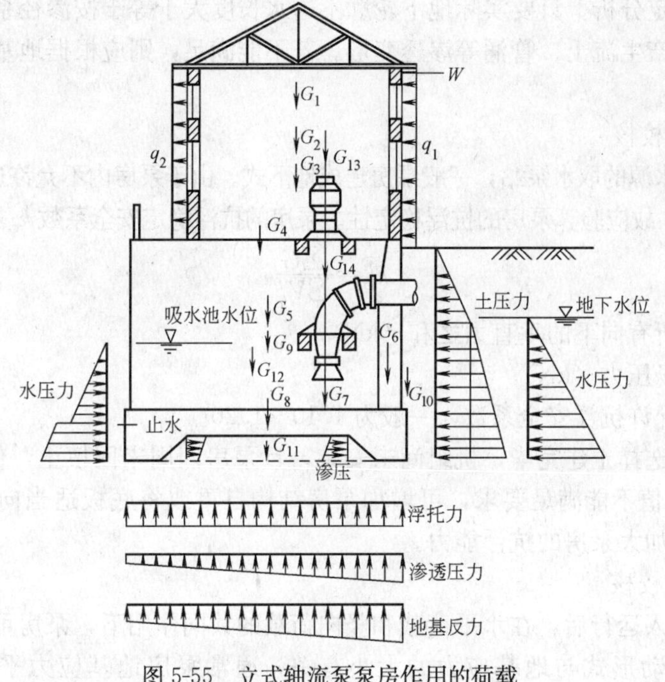

图 5-55　立式轴流泵泵房作用的荷载

2. 抗渗稳定校核

为保证地基的抗渗稳定性，泵房及其连接构筑物与地基接触的不透水部分必须大于不产生渗透变形所需的渗径长度。图 5-56 中的 0～12 点的连线就是地下轮廓的不透水部分。

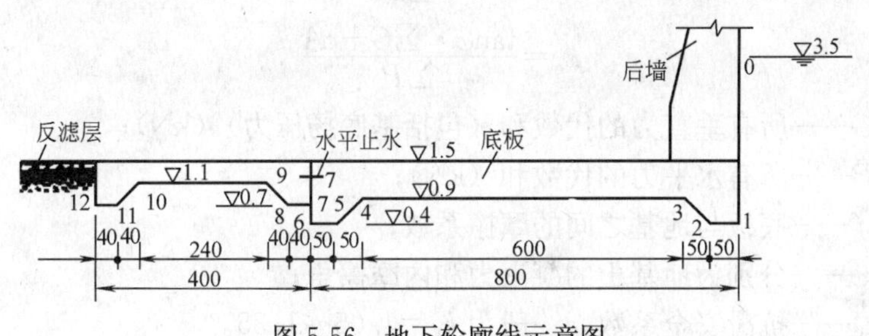

图 5-56　地下轮廓线示意图
（长度单位：cm；高程单位：m）

（1）防渗长度计算。泵站设计中，常用渗径系数法计算防渗长度。

$$L = CH' \tag{5-57}$$

式中　L——防渗长度（m）；

C——渗径系数，按表 5-9 选用；

H'——泵房进、出水侧可能出现的最大水位差（m）。

渗径系数 C 值表　　　　**表 5-9**

地基土类别		粉砂	细砂	中砂	粗砂	中砾 细砾	粗砾夹 卵石	轻砂质 砂壤土	砂壤土	壤土	黏土
排水条件	有滤层 无滤层	9～13	7～9	5～7	4～5	3～4	2.5～3	7～9	5～7	3～5 4～7	2～3 3～4

（2）抗渗稳定分析。只要实际地下轮廓不透水长度大于等于按渗径系数法所计算的防渗长度，就不会产生流土、管涌等渗透变形。若不能满足，则应根据地基的土质条件采取防渗措施。

3. 抗浮稳定校核

以地面水为水源的取水泵站，一般泵房建成地下式。由于泵房内不允许进水，高水位时泵房承受较大浮力，故应验算泵房的抗浮稳定性。泵房的抗浮稳定安全系数 k_φ 按下式计算。

$$k_\varphi = \frac{\sum G}{\sum V_\varphi} \tag{5-58}$$

式中 $\sum G$——所有向下的垂直力之和（kN）；

$\sum V_\varphi$——扬压力（kN）；

k_φ——允许抗浮安全系数，一般为 1.10～1.20。

计算时一般选择土建完毕，机组尚未安装，且泵房四周未回填土，但已达设计水位。如果计算所得 k_φ 值不能满足要求，可增加泵房结构自重或将底板适当向外伸出，利用其上的水重及土重加大泵房的抗浮能力。

4. 抗滑稳定校核

泵房建成投入运行后，在水平荷载和竖向荷载的共同作用下，泵房可能发生表层滑动或深层滑动。滑动形式与地基应力的大小有关，通常泵房地基应力平均值小于 100～120kN/m^2，所以只需进行表层抗滑稳定校核。

泵房的表层抗滑稳定按式（5-59）或式（5-60）计算。

$$k_c = \frac{f \cdot \sum G}{\sum P} \tag{5-59}$$

$$k_c = \frac{\tan\varphi \cdot \sum G + cA}{\sum P} \tag{5-60}$$

上两式中 $\sum G$——所有垂直力的代数和（包括基底扬压力）（kN）；

$\sum P$——所有水平力的代数和（kN）；

f——底板与地基之间的摩擦系数；

c、φ——分别为地基土的凝聚力和内摩擦角；

k_c——抗滑安全系数，一般为 k_c=1.05～1.35。

当不能满足要求时，可采用以下一种或几种抗滑措施。

（1）改变泵房结构的布置和尺寸。

（2）降低出水侧的填土高度，减少边载作用，或在出水侧采取排水措施，降低墙后地下水位。

（3）适当增加底板齿坎的深度。

（4）控制回填土料，尽量避免选用饱和黏土回填，根据当地材料情况，可以优先选用粗粒土料或石料，以增大土壤的内摩擦角。

第十一节 给水泵站布置实例

一、取水泵站布置实例

图 5-57 为采用立式水泵的取水泵站。该泵站从河流中取水，泵站主要由格栅间、水

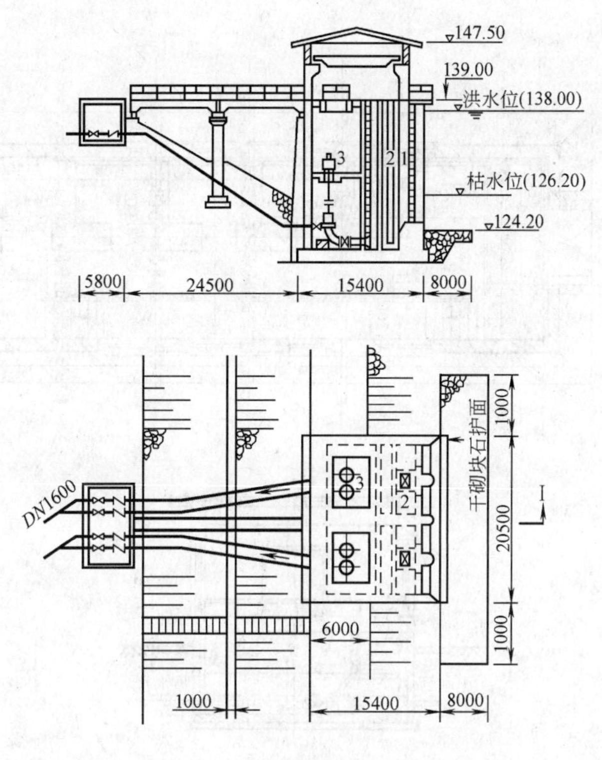

图 5-57 立式机组取水泵站

泵间、栈桥等几部分组成。泵房自上而下分别为操作间、电动机间、水泵间三层。

泵站的设计流量为 7m³/s，选择 YJ36-23Ⅱ型立式水泵四台，配套电动机型号为 YL1000-12/1730-1，电动机功率为 1000kW，设有起重量为 10t 的桥式起重机。

水泵吸压水管道上分别设置闸阀，压水管道上的止回阀布置在泵房外的闸阀井中，这样不仅减少泵房的建筑面积，而且当压水管道损坏时，可避免泵房受淹。采用立式机组，不仅减少泵房的建筑面积，还可充分利用泵房的空间，降低泵房的造价；操作间布置在最上层，有利于改善运行管理人员的工作环境；电动机和水泵分层布置，有利于电动机的防潮和通风采光。

二、送水泵站布置实例

图 5-58 为半地下式送水泵站，泵房平面形状为矩形。选择四台 8Sh-9A 型双吸卧式离心泵，其中一台备用，水泵从吸水井吸水，每台水泵采用单独的吸水管道，每台水泵的压水管道上均设闸阀和止回阀，泵房外的联络管汇集每台水泵的出水再通过两条输水管道将水送往管网。水泵机组采用直线布置形式，布置简单、整齐，泵房跨度小，吸压水管道顺直，水头损失小，检修场地较宽敞。吸压水管道均敷设在管沟中。地面积水沿倾向于泵房进水侧的地面坡度流向排水沟，通过排水沟将水排至集水坑，然后由排水泵排出泵房外。设有 SZB-8Q 型真空泵两台（一用一备）。泵房采用自然通风，泵房左侧设一大门，以方便设备的运进运出，右侧设一小门与值班室和配电间相通。

三、深井泵站布置实例

深井泵站用于开采深层地下水，一般井管直径为 150～600mm，井深一般在 60～300m，甚至更深，单井流量一般为 500～600m³/d。深井泵站一般由深井、泵房、变压

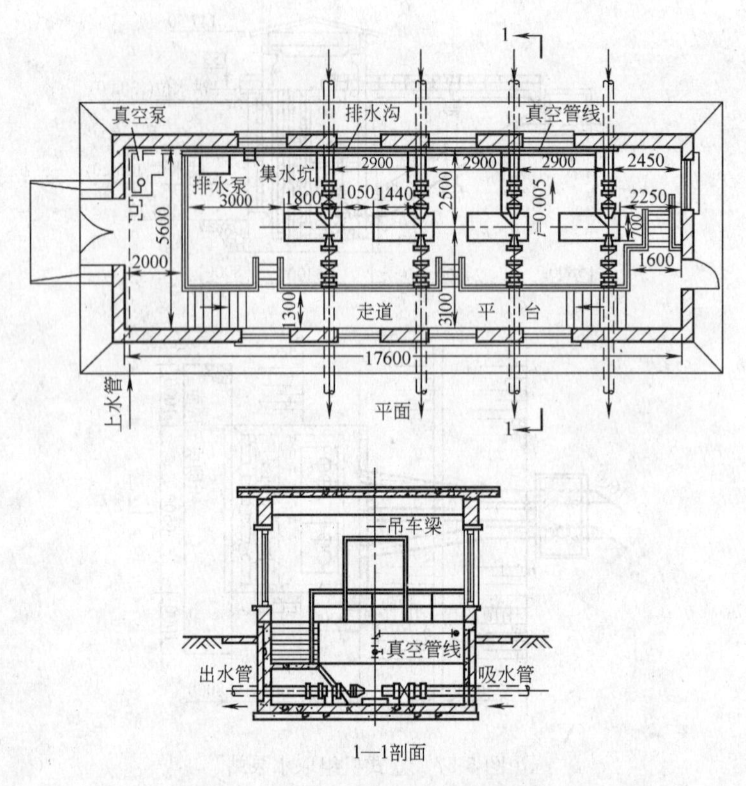

图 5-58 卧式泵半地下式送水泵站

器、配电装置等组成。井泵房用来安装水泵机组和其他设备，并保护水井不被污染。地面式和地下式深井泵房如图 5-59 所示。地面式深井泵房在防水、排水、采光、通风、工作条件、施工条件、工程造价等方面均优于地下式泵房，但压水管道弯头多，水头损失较大。

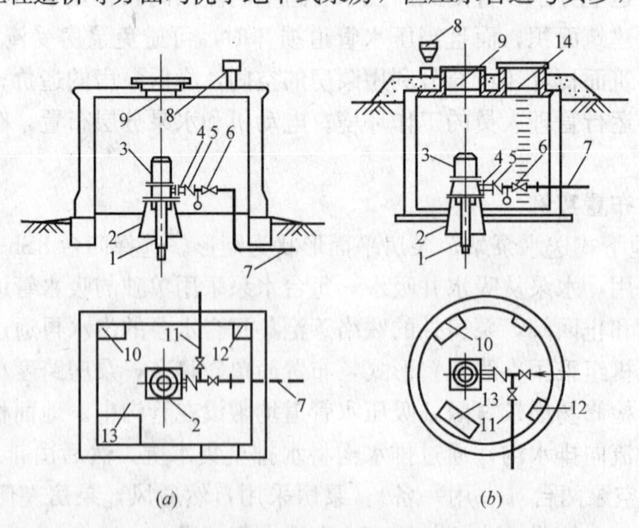

图 5-59 深井泵房

(a) 地面式深井泵房；(b) 地下式深井泵房

1—井管；2—水泵基础；3—立式电动机；4—伸缩接头；5—止回阀；6—闸阀；7—压水管；8—通风孔；9—吊装空；10—配电柜；11—排水管；12—集水坑；13—消毒间；14—进人孔

四、潜水泵站布置实例

某城市给水工程日供水能力为30×10⁴m³，分两期建成，取水泵站采用了4台潜水泵，其中1台备用，布置如图5-60所示。

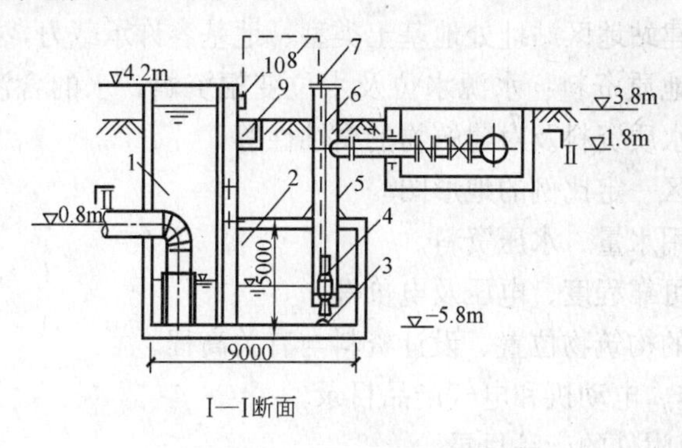

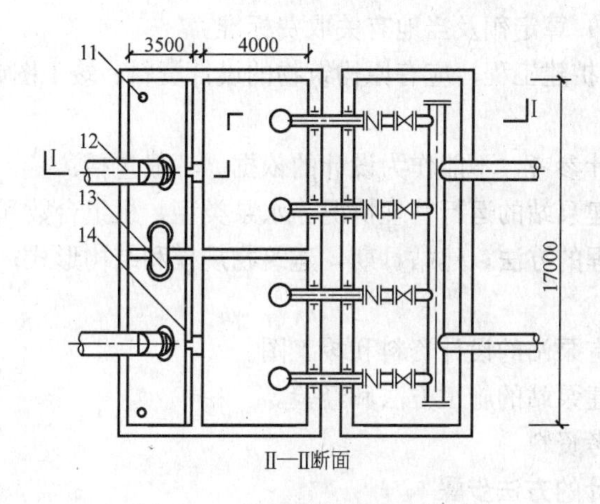

图5-60　潜水泵站布置示意图

1—吸水井；2—吸水室；3—导水锥；4—潜水泵；5—井筒；6—钢竖井；7—电缆密封压盖；8—电缆；9—电缆沟；10—接线盒；11—水位计；12—进水虹吸管；13—连通虹吸管；14—格网

地下式泵房为钢筋混凝土结构，由吸水井、吸水室和钢竖井组成。吸水井分为两格，其尺寸为17.5m×3.5m×10.0m，吸水室也分为两格，其尺寸为17.5m×4.0m×5.0m，吸水井与吸水室之间设不锈钢格网，每个竖井出口设微阻缓闭式止回阀和检修蝶阀，控制室建在泵房北侧。

第十二节　给水泵站工艺设计

一、设计资料

泵站设计资料，一般可分为基本资料和参考资料。

1. 基本资料

基本资料对泵站设计具有决定性和约束性。它不以设计者的意图和主观愿望任意变动，是设计的主要依据。一般包括：

(1) 泵站设计任务书。

(2) 规划、水利、卫生、供电、航运、环保等部门同意在一定地点修建泵站的正式许可文件。

(3) 气象资料：建站地区的最低、最高气温，采暖设计温度，最大冻土层厚度。

(4) 地质资料：建站地区站址处地基土类型、地基容许承载力，抗震设计裂度资料。

(5) 水文与水文地质资料：水源水位及水位变幅资料，水的含沙量等。地下水的流向，地下水位埋深、水质资料及对建筑物的腐蚀性等。

(6) 站址所在地区一定比例的地形图。

(7) 用户要求的用水量、水压资料。

(8) 电源位置、可靠程度、电压及电价等。

(9) 与泵站有关的构筑物位置、设计资料与有关高程。

(10) 泵产品样本、电动机和电气产品目录。

(11) 管材及管道附件的产品目录。

(12) 工程概（预）算定额及当地有关取费标准。

(13) 对于改建、扩建工程，应有原构筑物的设计资料、竣工图或实测资料。

2. 参考资料

参考资料仅供设计参考，不能作为设计的依据。一般包括：

(1) 建站地区已建泵站的运行管理情况，水泵类型，机组台数和设备性能，曾经发生的事故及其原因和处理的方法；建站日期，建筑物规模和结构形式；冬季采暖和夏季通风情况；电源情况等。

(2) 建站地区现有泵站的设计资料和竣工图。

(3) 建站地区已建泵站的施工方法和经验。

(4) 其他有关参考资料。

二、泵站工艺设计的方法步骤

泵站工艺设计的方法、步骤如下。

(1) 确定给水泵站的设计流量和扬程。

(2) 初选水泵和电动机。初选水泵包括选择水泵的型号，工作泵和备用泵台数。初选水泵时，由于吸水、压水管道还没有布置，管道的直径、长度及附件均未知。因此，泵站内的水头损失无法计算，水泵的总扬程也无法确定，这时只能先假定泵站内管道的水头损失。一般在初选水泵时，可假定泵站内管道的水头损失为 2.0m 左右。根据所选水泵的轴功率、转速选配电动机。如果机组由水泵厂成套供应，则不必另选。

(3) 布置机组和管道并确定吸水、压水管道的直径和附件。

(4) 设计机组的基础。根据初选的水泵和电动机，查水泵和电动机产品样本，即可查得机组的安装尺寸（或机组底座的尺寸）和总重量，据此可确定出基础的平面尺寸和高度。

(5) 校核所选水泵和电动机。根据吸水井（池）中的最低水位及吸水管道的情况计算水泵的安装高程。根据管道的布置情况计算泵站范围内管道的总水头损失，然后计算泵站的总扬程。如果发现初选水泵不合适，则需另选水泵，或采取车削叶轮、调节水泵转速等措施，选出合适的水泵，根据所选水泵，再选电动机。

(6) 选择并布置泵站中的附属设备。

(7) 确定泵房的平面尺寸和高度。

(8) 泵房总平面布置。包括变压器室、配电间、水泵间、值班室、检修间等。布置的原则是：运行管理方便，安全可靠，便于设备的检修和运输，尽量减少建筑面积，降低工程投资，并且今后有扩建的余地。

检修间一般布置在便于设备运输的一端，并在检修间的外墙上开有能使载重汽车车厢进出的大门。

变配电设备一般布置于泵房的另一端，有时将低压配电设备布置于泵房一侧。对于安装立式泵的泵房，配电设备一般布置于上层。

控制设备一般布置于机组附近，当机组台数较少时，也可集中布置在控制室内。

控制室和水泵间应能通视，否则应分别安装仪表和控制装置，当发生故障时，在两个房间内，均能及时切断电源。

变压器发生故障时，易引起火灾或爆炸。因此，应将变压器设置于单独的房间内，并位于泵房的尽端。

值班室与水泵间及配电室应相通，便于通行，且一定靠近水泵间，并能注视到所有机组。

(9) 审校、会签。

(10) 出图、编制预算。

三、泵站工艺设计举例

某市原以地下水作为城市供水的水源，由于大量开采地下水，使得地下水位大幅度下降，并出现了地面下沉；且地下水的含氟量高于国家规定的饮用水标准；供水的水量也不能满足工业生产及居民生活用水的需要。因此，该市为解决水资源供需矛盾及提高居民生活用水的标准，修建了跨流域引水、蓄水工程。

该工程主要包括一座蓄水的平原水库、一座向水库调水的泵站、一座向市区供水的泵站。水库最高蓄水位为12.47m，设计蓄水位为8.90m，死水位为6.47m。向市区供水的泵站建在水库围堤外侧，从水库取水，通过19.7km的输水管道将水送往水厂，设计流量为1.45m^3/s；根据泵站与水厂之间的地形等情况及输水管道的水力计算，要求输水管道首端（泵并联结点处）管道中心线的水压为70.5m。试进行供水泵站的工艺设计。

1. 设计流量的确定

根据供水要求，泵站的设计流量为1.45m^3/s。

2. 扬程的估算

(1) 泵站所需静扬程H_{ST}。泵站通过穿围堤的涵洞从水库中取水，从取水头部到吸水池之间的水头损失为0.2m；泵站出水侧管道及向市区供水的输水管道要求埋设于地下，根据该地区的最大冻土厚度，经计算输水管道中心线的高程为5.62m，则输水管道首端测压管中水面的高程为5.62＋70.5＝76.12m。

水泵各种静扬程为：

最高静扬程　　76.12－6.47－0.2＝69.45m

设计静扬程　　76.12－8.90－0.2＝67.02m

最低静扬程　　76.12－12.47－0.2＝63.45m

(2) 泵站内管道的水头损失。由于水泵的吸水、压水管道没有布置，初估水头损失为2.0m。

(3) 安全工作水头。安全工作水头按2.0m计。

(4) 水泵所需扬程 H：

最高扬程 $H_{max}=69.45+2.0+2.0=73.45\text{m}$

设计扬程 $H_d=67.03+2.0+2.0=71.03\text{m}$

最低扬程 $H_{min}=63.45+2.0+2.0=67.45\text{m}$

3. 初选水泵和电动机

经多方案比较，选择四台 500S-98B 型水泵（$Q_d=485\text{L/s}$，$H_d=74.0\text{m}$，$\eta=78\%$，$N=452\text{kW}$，$H_s=4.0\text{m}$），三台工作泵，一台备用泵。

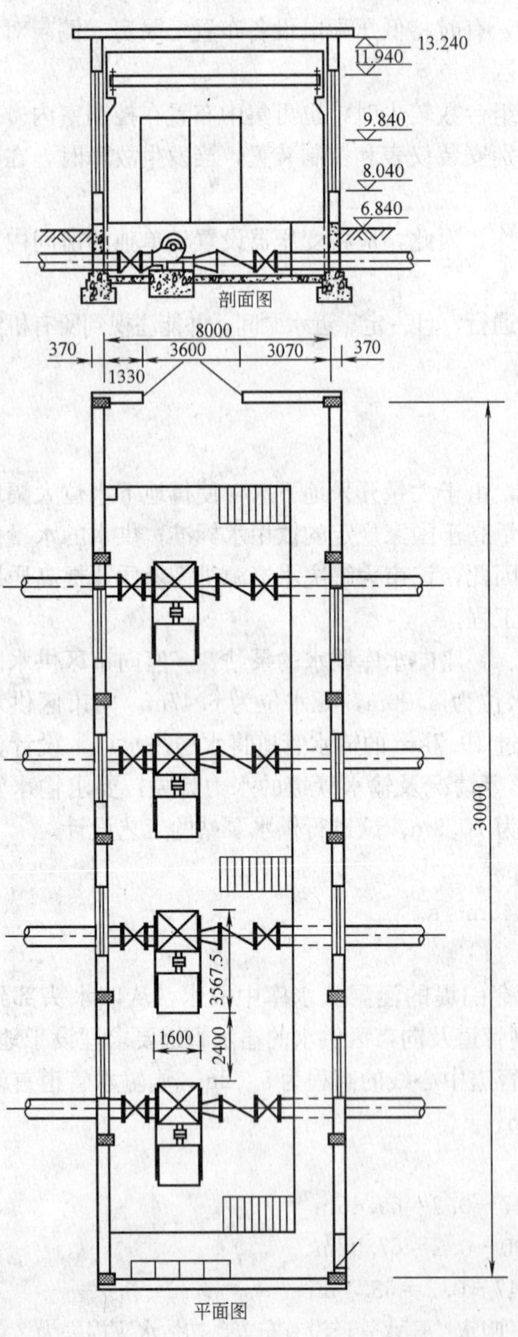

图 5-61 泵房布置（长度单位：mm；高程单位：m）

根据 500S-98B 型水泵的轴功率，选取与其配套的电动机为 JSQ-158-6 型（功率为 550kW，电压 6kV）。

4. 机组基础尺寸的确定

查水泵与电动机产品样本，算出机组基础平面尺寸为 3290mm×1600mm。

根据水泵及电动机的底座上螺栓孔直径，选择 $\varphi 41$ 螺栓，螺栓在基础中的埋深为 750mm，则基础高度为 750＋200＝950mm。

5. 吸水管道与压水管道直径的确定

每台水泵均有单独的吸水管道和压水管道。

(1) 吸水管道。每台水泵的流量为 500L/s，采用钢管，取管径 $DN=600\text{mm}$，则 $v=1.77\text{m/s}$，$1000i=6.50\text{m}$。

(2) 压水管道。压水管道采用钢管。由于压水管道较短，取 $DN=600\text{mm}$，$v=1.77\text{m/s}$，$1000i=6.50\text{m}$。

6. 机组与管道的布置

机组与管道的布置如图 5-61 所示。根据所选水泵类型，机组采用直线布置。机组直线布置吸水管道与压水管道顺直，管道附件少，水头损失小。压水管道引出泵房后，由联络管联接通过两条 $DN800$ 的输水管道将水送往市区水厂。在吸水管道、压水管道及输水管道上均设有闸阀。在每台机组的压水管道上设有微阻缓闭式止回阀。

7. 吸水管道与压水管道水头损失计算

取一条最不利线路，从吸水口至输水管道为计算路线。

(1) 吸水管道的水头损失为

$$\sum h_{\mathrm{s}}=\sum h_{\mathrm{fs}}+\sum h_{j\mathrm{s}}$$

沿程水头损失为

$$\sum h_{\mathrm{fs}}=il,\ l=6.88\mathrm{m},\ 1000i=6.50\mathrm{m},\ \sum h_{\mathrm{fs}}=il=\frac{6.50\times 6.88}{1000}=0.047\mathrm{m}。$$

局部水头损失为

$$\sum h_{j\mathrm{s}}=(\xi_1+\xi_2+\xi_3)\frac{v_1^2}{2g}+\xi_4\frac{v_2^2}{2g}$$

式中 ξ_1——吸水喇叭口局部水头损失系数，$\xi_1=0.4$；

ξ_2——$DN600$ 双法兰 90°弯头局部水头损失系数，$\xi_2=0.3$；

ξ_3——$DN600$ 闸阀局部水头损失系数，$\xi_3=0.12$；

ξ_4——$DN600\times 500$ 偏心渐变管局部水头损失系数，$\xi_3=0.18$；

v_1——$DN600$ 时的流速，$v_1=1.77\mathrm{m/s}$；

v_2——$DN500$ 时的流速，$v_2=2.55\mathrm{m/s}$。

$$\sum h_{\mathrm{js}}=(0.4+0.3+0.12)\frac{1.77^2}{2\times 9.8}+0.18\,\frac{2.55^2}{2\times 9.8}=0.191\mathrm{m}$$

$$\sum h_{\mathrm{s}}=0.047+0.191=0.238\mathrm{m}。$$

(2) 压水管道的水头损失为

$$\sum h_{\mathrm{d}}=\sum h_{\mathrm{fd}}+\sum h_{j\mathrm{d}}$$

$$\sum h_{\mathrm{fd}}=il$$

压水管道长 $l_1=5.22\mathrm{m}$，联络管长 $l_2=9.3\mathrm{m}$。

联络管直径为 $DN800$，流量为 1000L/s，相应流速为 $v_3=1.99\mathrm{m/s}$，$1000i=5.66\mathrm{m}$。

$$\sum h_{\mathrm{fd}}=\frac{5.22\times 6.5}{1000}+\frac{9.3\times 5.66}{1000}=0.087\mathrm{m}$$

$$\sum h_{j\mathrm{d}}=(\xi_2+\xi_3+\xi_5)\frac{v_1^2}{2g}+\xi_6\frac{v_3^2}{2g}+\xi_7\frac{v_4^2}{2g}$$

式中 ξ_5——$DN600$ 止回阀局部水头损失系数，$\xi_5=1.7$；

ξ_6——$DN800\times 600$ 三通局部水头损失系数，$\xi_6=0.35$；

ξ_7——$DN300\times 600$ 渐扩管局部水头损失系数，$\xi_7=0.34$；

v_4——$DN300\times 600$ 渐扩管进口流速，$v_4=7.07\mathrm{m/s}$。

$$\sum h_{\mathrm{jd}}=(0.3+0.12+1.7)\frac{1.77^2}{2\times 9.8}+0.35\,\frac{1.99^2}{2\times 9.8}+0.34\,\frac{7.07^2}{2\times 9.8}=1.277\mathrm{m}$$

$$\sum h_{\mathrm{d}}=\sum h_{\mathrm{fd}}+\sum h_{j\mathrm{d}}=0.087+1.277=1.364\mathrm{m}$$

则总水头损失为

$$\sum h=\sum h_{\mathrm{s}}+\sum h_{\mathrm{d}}=0.238+1.364=1.62\mathrm{m}$$

经计算水头损失为 1.62m，小于初估的水头损失 2.0m，可见，初选的水泵、电动机满足要求。

8. 水泵安装高程的确定

水泵采用自灌式，根据压水管道中心线的高程 5.62m 及水泵的尺寸经推算求得水泵安装高程为5.165m，低于进水池最低水位6.27m，能满足自灌要求。

9.附属设备的选择

(1) 起重设备。根据所选水泵和电动机重量，选择起重量为5t的手动单梁桥式起重机。

(2) 排水设备。为了排除水泵轴封装置滴水、闸阀和管道接口的漏水、检修时拆卸管道及水泵时的存水等，在泵房进水侧沿长度方向设排水沟，尺寸为100mm×50mm，水泵间地面向进水侧倾斜，其坡度为2%，在水泵间的一端设集水坑，尺寸为400mm×400mm×600mm，由微型潜水泵进行排水。

(3) 通风设施。由于泵房埋深较小，采用自然通风，分别在泵房进、出水侧设高低两排窗户。窗户尺寸均为2400mm×1800mm，则窗户总面积为

$$2.4\times1.8\times2\times4\times2=69.12m^2$$

泵房地板面积为$30\times8=240m^2$。

$$\frac{69.12}{240}\times100\%=28.8\%$$

满足自然通风要求。

(4) 计量设备。在每条输水管道上各设涡轮流量计，计量泵站输送的流量和水量。

10.泵房高度的确定

为满足水泵在最低水位时自灌要求，水泵间地面高程为5.565m，则水泵间的埋深为1.675m；根据起重设备和通风采光要求，屋顶大梁下缘的高程为13.240m，泵房的总高度为8.675m。

11.房平面尺寸的确定

根据水泵机组、吸水与压水管道、室内交通道路、排水等设备的布置及安装、检修和运行管理的要求，从《给水排水设计手册》及其他设计手册中查出有关设备和管道附件的尺寸及其他必须的空间，通过计算，泵房的总长度为30.48m，宽度为8.74m。

思考题与习题

1.给水泵站分哪几类？泵站主要由哪几部分组成？各部分的作用是什么？

2.水泵选型的依据是什么？

3.水泵选型的方法步骤是什么？

4.主机组有几种布置形式？各适用于什么泵型？有何特点？

5.如何选择为水泵配套的电动机？

6.如何确定机组基础的尺寸？

7.如何确定正向前池的尺寸？

8.如何确定吸水井（池）的尺寸？

9.水泵吸、压水管道布置有哪些要求？

10.给水泵站有哪些辅助设施？

11.停泵水锤有哪些主要危害？防护措施有哪些？

12.各种类型泵房的构造特点有哪些？

13.如何确定泵房的长度、宽度和高度？

14.试述给水泵站设计的方法步骤。

第六章 排水泵站

当污水、雨水不能自流排出时，需建排水泵站排除。排水泵站的工作特点是所抽送的水不干净，含有大量的杂质，而且来水流量逐日逐时都在变化。

第一节 排水泵站的类型及特点

一、排水泵站分类

排水泵站按其排水的性质，可分为污水（生活污水、生产污水）泵站、雨水泵站、合流泵站和污泥泵站。

按其在排水系统中的作用，可分为中途泵站（或称区域泵站）和终点泵站（又称总泵站）。中途泵站通常是为了避免排水干管埋设太深而设置的。终点泵站是将整个城镇的污水或工业企业的污水抽送到污水处理厂或将处理后的污水进行农田灌溉或直接排入天然水体。

按水泵启动前是否需要充水，分为自灌式和非自灌式泵站。

按泵房的平面形状，分为圆形泵房和矩形泵房。

按集水池与水泵间的相互关系，分为合建式和分建式泵站。

按控制方式又可分为人工控制、自动控制和遥控三类。

二、排水泵站的基本组成

排水泵站的基本组成包括：格栅、集水池、水泵间、辅助间、出流井（池）、事故溢流管和变电所。

1. 格栅

格栅又称为拦污栅，用来拦截生活污水、工业废水和雨水中较大的固体颗粒、漂浮物和悬浮物，用以保护水泵叶轮和管道附件，防止叶轮、管道附件堵塞和磨损，以保证水泵正常、安全运行。

2. 集水池

集水池的作用是在一定程度上调节来水的不均匀性，以保证水泵在较均匀的流量下工作。集水池的尺寸应满足水泵吸水、吸水管道的布置和格栅的安装要求。

3. 水泵间

水泵间又称为机器间，其作用是用来安装水泵机组和有关附属设备，为机电设备和运行管理人员提供良好的工作条件。

4. 辅助间

为满足泵站运行和管理的需要，所设的一些辅助性房间称为辅助间，主要有贮藏室、修理间、休息室和厕所等。

5. 出流井（池）

出流井（池）是连接水泵压水管道和下游排水管（渠）的衔接构筑物，其作用是稳定水流、消除出水管道出流的部分动能、使水流平顺而均匀地进入下游排水管（渠）。

6. 事故溢流管

事故溢流管是泵站的应急排水口。当泵站由于水泵或电源发生故障而停止工作时，排水管网中的水继续流向泵站，为防止泵站受淹，应设置事故溢流管，污水通过溢流管排入下游渠道或天然水体。为便于控制运用，事故溢流管上须设置闸门。

7. 变电所

变电所应根据电源的具体情况和排水泵站的用电量设置。

三、排水泵站的基本形式

排水泵站的类型取决于进水管（渠）的埋深、来水流量的大小、水泵机组的型号与台数、水文地质条件以及施工方法等因素。选择排水泵站的类型应从造价、布置、施工、运行条件等方面综合考虑。下面就几种典型的排水泵站说明其优缺点及适用条件。

1. 合建式圆形排水泵站

图 6-1 为合建式圆形排水泵站，安装卧式水泵，自灌式工作。适合于中、小型排水量，水泵不超过 4 台。圆形结构受力条件好，便于沉井法施工，可降低工程造价，自灌式工作水泵启动方便，易于根据吸水井（池）中水位变化实现自动控制。缺点是机组与附属设备布置较困难，当泵房埋深较大时，管理人员上下不方便，且电动机容易受潮。由于电动机安装于下部，需考虑通风设施，降低水泵间的温度。

若将卧式泵改为立式泵，就可避免上述缺点。水泵安装于下层，电动机和电气设备安装在上层，电气设备运行条件和管理人员的工作环境得到改善。但是，立式泵安装精度较高；当泵房埋深较大，传动轴较长时，须设中间轴承及固定支架，以免水泵运行时传动轴发生振动。安装立式机组充分利用了泵房空间，减少了泵房面积，降低了工程造价。因此这种形式采用较多。

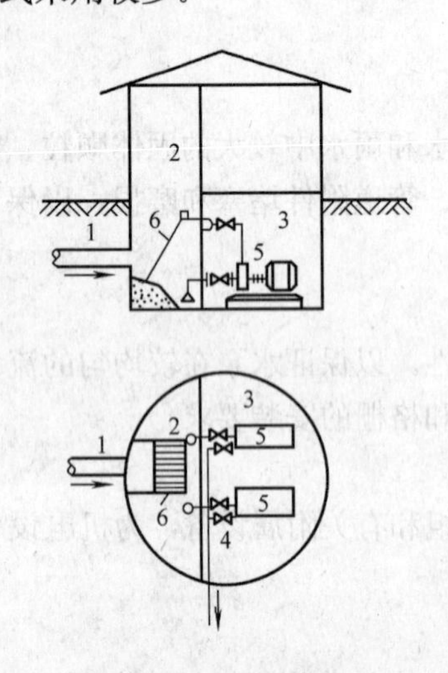

图 6-1　合建式圆形泵站

1—排水管渠；2—集水池；3—水泵间；4—压水管；5—卧式泵；6—格栅

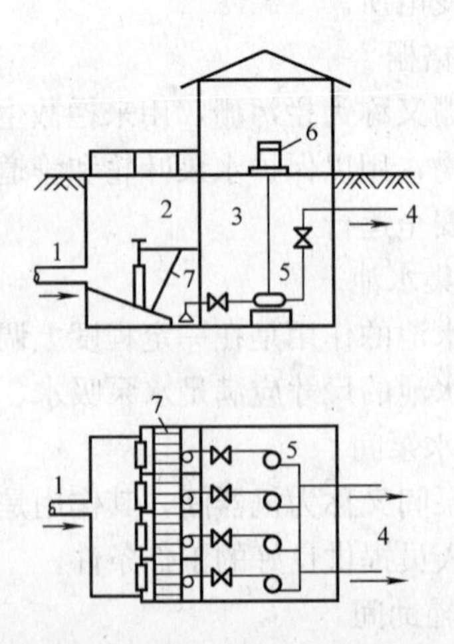

图 6-2　合建式矩形泵站

1—排水管渠；2—集水池；3—水泵间；4—压水管；5—立式泵；6—立式电动机；7—格栅

2. 合建式矩形排水泵站

图 6-2 为合建式矩形泵站，安装立式泵，自灌式工作。采用矩形泵房，便于机组和管道及附属设备的布置，充分利用了泵房的空间，自灌式工作，操作简便，易于实现自动化。电动机和电气设备布置在上层，不易受潮，管理人员的运行管理条件得以改善。缺点是造价高，当地质条件较差、地下水位较高时，因不利于施工，不宜采用。这种泵房的适用范围是：设计流量为 1～30m^3/s，尺寸范围是宽 4～10m、长 10～25m、深 4～10m。

3. 分建式矩形排水泵站

当地质条件较差，地下水位较高，为减少施工的难度和降低工程造价，将集水池和泵房分开建筑，如图 6-3 所示。集水池的深度根据排水管（渠）的埋深确定，为了减少泵房的埋深，充分利用水泵的吸水性能，采用非自灌式，以提高泵房底板高程。但在确定水泵安装高程时，应考虑污水对管壁的腐蚀、管道积垢等将使管道水头损失增大这一因素，留有一定的余地。

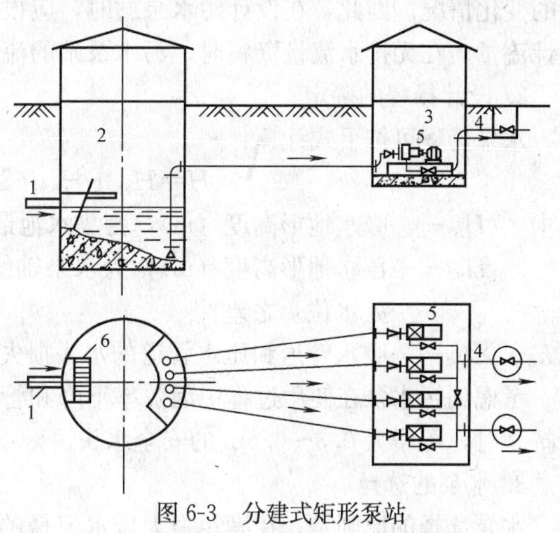

图 6-3　分建式矩形泵站

1—排水管渠；2—集水池；3—水泵间；4—压水管；5—机组；6—格栅

与合建式泵站相比，分建式排水泵站的主要优点是：结构处理简单，施工中集水池和泵房互不干扰，施工较为方便，泵房没有污水渗透和被污水淹没的危险，水泵检修方便。缺点是增加了吸水管道的长度，水泵启动前必须抽真空充水，由于来水的不均匀性，须频繁启动水泵，给运行管理带来一些困难。在选择泵房和集水池位置时，尽量使两者的地基承载力一致，以防构筑物产生不均匀沉陷，使吸水管道折断。为防止两者地基承载力不一致造成吸水管道折断，可在管道进入泵房前加柔性联接。

合建式排水泵站当水泵轴线高于集水池水位时（即水泵间与集水池的底板不在同一高程时），水泵也需要抽真空启动。这种类型排水泵站适应于地基坚硬，施工困难的场合，为了减少挖方量而不得不将水泵间抬高。在运行方面，它的缺点同分建式一样，实际工程中采用较少。

工程实践中，排水泵站的类型是多种多样的，例如：合建式泵站，集水池采用半圆形，水泵间为矩形；合建椭圆形泵站，集水池露天布置，泵站地下部分为圆形钢筋混凝土结构，地上部分用矩形砖混结构等。具体采取何种类型，应根据具体情况，经多方案技术经济比较后确定。根据我国设计和运行管理的经验，水泵台数不多于四台的污水泵站和三台或三台以下的雨水泵站，地下部分采用圆形结构最为经济。当水泵台数超过上述数量时，地下及地上部分都可以采用矩形；为利用圆形结构受力条件好，比较经济和便于沉井法施工的优点，也可将集水池和水泵间分开布置，地下部分采用圆形，地上部分为矩形。这种布置适用于流量较大的雨水泵站或合流泵站。对于抽送污水中含有易燃易爆和有毒气体的污水泵站，必须设计为单独的建筑物，并应采取相应的防护措施。

第二节 污水泵站

一、水泵的选择

污水泵站水泵选型的依据是污水流量、扬程及其变化规律。

1. 设计流量的确定

城镇的用水量逐日逐时变化，因此，排入污水管道的污水流量也是逐日逐时变化的。要正确确定泵站的设计流量、水泵的台数和集水池的容积，必须知道最高日每小时污水流量的变化情况。因此，在设计污水泵站时，应根据泵站排水区域的排水工程规划设计确定设计流量。在无排水流量资料时，污水泵站的流量按最高日最高时污水流量确定。

2. 设计扬程的确定

水泵扬程可按下式计算：

$$H=H_{ss}+H_{sd}+\sum h_s+\sum h_d \tag{6-1}$$

式中 H_{ss}——吸水地形高度（m），为集水池最低水位与水泵轴线高程之差；

H_{sd}——压水地形高度（m），为水泵轴线高程与输水最高点水位（即压水管出口处水位）之差；

$\sum h_s$、$\sum h_d$——吸水管道和压水管道的水头损失（m）。

考虑到污水泵在使用过程中因效率下降和管道阻力增加而增加的水头损失，在确定水泵扬程时，可增大 0.3～0.5m 的安全水头。

3. 水泵的选择

水泵选择的原则是，在满足最大排水流量的前提下，适应流量的变化，达到投资少，耗电量小，运行费用低，运行安全可靠，维护管理方便。

污水泵站的扬程一般较小，当污水流量不大，泵房埋深较大时，可选择立式离心污水泵；当泵房埋深不大时，可选择卧式离心污水泵；当流量较大时，可选择混流泵或轴流泵。目前污水潜水泵已应用于排水工程中，污水潜水泵的水泵和电动机合二为一共同潜入水下工作，它具有结构简单、安装方便、泵房结构简单，泵站造价低等优点，水泵选择时应优先选择污水潜水泵。

集水池中水位经常发生变化，引起水泵运行时扬程的变化。因此，所选择的水泵在集水池水位变化范围内应在高效段运行，如图 6-4 所示。当污水泵站中选择两台及以上的污水离心泵并联运行时，应保证水泵不仅在并联运行时在高效段工作，而且在单泵运行时，也应在高效段工作，如图 6-5 所示。

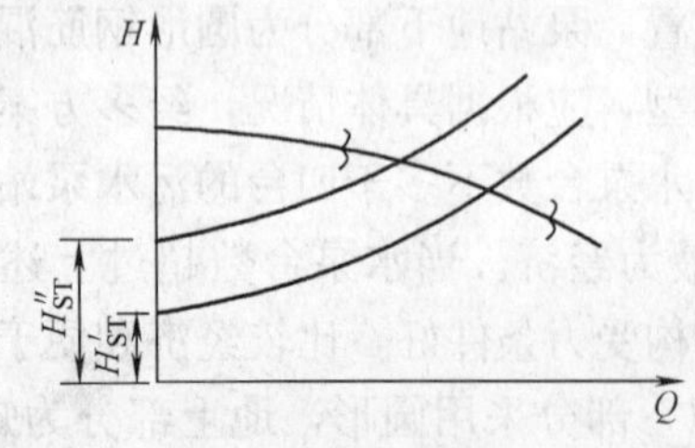

图 6-4 集水池不同水位时的水泵工况

H'_{ST}—最低静扬程；H''_{ST}—最高静扬程

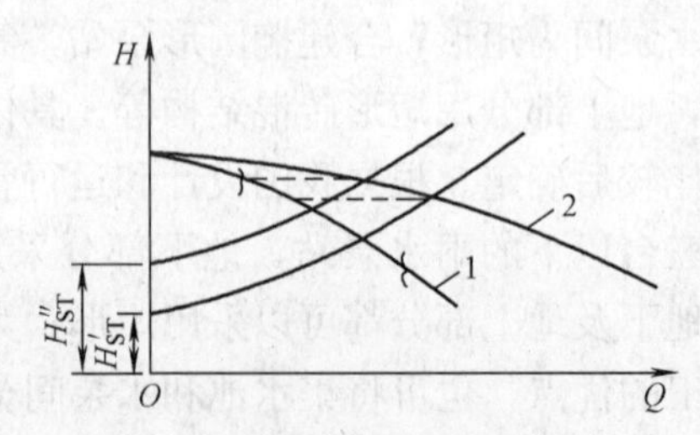

图 6-5 水泵并联及单独运行时工况

1—单泵特性曲线；2—两台泵并联特性曲线

水泵宜选用同一型号，台数不应少于 2 台，不宜大于 8 台。当流量变化较大时，可配置不同规格的水泵，但不宜超过两种，或采用变频调速装置，或采用叶片安装角度可调的水泵。

污水泵站应设备用机组，当工作泵台数不大于 4 台时，备用机组宜为 1 台；工作泵台数不小于 5 台时，备用机组宜为 2 台；潜水泵泵站备用机组为 2 台时，可现场备用 1 台，库存备用 1 台。

污水泵站的流量随着排水系统的分期建成而逐渐增大，在设计时必须考虑这一因素。

二、集水池设计

1. 集水池容积的确定

污水泵站集水池容积应根据进水管（渠）的设计流量、水泵抽水能力、水泵启动方式、启动时间、开停机次数、集水池水力条件及进泵站前的管（渠）是否可能作为调蓄容积确定。

在满足格栅和吸水管道安装要求，保证水泵吸水条件和能及时排除流入污水的前提下，集水池容积应尽量小。因为缩小集水池的容积，不仅降低泵站的造价，还可以减轻集水池污水中大量杂物的沉积和腐化。

集水池设计时应满足如下要求：

（1）全昼夜运行的大型污水泵站，集水池的容积根据工作泵停机时启动备用机组所需时间来计算，一般不应小于泵站中最大一台水泵 5min 的出水量；对于自动控制的污水泵站，其集水池容积用下列公式计算（按控制出水量分一、二级）。

1）泵站为一级工作时：

$$W=\frac{Q_0}{4n} \tag{6-2}$$

2）泵站分二级工作时：

$$W=\frac{Q_2-Q_1}{4n} \tag{6-3}$$

式中 W——集水池容积（m^3）；

Q_0——泵站一级工作时水泵的出水流量（m^3/h）；

Q_1、Q_2——泵站分二级工作时，一级与二级工作水泵的出水流量（m^3/h）；

n——水泵每小时启动次数，一般取 $n=6$。

对于小型污水泵站，由于夜间流入的污水量不大，通常在夜间停止运行，在这种情况下，集水池容积应满足储存夜间流入水量的要求。

对于工厂污水泵站的集水池，还应根据短时间内淋浴排水量来复核其容积。

（2）集水池容积应满足格栅和吸水管道的安装要求，应考虑改善水泵吸水条件，减少滞流和涡流。

（3）抽升新鲜污泥、消化污泥、活性污泥的泵站集泥池容积，应根据从沉淀池、消化池一次排出的污泥量或回流和剩余的活性污泥量以及污泥泵抽送能力计算确定。

（4）污水泵站的集水池宜装置清泥设施。

2. 集水池水位的确定

对于污水泵站，集水池最高水位应按进水干管设计充满度水位减去过格栅的水头损失确定。

污水泵站集水池最低水位取决于不同类型水泵吸水喇叭口的安装要求及叶轮的淹没深度。

对于离心泵吸水喇叭口的安装要求见第五章第五节中离心泵吸水井（池）布置及尺寸的确定。

对于立式轴流泵和导叶式混流泵，叶轮淹没深度与水泵的型号、转速的大小有关，详见泵产品样本。

3. 集水池形式及吸水管道布置

集水池的形式、尺寸及水泵吸水管道的位置，直接影响到水泵的运行状态，特别是对叶轮靠近吸水喇叭口的立式轴流泵和混流泵影响更大。集水池的形式和吸水管道布置不当，将造成集水池内水流流态紊乱，产生漩涡和回流，甚至使吸水管道吸入空气，造成水泵的性能下降，或出水量不足，或因泵的流量过大（过小）造成动力机超载及水泵的气蚀现象，影响机组的正常运行。

为了使水泵或水泵的吸水管道获得良好的吸水效果，在确定集水池形式及吸水管道布置时，应注意如下几点。

(1) 要使来水管（渠）至集水池进口水流不发生方向上的急剧变化，或显著的流速变化，流向集水池的流速最好平均为 0.5～0.7m/s，最大不大于 1.0m/s。

(2) 集水池过宽时会形成漩涡，为防止水流发生偏流和回流，应设置导流栅或导流板。

(3) 集水池形式和吸水管的布置，如图 6-6 所示，设计时可根据具体情况选取。

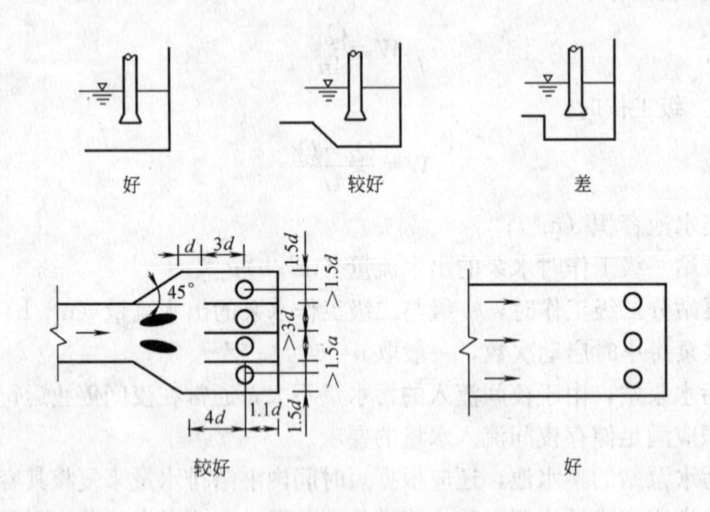

图 6-6 集水池形式和吸水管的布置

三、机组及管道的布置

1. 机组的布置

水泵机组的平面布置形式，可直接影响水泵间面积的大小，同时也影响到机组的安装、检修、运行管理及运行的可靠性。污水泵站中机组一般不超过 3～4 台，而且污水泵均为轴向进水，一侧出水，故常采用平行的布置形式，如图 6-7 所示。

图 6-7（*a*）适用于卧式双吸离心泵；图 6-7（*b*）适用于卧式 PW 型污水泵；图 6-7（*c*）适用于卧式混流泵；图 6-7（*d*）适用于立式轴流泵和立式混流泵。

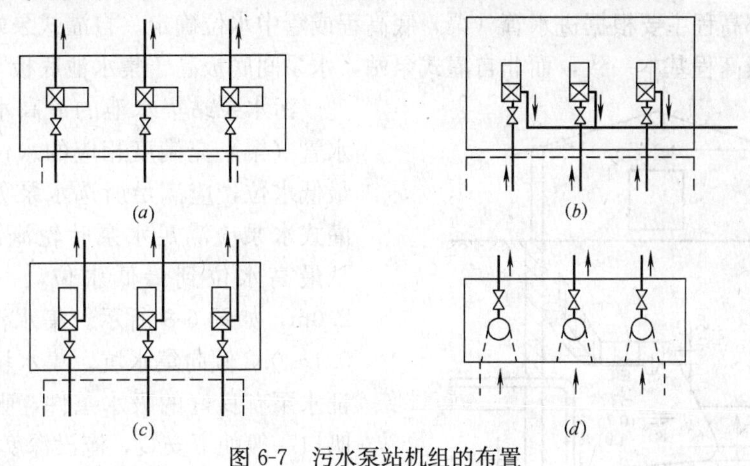

图 6-7 污水泵站机组的布置

主机组的布置和通道的宽度应满足机电设备安装、运行、检修和操作的要求，并应符合下列规定。

（1）水泵机组基础间的净距不宜小于 1.0m。

（2）机组凸出部分与墙壁的净距不宜小于 1.2m。

（3）主要通道宽度不宜小于 1.5m。

2. 管道的布置

每台水泵应设置单独的吸水管道，这样不仅改善了水力条件，而且可减少杂物堵塞管道的可能。由于污水中含有大量杂质，底阀易被堵塞，对于非自灌式水泵，应利用真空泵或水射器充水启动，不允许在吸水管道进口处设置底阀，吸水管道进口应设置吸水喇叭口。

污水泵自灌式工作时，吸水管道上必须装闸门，以便检修水泵。

吸水管道的流速一般采用 0.7～1.5m/s，以免管内产生沉积。

压水管道的流速一般采用 0.8～2.5m/s，当两台或两台以上水泵合用一条压水管道而仅一台水泵工作时，其流速不得小于 0.8m/s，以免管内产生沉积。各台水泵的压水管道接入压水干管（或连接管）时，不得自干管底部接入，以免水泵停止运行时，该水泵的压水管道造成杂物的淤积。为便于水泵的调度运行及水泵的检修，每台水泵的压水管道上均应设置闸阀。污水泵的压水管道上一般不装止回阀。

为便于管道的施工，管道穿过墙壁时，应设穿墙管。在无地下水的情况下，亦可预留孔洞，管道安装后再将周围封严。

为便于管件的拆卸，安装在水泵和水泵压水管道（或出水闸阀）与穿墙管之间应设活接头。

3. 管道敷设

泵房内的管道一般采用明装的敷设方式，安装于接近泵房底板的管道应设支墩，并设跨越设施（铁制、木制或混凝土阶梯）。吸水管道常敷设于地面上，由于泵房埋深较大，压水管道多采用架空安装，通常沿墙架设在托架上，在管道转弯处应设支墩或拉杆。管道架空安装时，管道底部距地面不应小于 2.0m，并不得跨越水泵、电气设备或阻碍交通。

平行敷设的管道，其净距不小于0.4m。

四、泵站内部高程的确定

泵站内部高程主要根据进水管（渠）底高程或管中水位确定。自灌式泵站集水池底板与水泵间底板高程基本一致，而非自灌式泵站，水泵间底板高于集水池底板。

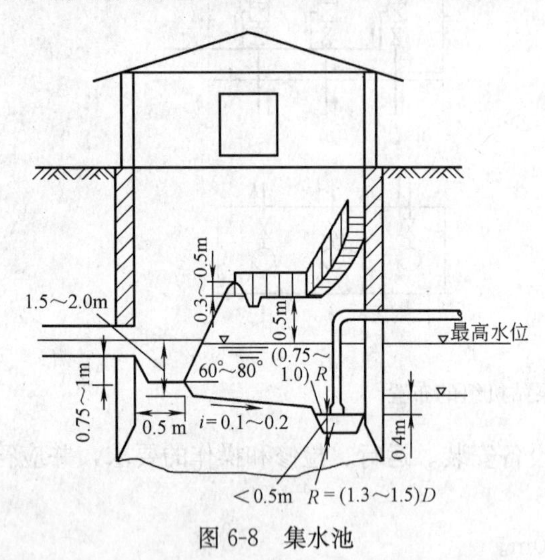

图6-8　集水池

污水泵站集水池的最高水位，应为进水管（渠）充满度相应的水位，集水池的最低水位，应满足所选水泵吸水要求，自灌式水泵应满足水泵叶轮淹没深度要求。从最高水位到最低水位，一般为1.5～2.0m，如图6-8所示。集水池底坡为 $i=0.1 \sim 0.2$ 倾向集水坑。集水坑的大小应保证水泵有良好的吸水条件，吸水管道的喇叭口一般朝下安装，淹没深度为0.4m，悬空高度为喇叭口进口直径的0.8倍。格栅工作平台应比最高水位高0.5m以上。平台宽度应不小于0.8～1.0m。沿工作平台边缘应有高1.0m的栏杆。为了便于下到池底进行检修和清洗，从工作平台到池底应有爬梯。

对于非自灌式泵站，水泵安装高程根据水泵的吸水性能、吸水管道情况及水泵安装条件确定。水泵基础顶部高程根据水泵样本由水泵安装高程推求，进而确定水泵间地面高程。为防止室外雨水进入水泵间，水泵间上层平台应高出室外地面0.2～0.3m；易受洪水淹没的泵站，其入口处地面高程应比设计洪水位高0.5m以上。

对于自灌式泵站，水泵安装高程可由喇叭口高程及吸水管道上附件尺寸推算确定。

五、污水泵站的主要辅助设备

1. 格栅

格栅是污水泵站中主要的辅助设备，其作用是拦截污水中较大的漂浮物及杂质，以保证水泵安全正常运行。安装时格栅倾斜放置于集水池进口，其倾角为60°～80°，如图6-8所示。

格栅由平行的栅条组成。常用栅条断面形状与尺寸见表6-1。为了保证栅条的刚度，

栅条断面形状及尺寸　　**表6-1**

栅条断面形状	一般采用尺寸(mm)	栅条断面形状	一般采用尺寸(mm)
正方形	20 20 20；20	迎水面为半圆形的矩形	10 10 10；50
圆形	20 20 20	迎水、背水面均为半圆形的矩形	10 10 10；50
锐边矩形	10 10 10；50		

格栅后面横向每隔 1～1.5m 加一道槽钢支撑。格栅栅条的强度，要求能够承受在完全被堵塞的情况下栅前后水位差为 1m 的水压力。

栅条的间距 S 取决于水泵类型。离心泵 $S=0.03D_2$，但最小不得小于 20mm；轴流泵 $S=0.02D_2$ 但不得小于 35mm（D_2 为水泵叶轮直径）。通过格栅的平均流速应不大于 0.5m/s。

格栅工作平台至格栅底高差不宜太大，人工清污时不超过 3.0m；机械清污时不超过 4.0m。高差太大时应设阶梯式格栅。

对于人工清污的格栅，工作平台沿水流方向的长度不小于 1.2m，机械清污的格栅，其长度不小于 1.5m，两侧过道宽度不小于 0.7m。工作平台上应有栏杆和冲洗设施。

格栅与水泵吸水管道之间，不留敞开部分，以防物件掉入和保证操作人员的安全。可设铸铁箅子（或带梅花孔的钢筋混凝土板）用以泄水，检修时要便于打开。

格栅拦截下的污物要及时清除，否则将增加过格栅的水头损失，使得泵站耗能增大。人工清污不但劳动强度大，且不能及时清除污物，随着各种工业废水的增加，污水中逸出的有毒气体对清污工人的身体健康有很大的危害。因此，近年来机械清污发展很快。机械清污是靠机械设备将格栅拦截的污物从污水中捞起倾倒在翻斗车或其他集物设备或通过输送带运走。

目前我国已有多种规格型号的格栅清污设备应用于污水泵站的清污。格栅清污机按机械结构可分为链条牵引式、绳索牵引式和弧形格栅清污机。按清污方式可分为齿耙前置式、齿耙后置式和自清式清污机三类。设计时可根据具体情况选择相应的清污机。

2. 水位控制器

为适应污水泵站开停机频繁的特点，常采用自动控制方式。自动控制机组开停机信号，通常由水位继电器发出。图 6-9 为污水泵站中常用的浮球液位控制器工作原理图。浮子 1 置于集水池中，通过滑轮 5，用绳 2 与重锤 6 相连，浮子 1 略重于重锤 6。浮子随池中水位上升与下降，带动重锤下降与上升。在绳 2 上有夹头 7 和 8，水位变动时，夹头将杠杆 3 拨到上面或下面的极限位置，使触点 4 接通或切断线路 9 与 10，从而发出信号。当继电器接受信号后，即能按事先规定的程序开停机。国内使用较多的有 UQK-12 型浮球液位控制器、浮球行程式水位开关、浮球拉线式水位开关。

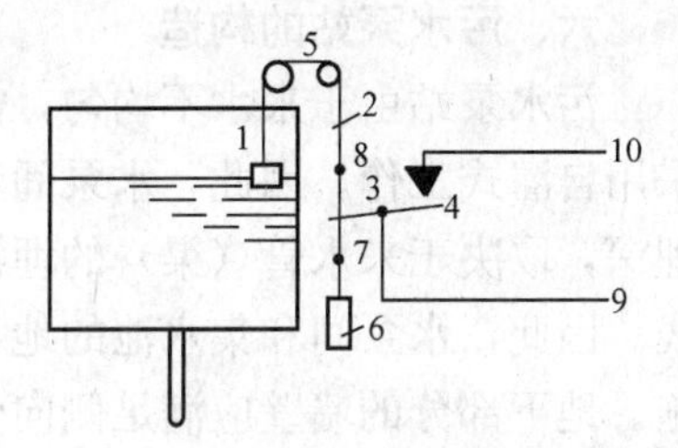

图 6-9 浮子水位继电器
1—浮子；2—绳子；3—杠杆；4—触点；5—滑轮；6—重锤；7—下夹头；8—上夹头；9、10—线路

除浮球液位控制器外，还有电极液位控制器，其原理是利用污水具有导电性，由液位电极配合继电器实现液位控制。与浮球液位控制器相比，由于无机械传动部件，具有故障少，灵敏度高的优点。

3. 计量设备

单独设立的污水泵站可采用电磁流量计、弯头水表或文氏管水表计量，应防止传压细管被污物堵塞。污水处理厂内的污水泵站在排出处理后污水的明渠上设计量槽。

4. 充水设备

当水泵为非自灌时，可采用真空泵或水射器抽气充水。采用真空泵充水时，在真空泵与污水泵之间设气水分离箱，以免污水和杂质进入真空泵内。

5. 反冲洗设备

污水中的杂质沉积于集水池内，会腐化发臭，甚至淤塞集水池，影响水泵的正常吸水。

为了松动集水池内的沉渣，在集水池内设压力冲洗管。一般从水泵压水管道上接出一根直径为50～100mm的支管伸入集水池中，定期将沉渣冲起，由水泵抽走；也可用自来水作为冲洗水源。

6. 排水设备

水泵间高于集水池时。水泵间的污水能自流泄入集水池，可用管道把水泵间的集水坑与集水池连接起来，其上装闸阀，排水时将闸阀开启，污水排放完毕，将闸阀关闭，以免集水池中的臭气进入水泵间。

如水泵间污水不能自流排入集水池，则应设微型排水泵将集水坑中污水抽到集水池。

7. 采暖与通风设施

集水池一般不设采暖设备，因为集水池埋深较大，热量不易散失，且污水温度通常不低于10～20℃。水泵间采暖，一般采用火炉或暖气设施。

集水池通常利用通风管自然通风，在通风管出口设风帽。水泵间一般采用自然通风。只有在炎热地区，机组台数较多或功率较大，自然通风不能满足要求时，才采用机械通风。

8. 起重设备

起重设备应根据吊运最重设备或部件确定。起重量不大于3t，宜选用手动或电动单轨吊车；起重量大于3t，宜选用电动单梁或双梁起重机。

六、污水泵站的构造

污水泵站由于来水不均匀，需频繁开停水泵，为便于泵站的管理和实现自动控制，多采用自灌式工作。因此，水泵间和集水池往往设计成半地下式或地下式。泵房地下部分的埋深，取决于来水管（渠）的埋深。污水泵站一般建在地势低洼处，站址处地下水埋深较浅。因此，水泵间和集水池的地下部分一般采用钢筋混凝土结构，并应采取必要的防渗措施。地下部分的墙壁应满足侧向土压力、水压力以及上部荷载作用下的强度和刚度要求。底板应满足最不利地基反力下的强度和刚度要求。泵房地面以上部分为砖混结构。

集水池和水泵间应尽量合建，缩短吸水管道的长度，减少管道水头损失，降低泵站能耗。只有当水泵台数较多，泵站进水管（渠）埋深较大时，两者才分建，以减少水泵间的埋深，降低工程投资。

集水池和水泵间合建时，用无门窗且不透水的墙将二者分开。集水池和水泵间各设单独的进口。

在半地下和地下式水泵间内设扶梯，扶梯一般沿墙布置，宽度为1.0～1.2m，坡度为1∶1，扶梯栏杆高0.8～1.0m。水泵间埋深超过3.0m时，扶梯应设中间平台。

水泵间应有排水沟和集水坑。排水沟一般沿墙布置，坡度为$i=0.01$，集水坑平面尺寸一般为0.4m×0.4m，深为0.5～0.6m。

对于非自动化控制的泵站，应设置水位指示装置，以便于管理人员能随时了解集水池中水位变化情况，据此来控制水泵的开停。集水池中的通风管应伸到工作平台以下，以免在排风时臭气从室内通过，影响管理人员的健康。集水池中一般应设事故排水管。

七、污水泵站实例

【例 6-1】 某污水泵站基本情况如下：

(1) 城市人口为 8 万人，生活污水量定额为 135L/(人·d)；

(2) 进水管管底高程为 24.80m，管径 DN600mm，充满度$\frac{H'}{DN}=0.75$；

(3) 要求提升后的水面高程为 39.80m，经 320m 的管道输水至污水处理构筑物；

(4) 站址不受附近河道洪水淹没和冲刷的影响，地面高程为 31.800m（图 6-10）；

(5) 站址处地质条件为沙壤土，地下水最高水位为 29.30m，最低为 28.00m，地下水无侵蚀性，该地区最大冻土厚度为 0.7m；

(6) 供电电源为两个回路双电源，电源电压为 10kV 要求泵站采用自灌式运行方式，试设计该泵站。

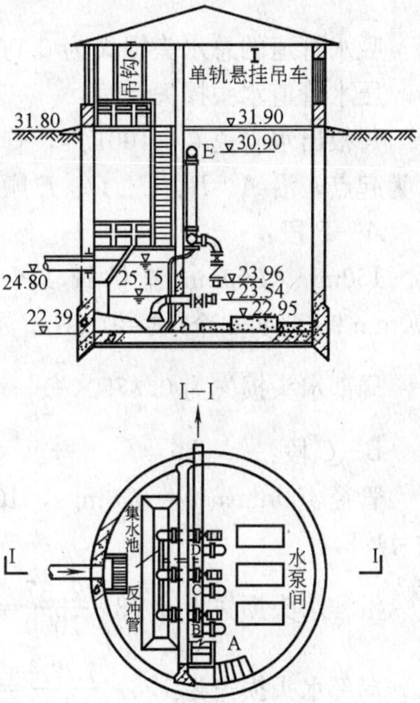

图 6-10 自灌式污水泵站
（高程单位：m）

【解】

1. 选择泵型

平均流量：$Q=\frac{135\times80000}{86400}=125\text{L/s}$

最大流量：$Q_1=Qk_2=125\times1.59=199\text{L/s}$

取 $Q_1=200\text{L/s}$。

选择集水池与水泵间合建的圆形泵房，初步选择 3 台水泵（其中 1 台备用），每台水泵的流量为 $\frac{200}{2}=100\text{L/s}$。

选泵前总扬程估算：

水经过格栅的水头损失按 0.1m 计，水泵的静扬程为：

$H_{ST}=39.8-(24.8+0.6\times0.75-0.1-2.0)=16.65\text{m}$（集水池有效水深为 2m）。

压水管管道水头损失：

总压水管 $Q=200\text{L/s}$，选用管径为 400mm 的铸铁管。查表得 $v=1.59\text{m/s}$；$1000i=8.93\text{m}$。

当一台水泵运行时，$Q=100\text{L/s}$，$v=0.8\text{m/s}$。

设总压水管管中心埋深为 0.9m，局部水头损失为沿程水头损失的 30%，则泵站外管道水头损失为：

$$[320+(39.8-31.8+0.9)]\times\frac{8.93}{1000}\times1.3=3.82\text{m}。$$

室内管道水头损失按 1.5m 计，安全扬程按 0.5m 计，则总扬程为：

$H=16.65+1.5+3.82+0.5=22.5\text{m}$。

初选 6PWA 型污水泵，每台泵 $Q=100\text{L/s}$，$H=23.3\text{m}$。

进行泵站的平面和立面布置，如图 6-10 所示。然后对所选水泵进行校核。

吸水管道水头损失计算：

每根吸水管道 $Q=100L/s$，管径 350mm，$v=1.04m/s$；$1000i=4.62m$。

由管道布置知：直管部分长度为 1.2m，喇叭口一个（$\xi=0.1$），管径 350mm 90°弯头1个（$\xi=0.5$），350mm 闸阀一个（$\xi=0.1$），350mm×150mm 偏心渐缩管一个（$\xi=0.25$）。

沿程水头损失为 $1.2\times\frac{4.62}{1000}=0.0056m$。

局部水头损失为 $(0.1+0.5+0.1)\times\frac{1.04^2}{2g}+0.25\times\frac{5.7^2}{2g}=0.453m$。

吸水管道的总水头损失为 $0.006+0.453=0.459m$

压水管道水头损失计算：

每根出水管道 $Q=100L/s$，管径 300mm，$v=1.41m/s$，$1000i=4.62m$，从最不利点 A 为起点，沿 A、B、C、D、E 顺序计算水头损失。

A—B 段：

150mm×300mm 渐扩管 1 个（$\xi=0.375$），300mm 止回阀 1 个（$\xi=1.7$），管径 300mm 90°弯头 1 个（$\xi=0.50$），300mm 闸阀 1 个（$\xi=0.1$）。

局部水头损失为 $0.375\times\frac{5.7^2}{2g}+(1.7+0.5+0.1)\times\frac{1.41^2}{2g}=0.85m$

B—C 段：

管径 400mm，$v=0.8m/s$，$1000i=2.37m$。直管部分长度为 0.78m，丁字管 1 个（$\xi=1.5$）。

沿程水头损失为 $0.78\times\frac{2.37}{1000}=0.002m$

局部水头损失为 $1.5\times\frac{1.41^2}{2g}=0.152m$。

C—D 段：

管径 400mm，$Q=200L/s$，$v=1.59m/s$，$1000i=8.93m$，直管部分长度为 0.78m，丁字管 1 个（$\xi=0.1$）。

沿程水头损失为 $0.78\times\frac{8.93}{1000}=0.007m$

局部水头损失为 $0.1\times\frac{1.59^2}{2g}=0.013m$

D—E 段：

直管部分长 5.5m，丁字管一个（$\xi=0.1$），管径 400mm 90°弯头 2 个（$\xi=0.6$）。

沿程水头损失为 $5.5\times\frac{8.93}{1000}=0.049m$

局部水头损失为 $(0.1+0.6\times2)\times\frac{1.59^2}{2g}=0.168m$。

压水管道总水头损失为：

$3.82+0.85+0.002+0.152+0.007+0.013+0.049+0.168=5.061m$

则水泵的总扬程为 $H=16.65+0.46+5.061+0.5=22.671m$

因此，选择 6PWA 型水泵是合适的。

2. 泵房布置

泵房地下部分为钢筋混凝土结构，地上部分为砖混结构。集水池和水泵间用钢筋混凝土墙隔开。每台泵有单独的吸水管道，管径均为 350mm。水泵为自灌式，每条吸水管道上均设闸阀，三台水泵共用一条压水管道。

从压水管道上接出一条直径为 50mm 的冲洗管（在集水池内部分为穿孔管），通到集水坑内。

集水池容积按一台水泵 6min 的出水量确定，其容积为 $36m^3$。有效水深 2m，集水池面积为 $18m^2$。内设一个宽 1.5m，斜长 1.8m 的格栅，格栅采用人工清污。

水泵间起重设备采用单轨悬挂吊车，集水池间设置固定吊钩。

第三节　雨水泵站及合流泵站

当雨水管道出口处水体水位较高，雨水不能自流排泄；或者水体最高水位高出排水区域地面时，都应在雨水管道出口处，或雨水管道出口前设置雨水泵站。

雨水泵站基本上与污水泵站相同，下面仅就其不同的特点，予以说明。

一、水泵选择

雨水泵站水泵选型的依据是雨水流量、扬程及其变化规律。

1. 设计流量和设计扬程的确定

雨水流量的大小与暴雨强度、降雨历时、重现期、径流系数、汇水面积等因素有关，应根据城镇的具体情况合理确定雨水泵站的设计流量。雨水泵站流量按泵站前雨水管道设计流量确定。

水泵扬程的大小，与进水侧水位、排入水体的水位有关。在确定水泵扬程时，应对进水侧水位、排入水体的历年水位进行分析、组合，用经常出现的扬程作为选泵的依据。对于进出水侧水位变化较大的雨水泵站，要同时满足水泵在最高扬程、最低扬程下排水流量及在高效段范围内运行的要求。

2. 水泵选择

雨水泵站的最大和最小流量相差很大。所选水泵首先应满足最大流量的要求，同时考虑到雨水流量的变化，否则不仅给泵站的运行管理带来困难，而且造成电能的浪费。因此，雨水泵站中的水泵台数，一般不宜少于 2 台，以适应雨水流量的变化。

水泵宜选同一型号，当流量变化较大时，应考虑水泵大小搭配。在采用水泵大小搭配时，其型号不宜超过两种。如采用一大二小三台水泵时，小泵出水量不小于大泵的 1/3。雨水泵站在非汛期进行检修，一般不设备用机组。

对于合流泵站，抽送污水的流量较小。降雨时合流管道系统流量增加，合流泵站既排污水，又排雨水，流量较大。因此，合流泵站水泵要选择大小搭配的两种型号。否则将造成泵站运行管理不便和电能的浪费。如某城市的合流泵站按排污水和雨水时的流量，只选择了两台 28ZLB-70 型轴流泵。大雨时开一台泵已满足要求，而且开泵的时间很短（约 10～20min）。由于水泵流量太大，根本不适合排污水。排污水时，刚一开水泵，很快将集水池的污水排完，需立即停泵。水泵一停，集水池中水位又迅速上升，需水泵进行排水，但很快又要停机。如此频繁开停水泵，给运行管理带来很多不便。因此，合流泵站设计时，应根据合流泵站抽送合流污水及其流量的特点，合理选择水泵。

二、雨水泵站的基本类型

雨水泵站的特点是流量大，扬程低，多数采用轴流泵和混流泵。泵房形式有干室型和湿室型两种，分别如图 6-11、图 6-12 所示。

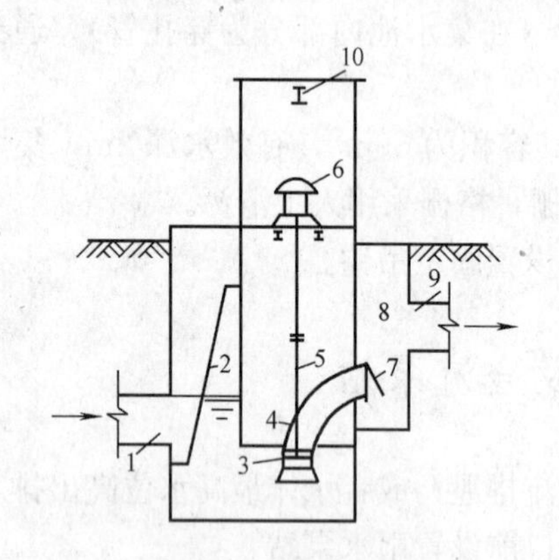

图 6-11　干室型泵房

1—雨水管；2—格栅；3—水泵；
4—压水管；5—传动轴；6—电动机；7—拍门；
8—出水井；9—出水管；10—单轨吊车

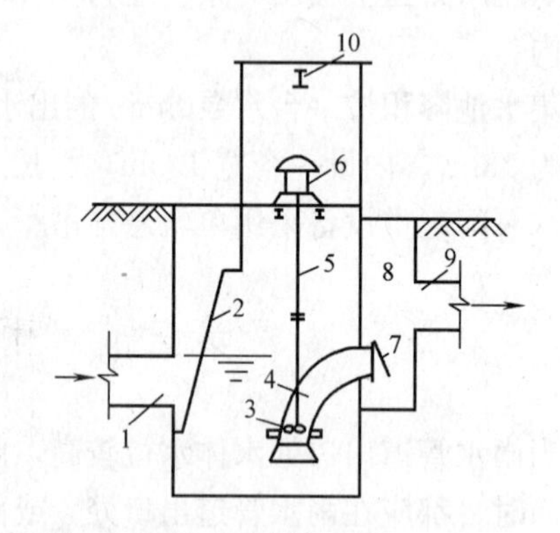

图 6-12　湿室型泵房

1—雨水管；2—格栅；3—水泵；
4—压水管；5—传动轴；6—电动机；7—拍门；
8—出水井；9—出水管；10—单轨吊车

干室型泵房分三层，上层是电动机层，安装电动机和其他电气设备；中层为水泵层，安装水泵和压水管道；下层是进水池。

水泵层与进水池用不透水的地板隔开，进水池的雨水不允许进入水泵层，因而机电设备运行条件好，便于运行管理，安装检修方便，卫生条件好。缺点是结构复杂，造价较高。

湿室型泵房，电动机层下面是进水池，水泵浸于进水池中。泵房结构虽比干室型泵站简单，造价较低，但水泵的安装检修不如干室型泵房方便，泵房内比较潮湿，且有臭味，不利于设备的维护和管理人员的健康。

三、进水池

由于雨水管道设计流量大，暴雨时泵站在短时间内要排除大量雨水，如果完全用进水池来调节来水的不均匀，往往需要很大的容积；另一方面，接入泵站的雨水管（渠）断面积很大，敷设坡度又小，也能起一定的调节来水不均匀的作用。因此，雨水泵站进水池一般不考虑对来水流量不均匀的调节作用，只要求在保证水泵正常工作和合理布置吸水喇叭口等所必须的容积。一般采用不小于最大一台水泵 30s 的出水量。

雨水泵站多数采用轴流泵，而轴流泵没有吸水管道，吸水喇叭口直接从进水池吸水，进水池中水流的流态直接影响叶轮进口处水流流速和压力的分布，因而水流流态对水泵的性能和运行影响较大。故必须正确合理设计进水池。

进水池是供水泵或水泵的吸水管道吸水的构筑物，其主要作用是：①为水泵提供良好的吸水条件；②设置格栅，拦截来水中的污物和杂质。

进水池中的水流是由明渠水流向管流的过渡段。进水池中的不良流态主要是各断面流速分布不均匀，以及出现各种形式的漩涡。在进水池中可能产生如图 6-13 所示的涡流。图 6-13（*a*）为凹洼漩涡、局部漩涡、同心漩涡，后两者称空气吸入漩涡。图 6-13（*b*）所示为水中涡流。这种涡流附着于进水池底部或侧壁，一端延伸到水泵进口内，在水中漩涡中心产生气蚀作用。

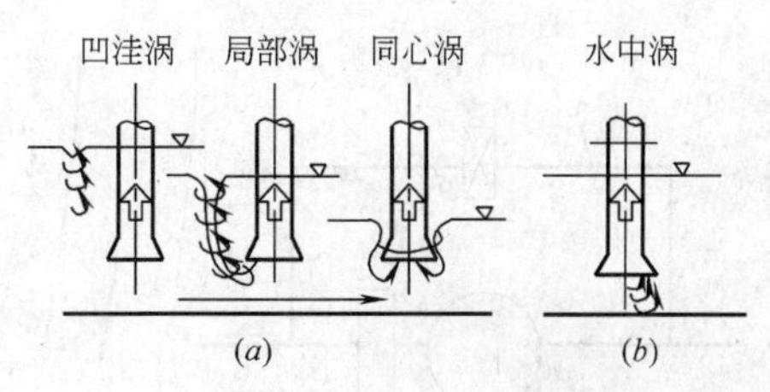

图 6-13　进水池中的漩涡

由于吸入空气和气蚀作用使水泵性能下降，效率降低，出水量减少；此外，水泵产生噪声和振动，导致叶轮气蚀。

进水池的布置和尺寸确定见第五章第五节。

进水池由于受某些条件的限制（例如站址处地形及场地的大小、施工条件、机组类型等），不可能设计成理想的形状和尺寸时，为了防止进水池中产生漩涡等，可设置涡流防止壁。几种典型的涡流防止壁的形式、特征和用途见表 6-2。

涡流防止壁的形式、特征和用途　　**表 6-2**

序号	形　式	特　征	用　途
1		当吸水管与侧壁之间的空隙大时，可防止吸水管下水流的旋流；并防止随旋流而产生的涡流。但是，如设计涡流防止壁中的侧壁距离过大时，会产生空气吸入涡	防止吸水管下水流的旋流与涡流
2	多孔板	防止因旋流淹没水深不足，所产生的吸水管下的空气吸入涡，但是不能防止旋流	防止吸水管下产生空气吸水涡
3	多孔板	预计到因各种条件在水面有涡流产生时，用多孔板防止涡流	防止水面空气吸入涡流

四、出流设施

出流设施一般包括出流井（池）、出流管、溢流管、排水口等四部分，如图 6-14 所示。雨水经出流井（池）、出流管和排水口排入天然水体。

1. 出流井（池）

出流井（池）的主要作用是：汇集各水泵出流、消除部分动能、将水送入出流管。

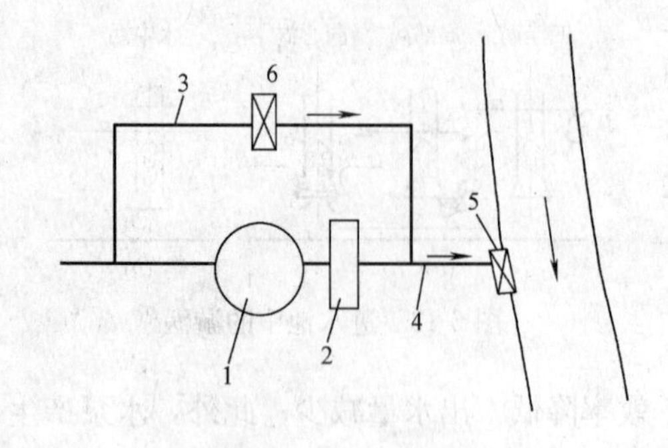

图 6-14　出流设施

1—泵房；2—出流井；3—溢流管；

4—出流管；5—排水口；6—闸门

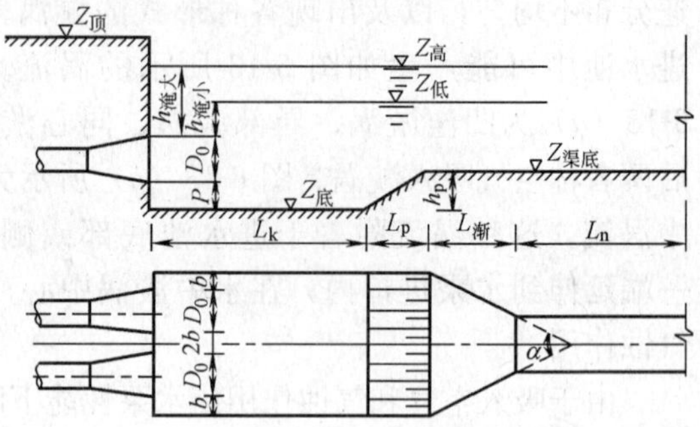

图 6-15　出流井（池）各部分尺寸

出流井（池）按水流方向有正向和侧向之分；按结构形式有敞开式和封闭式两种。

(1) 正向出流井（池）尺寸的确定

1) 池长 L_k。当水泵压水管道淹没水平出流时，按水面漩滚法计算池长。试验表明，出流井（池）上部水流形成的水滚长度与管口淹没深度之间呈抛物线关系。假定池长等于水滚长度，如图 6-15 所示，则

$$L_k = k h_{淹}^{0.5} \tag{6-4}$$

式中　L_k——池长（m）；

$h_{淹}$——管口上缘的最大淹没深度（m）；

k——试验系数。

$$k = 7 - \left(\frac{h_p}{D_0} - 0.5\right) \times \frac{2.4}{1 + \frac{0.5}{m^2}} \tag{6-5}$$

式中　h_p——台坎高度（m）；

m——台坎坡度，$m = \frac{h_p}{L_p}$；

L_p——台坎长度（m）；

D_0——压水管道出口直径（m），可按出水管口流速 1.0～2.0m/s 范围内确定，当压水管道较短时，可等于压水管道直径。

式（6-5）对于管道出口水流流速较小时较为准确，当压水管道出口流速大于等于 1.5m/s 时误差较大，这时可按下式计算：

$$L_k = k\left(h_{淹} + \frac{v_0^2}{2g}\right) \tag{6-6}$$

式中　v_0——压水管道出口平均流速（m/s）。

当无台坎（$m=0$）或 $h_p \leqslant 0.5D_0$ 时

$$L_k = 7\left(h_{淹} + \frac{v_0^2}{2g}\right) \tag{6-7}$$

当垂直台坎时（$m=\infty$）

$$L_k = \left(8.2 - 2.4\frac{h_p}{D_0}\right)\left(h_{淹} + \frac{v_0^2}{2g}\right) \tag{6-8}$$

2）池宽 B。出流井（池）宽度由下式计算

$$B=(n-1)\delta+n(D_0+2b) \tag{6-9}$$

式中 n——压水管道数目；

δ——隔墩厚度（m）；

b——压水管道距隔墩或距池壁的距离（m），$b=1.0D_0$。

3）管口上缘最小淹没深：

$$h_{淹小}=0.1v_0^2 \tag{6-10}$$

式中 v_0——压水管道出口平均流速（m/s）。

4）底板高程 $Z_{底}$

$$Z_{底}=Z_{低}-(h_{淹小}+D_0+P) \tag{6-11}$$

式中 $Z_{低}$——出流井（池）中最低水位（m）；

P——压水管道出口下缘距池底的垂直距离，一般采用 $P=0.1\sim0.3$m。

5）池顶高程 $Z_{顶}$

$$Z_{顶}=Z_{高}+a \tag{6-12}$$

式中 $Z_{高}$——池中最高水位（m）；

a——安全超高，$a=0.5$m。

6）出流井（池）与出流管的衔接。出流井（池）宽度一般大于出流管宽度，在条件允许的情况下，为使水流平顺地进入出流管，减少池中水位壅高，两者之间应设渐变段，如图 6-15 所示。渐变段收缩角 α 可取 30°～40°，最大不超过 60°，渐变段长度按下式计算

$$L_{渐}=\frac{B-b}{2\tan\frac{\alpha}{2}} \tag{6-13}$$

式中 $L_{渐}$——渐变段长度（m）；

b——出流管宽度（m）。

（2）侧向出流井（池）尺寸的确定

1）池宽 B。可用下列经验公式计算：

$$\frac{B}{D_0}=2\sqrt{2F_r-\frac{h_{淹}}{D_0}} \tag{6-14}$$

式中 F_r——压水管道出口水流弗汝德数，$F_r=\frac{v_0^2}{gD_0}$；

$h_{淹}$——压水管道出口上缘淹没深度（m）。

对于单管，一般可采用

$$B=(4\sim5)D_0 \tag{6-15}$$

对于多管侧向出流，池宽随汇入流量的增大而加大，如图 6-16 所示。

1—1断面 $B_1=(4\sim5)D_0$

2—2断面 $B_2=B_1+D_0$

3—3断面 $B_3=B_2+D_0$

……

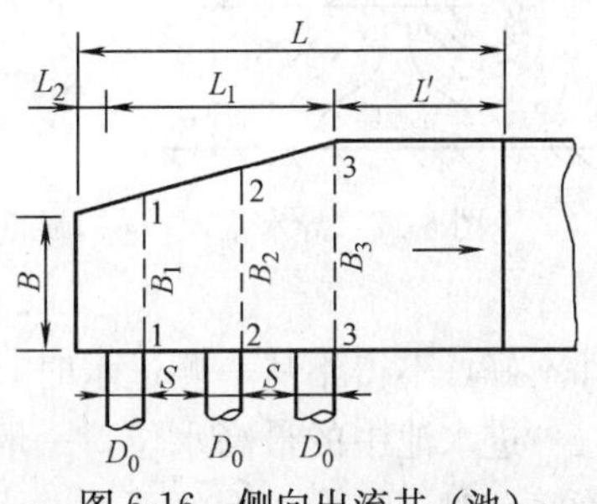

图 6-16 侧向出流井（池）尺寸的确定

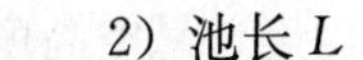
2）池长 L

对单管侧向出流的计算公式为

$$L=L_2+D_0+L'=L_2+6D_0$$

式中 L_2——压水管道出口外缘距池壁的距离（m）；

L'——满足出流流速分布均匀的长度（m），$L'=5D_0$。

对于多管侧向出流的计算公式为

$$L=L_2+L_1+L'=D_0+[nD_0+(n-1)S]+5D_0=(n+6)D_0+(n-1)S$$

式中 n——管道根数；

S——管道之间净距（m）。

出流井（池）底部要安装泄空管或设集水坑，以便于检修时将池中水排出。封闭式出流井（池）顶上要设防止负压的通气孔和用于维护检修的进人孔。出流井承受内水压力时，进人孔应密封，同时设置通气孔。

出流井（池）中水泵压水管道出口设拍门，防止水倒流。

出流井（池）可以多台泵共用一个，也可每台水泵各设一个。出流井（池）与泵房合建方式采用较多。

2. 溢流管

溢流管的作用是当水体水位较低，同时排水量不大时，为减少运行费用和降低能耗，或在水泵发生故障或突然停电时，用以自流排泄雨水。为便于控制运用溢流管上应设闸门，平时该闸门关闭。

3. 排水口

排水口的设置应便于将雨水排入天然水体，并应考虑对河道的冲刷和航运的影响，所以应控制出口水流的速度和方向，出口流速宜小于 0.5m/s，流速较大时，可采用八字形翼墙扩大过水断面积，降低流速。排水口的方向最好向河道下游倾斜，避免与河道垂直。

五、雨水泵站的内部布置与构造

雨水泵站中的水泵一般采用单列布置，每台水泵单独从进水池中抽水，并独立地将雨水排入出流井（池）中。出流井（池）一般位于泵房外，以出流井（池）与泵房合建者居多，当出流井（池）可能产生溢流时，应采用封闭式出流井（池），并在进人孔上加井盖，在井盖上设通气管或在出流井内设溢流管，将水引回进水池。

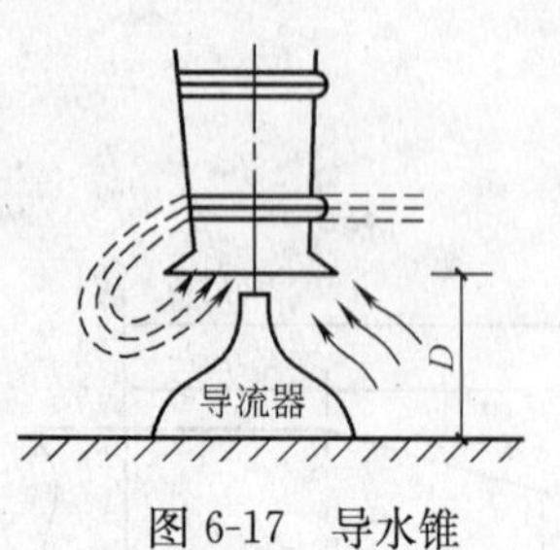

图 6-17 导水锥

水泵吸水喇叭口和进水池之间的距离，应使吸水喇叭口和进水池底之间的过水断面积等于吸水喇叭口的面积。这个距离在 $D/2$ 时最好（D 为吸水喇叭口直径）。如果这一距离必须大于 D，为了改善水力条件，在吸水喇叭口下应设导水锥，如图 6-17 所示。

吸水喇叭口中心至池壁的距离应不小于 D，相邻水泵吸水喇叭口中心距应等于 $2D$，如图 6-18（*a*）所示。

图 6-18（*a*）及（*b*）所示的进水条件较好，（*c*）的进水条件不好，不得不从一侧进水时，则应采用图中（*d*）的布置形式。

进水池中的最高水位，一般为来水干管的管顶高程；最低水位一般略低于来水干管的管底。对于流量较大的泵站，为避免泵房挖深太大，施工困难，最低水位也可略高于来水管的管底，使最低水位与来水干管中的水位齐平。水泵进水喇叭口的淹没深度、悬空高度

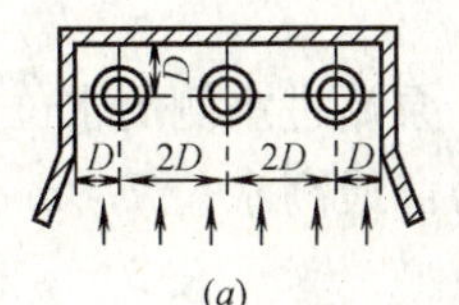

(*a*)

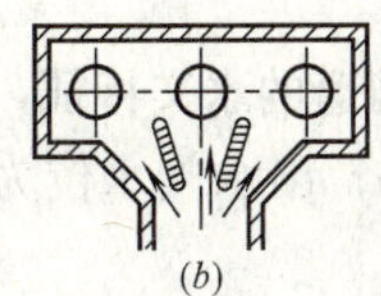

(*b*)

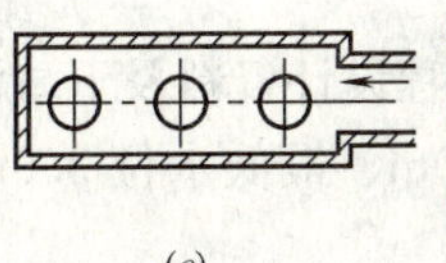

(*c*)

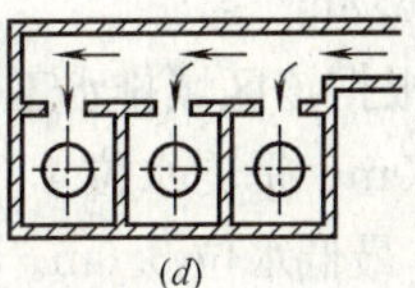

(*d*)

图 6-18　雨水泵吸水口的布置

及要求的进水池宽度按水泵样本的规定选取。

轴流泵压水管道上不允许设置闸阀，为防止停泵时水倒流，在管道出口处设拍门。拍门前装通气管，以便启动水泵时排出管内空气和防止停机时水倒流管道内出现负压。通气管管顶高于出流井（池）中的最高水位。

泵体和压水管道之间用活接头连接，以便检修水泵，并可调整机组安装时出现的偏差。

轴流泵的扬程较低，压水管道的长度应尽量短，以减少水头损失。压水管道直径应使管道中流速水头小于水泵扬程的 4%～5%；当压水管道较短时，压水管道的直径可等于水泵的出口直径。

由于泵房分层较多，在各层设备布置时应相互协调，统一考虑，使各层均能满足布置要求。

水泵间应设集水坑和微型排水泵，排除水泵间的积水。

相邻两机组基础之间的净距，同污水泵站的要求。

对于安装立式轴流泵的泵站，电机层应设起重设备，可根据泵房的跨度及起重量的大小选择相应的起重设备。电机层的底板上设吊物孔，该孔在不用时，应用盖板盖好。

电机层的净高，当电动机功率在 55kW 以下时，应不小于 3.5m；功率在 100kW 以上时，净高应不小于 5.0m。

为拦截污物和杂质，在进水池前设格栅。格栅可单独设置，也可附设在泵房内，单独设置的格栅井通常建成露天式，四周围以栏杆。附设在泵房内时，必须与水泵间、变压器间和其他房间完全隔开。

为便于清除格栅拦截的污物和杂质，格栅应设工作平台。平台应高于最高水位 0.5m，平台宽度应不小于 1.2m，平台上应做渗水孔，并有冲洗设施。

为便于检修，需用隔墙将进水池分隔成单独的进水格间，每台水泵有独立的进水池，如图 6-18（*d*）。隔墙上设有闸门槽或格栅槽。闸门槽设两道，平时闸门开启，检修时将闸门放下，中间用黏土填实，以防渗水，如图 6-19 所示。

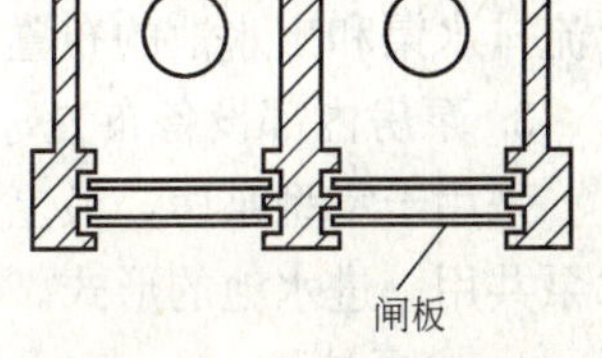

图 6-19　进水池闸板

为便于检修需将进水格间内的水排出，格间底板上应设集水坑安放排水泵。

六、合流泵站实例

【例 6-2】 某合流泵站基本情况如下：

（1）某市铁路以东、北环东路以南、解放东路以北的雨水及该区域的生活污水和工厂废水不能自流排出。根据该区域排水规划，排雨水和污水的总流量为 6.8m^3/s。

(2) 根据该区域排水工程设计资料及下游河道的水文特征，泵站进水侧的水位为：最高水位 6.0m、平均水位 4.0m、最低水位 3.0m；出水侧水位为：最高水位 7.0m 平均水位 5.7m；最低水位 3.0m。

(3) 站址处的地基资料：地面以下 0～2.5m 为黏土，2.5m 以下为砂土，泵房基础在砂土地基上。

(4) 站址处地下水埋深较浅，距地表仅 0.5m，对泵站构筑物及泵站施工有较大影响。

试进行泵站设计。

【解】

1. 选择水泵

泵站扬程的计算

水流经过格栅的水头损失按 0.2m 计。

水泵运行时静扬程为

H_{STmax}＝出水侧最高水位－(进水侧最低水－0.2)＝7.0－(3.0－0.2)＝4.2m

H_{STd}＝出水侧平均水位－(进水侧平均水位－0.2)＝5.7－(4.0－0.2)＝1.9m

H_{STmin}＝出水侧平均水位－(进水侧最高水位－0.2)＝7.0－(6.0－0.2)＝－0.8m

通过静扬程计算可以看出：在出水侧出现平均水位、进水侧出现最高水位时，有自流排水条件。因此，泵站设计时，为减少运行费用和耗电费，设置自流排水设施。

根据静扬程的大小及泵站排水的性质，拟选两种型号的轴流泵。泵站出水池采用和泵房合建的形式。管道的水头损失按 1.0m 计，则水泵工作时的总扬程为：

$$H_{max}=4.2+1.0=5.2\text{m}$$

$$H_d=1.9+1.0=2.9\text{m}$$

初选水泵型号为：两台 36ZLB-70 和两台 28ZLB-70。36ZLB-70 型泵叶片安装角为 0° 时，$Q=2.0m^3/s$，$H=5.4m$；28ZLB-70 型泵叶片安装角为＋2°时，$Q=1.585m^3/s$，$H=6.39m$。

2. 泵站构筑物布置

由于泵站有自流排水条件，因此，设置自流排水渠，为便于管理在自流排水渠上设闸门。为便于出水池与自流排水渠的连接，出水池采用侧向出水方式，并在出水池与自流排水渠连接处设置闸门，出水池采用封闭式，留进人孔，进人孔上加封闭的盖板和通气管。自流排水渠和出水池的布置及尺寸详见图 6-20。

3. 泵房内部设备布置

采用干室型泵房，最上层为电机层，中层为水泵层，下层为进水层。进水层采用两台水泵共用一进水池的形式。各层布置及尺寸详见图 6-21～图 6-23。

4. 水泵校核

经计算，沿程水头损失为 0.04m，局部水头损失为 0.91m，则总水头损失为 0.95m。水泵工作时的最高扬程为 5.15m，平均扬程为 2.85m。所选水泵满足要求。

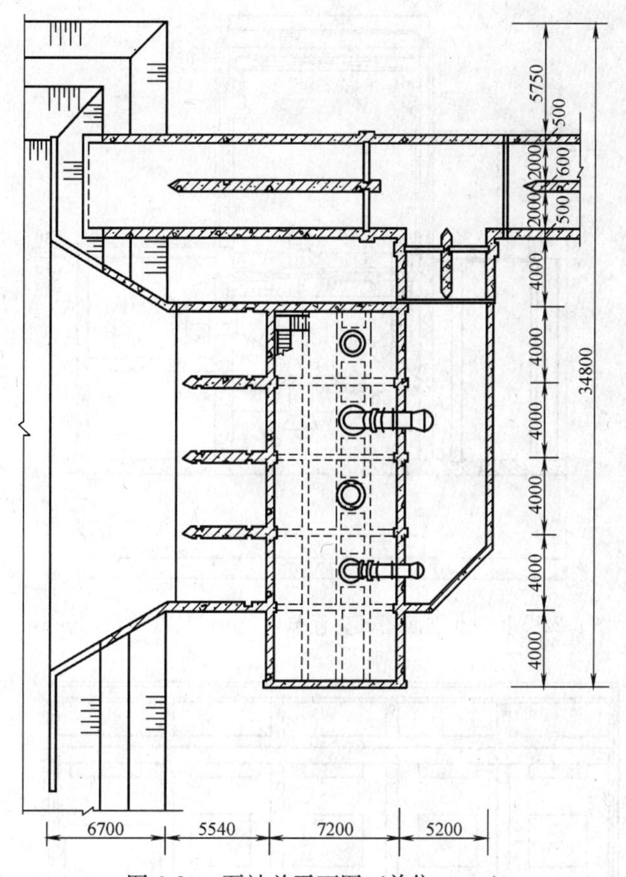

图 6-20　泵站总平面图（单位：mm）

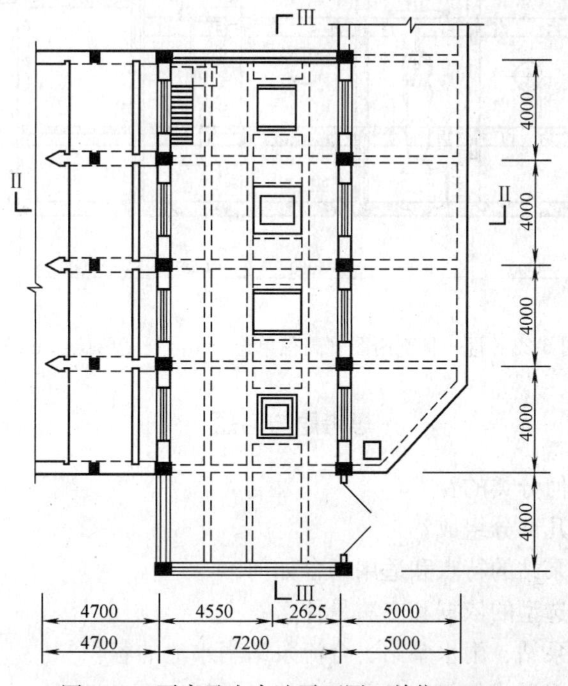

图 6-21　泵房及出水池平面图（单位：mm）

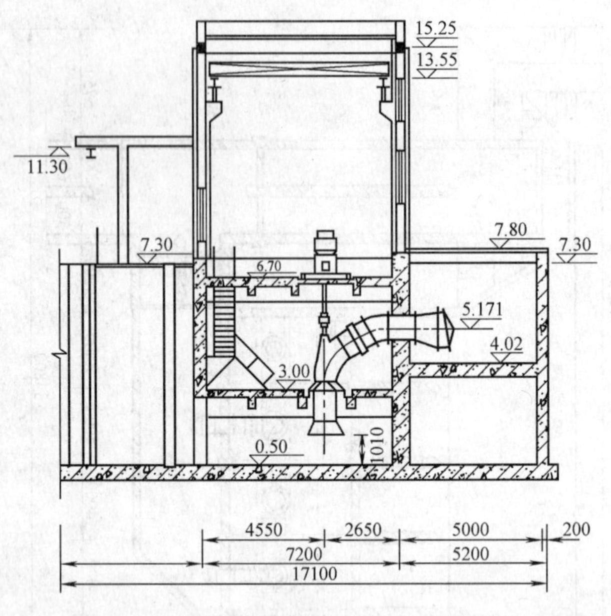

图 6-22 Ⅱ—Ⅱ剖面图（高程单位：m；长度单位：mm）

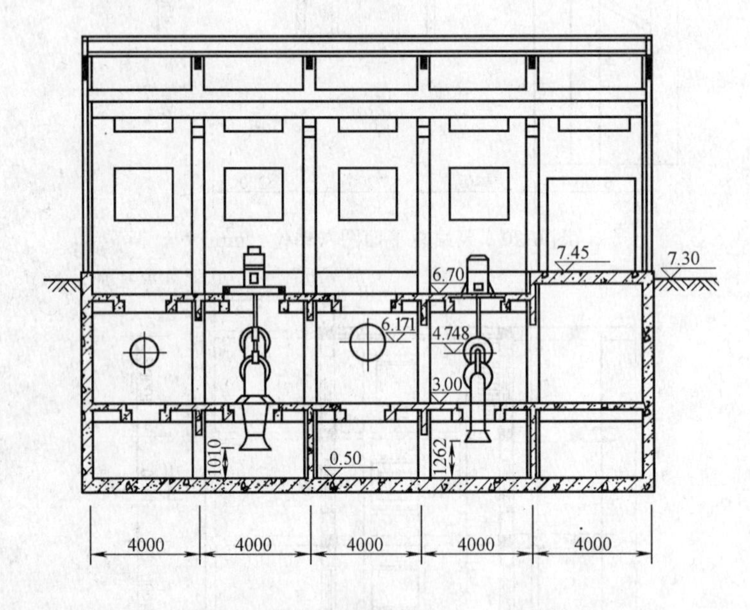

图 6-23 Ⅲ—Ⅲ剖面图（高程单位：m；长度单位：mm）

思考题与习题

1. 排水泵站是如何分类的？
2. 排水泵站由哪几部分组成？
3. 各种典型排水泵站的特点和适用场合如何？
4. 污水泵站水泵选型的依据和方法是什么？
5. 如何确定污水泵站、雨水泵站、合流泵站集水池的容积？
6. 污水泵站的布置形式如何？各适用于什么泵型？

7. 污水泵站吸、压水管道的布置要求是什么？
8. 污水泵站有哪些辅助设施？
9. 污水泵站的构造特点如何？
10. 雨水泵站水泵选型的依据和方法是什么？
11. 雨水泵站的基本类型和特点是什么？
12. 如何确定出流井（池）的尺寸？
13. 雨水泵站的构造特点如何？

第七章　泵站运行管理

第一节　机组的使用及维护

水泵机组的正确启动、运行与停机是泵站安全、可靠、经济运行的前提。掌握水泵机组的操作管理技术与掌握水泵机组的性能理论，对从事给水排水工程的技术人员来说都是相当重要的。

一、启动前的准备工作

水泵启动前应检查各处螺栓连接的完好程度，检查轴承中润滑油的油量、油质是否满足要求，检查闸阀、压力表、真空表上的旋塞是否处于合适的位置，供配电系统的设备和仪表是否正常等。

以上检查满足要求后，应进行盘车。所谓盘车就是用手转动机组的联轴器，凭经验感觉转动时的轻重和均匀程度，有无异常响声等。其目的是为了检查水泵和电动机有无转动零件松脱、卡住、杂物堵塞、泵内冻结、填料过松或过紧、轴承缺油或损坏及轴弯曲变形等现象。

对新安装的水泵或检修后首次启动的水泵，要进行转向检查。检查时可将联轴器松开，启动电动机，视其转向与水泵的转向是否一致，如果不一致可改接电源的相线，即将三根相线中的任意两根换接。

对于吸入式安装的离心泵、蜗壳式混流泵和卧式轴流泵进行充水，对于立式轴流泵和导叶式混流泵，由于叶轮淹没于水下，启动前不必充水，但其橡胶导轴承要引清水润滑。

二、水泵的开机

准备工作就绪后，即可启动水泵。启动时，工作人员要离开机组一定的距离。

对于离心泵和蜗壳式混流泵，一般为闭阀启动，待机组转速达到额定值后，即可打开真空表和压力表上的阀，此时，压力表的读数应上升至水泵流量为零时的最大值，这时可逐渐打开压水管道上的闸阀。如无异常情况，此时真空表读数会逐渐增加，压力表读数应逐渐下降，电动机电流表读数应逐渐增大。启动工作待闸阀全部打开后，即告完成。在闭阀启动时应注意，闭阀运行时间一般不应超过 5min，如时间太长，泵内液体发热，可能造成事故。

对于立式轴流泵和导叶式混流泵，一般为开阀启动。一边充水润滑橡胶导轴承，一边就可启动电动机，待转速达到额定值后，停止充水，即完成了启动任务。

三、运行中应注意的问题

(1) 检查仪表工作是否正常、稳定。电流表的读数不允许超过电动机的额定电流，电流过大或过小都应及时停机检查。

(2) 检查流量计上读数是否正常。也可看出水管水流情况来估计流量。

(3) 检查轴封装置是否发热、滴水是否正常。滴水应呈滴状以 30～60 滴/min 滴出。滴水情况反映了填料的压紧程度，运行中可调节填料压盖螺栓来控制滴水量。

(4) 检查水泵与电动机的轴承温升。轴承温升一般不得超过周围环境温度 35℃，轴承最高温度不得超过 75℃。在无温度计时，也可用手摸，如感到烫手，应停机检查。

(5) 经常监听机组的振动和噪声情况，如过大应停机检查。

(6) 油环应自由地随泵轴作不同步的转动。

(7) 记录水位、流量、扬程、电流、电压、功率因数、耗电量、温度等技术数据，并定期进行分析，为泵站管理和经济运行提供科学的依据。

(8) 严格执行岗位责任制和安全操作规程。

四、水泵的停机

对压水管道上装有闸阀的水泵，停机前应逐渐关闭压水管道上的闸阀，实行闭阀停机。然后，关闭真空表和压力表上的阀，把电动机和水泵上的油和水擦净。在无采暖设备的泵房中，冬季停机后，要将泵及管道内的水放净，以防止水泵和管道冻裂。

五、水泵的故障和排除

水泵运行发生故障时，应查明原因及时排除。水泵运行的故障很多，处理方法也各不相同，水泵的常见故障和排除方法见表 7-1、表 7-2。

离心泵、混流泵的故障原因和处理方法 表 7-1

故障现象	原因	处理方法
水泵不出水	1. 没有灌满水或空气未抽净	1. 继续灌水或抽气
	2. 泵站的总扬程太高	2. 更换较高扬程的水泵
	3. 吸水管道或轴封装置漏气严重	3. 堵塞漏气部位,压紧或更换填料
	4. 水泵的旋转方向不对	4. 改变旋转方向
	5. 水泵转速太低	5. 提高水泵转速
	6. 底阀锈死、进水口或叶轮的槽道被堵塞	6. 修理底阀,清除杂物,进水口加拦污栅
	7. 吸程太大	7. 降低水泵安装高程,或减少吸水管道上的阀件
	8. 叶轮严重损坏,减漏环间隙磨大	8. 更换叶轮、减漏环
	9. 叶轮螺母及键脱出	9. 修理紧固
	10. 吸水管道安装不正确,造成管道中存有气囊	10. 改装吸水管道
	11. 叶轮装反	11. 重装叶轮
水泵出水量不足	1. 影响水泵不出水的诸多因素不严重	1. 参照水泵不出水的原因,进行检查分析,加以处理
	2. 吸水管口淹没深度不足,泵内吸入空气	2. 增加淹没深度,或在吸水管周围水面处套一块木板
	3. 工作转速偏低	3. 加大配套动力
	4. 闸阀开得太小或止回阀由杂物堵塞	4. 开大闸阀或清除杂物
动力机超负荷	1. 配套动力机的功率偏小	1. 调整配套,更换动力机
	2. 水泵转速过高	2. 降低水泵转速
	3. 泵轴弯曲,轴承磨损或损坏	3. 校正调直泵轴、修理或更换轴承
	4. 填料压的过紧	4. 放松填料压盖
	5. 流量太大	5. 减小流量
	6. 联轴器不同心或联轴器之间间隙太小	6. 校正同心度或调整联轴器之间的间隙
	7. 关阀时间长,产生热膨胀,减漏环摩擦	7. 执行正常操作程序,遇有故障立即停机检查

续表

故障现象	原因	处理方法
运行时有噪声和振动	1. 水泵基础不稳固或地脚螺栓松动 2. 叶轮损坏、局部被堵塞或叶轮本身不平衡 3. 滑动轴承的油环可能折断或卡住不转 4. 联轴器不同心 5. 吸水管口淹没深度不足，水泵吸入空气 6. 产生气蚀	1. 加固基础，旋紧螺栓 2. 修理或更换叶轮，清除杂物或进行平衡试验调整 3. 校正调直泵轴、修理或更换轴承 4. 校正同心度 5. 增加淹没深度 6. 查明气蚀原因再处理
轴承发热	1. 润滑油量不足，漏油太多或加油过多 2. 润滑油质量不好或不清洁 3. 滑动轴承的油环可能折断或卡住不转 4. 轴承装配不正确或间隙不当 5. 泵轴弯曲或联轴器不同心 6. 轴向推力增大，由摩擦引起发热 7. 轴承损坏	1. 加油、修理或减油 2. 更换合格的润滑油，并用煤油或汽油清洗轴承 3. 修理或更换油环 4. 修理或调整 5. 调直泵轴或校正同心度 6. 查明轴向推力大的原因，进行处理 7. 修理或更换
轴封装置热或漏水过多	1. 填料压的过紧或过松 2. 水封环位置不对 3. 填料磨损过多或轴套磨损 4. 填料质量太差或缠法不对 5. 填料压盖与泵轴配合公差小，或因轴承损坏、泵轴不直，造成泵轴与填料压盖摩擦而发热	1. 调整压盖的松紧程度 2. 调整水封环的位置，使其正好对准水封管口 3. 更换填料或轴套 4. 更换或重新缠填料 5. 车大填料压盖内径、调换轴承、调直泵轴
泵轴转不动	1. 泵轴弯曲，叶轮和减漏环之间间隙太或不均 2. 填料与泵轴干摩擦，发热膨胀或填料压盖压的过紧 3. 轴承损坏被金属碎片卡住 4. 安装不符合要求。转动与固定部件失去间隙 5. 转动部件锈死或被堵塞	1. 校直泵轴，更换或修理减漏环 2. 泵壳内灌水，待冷却后再进行启动或调整压盖螺栓的松紧度 3. 更换轴承并清除碎片 4. 重新装配 5. 除锈或清除杂物

轴流泵的故障原因和处理方法　　**表 7-2**

故障现象	原因	处理方法
动力机超负荷	1. 扬程过高，压水管道部分堵塞或拍门未全部开启 2. 水泵转速过高 3. 橡胶轴承磨损，泵轴弯曲，叶轮外缘与泵壳有摩擦 4. 水泵叶片绕有杂物 5. 叶片安装角度太大 6. 电动机不配套，泵大机小 7. 水源含沙量太大，增加水泵轴功率	1. 增加动力，清理压水管道或拍门设置平衡锤 2. 降低水泵的转速 3. 调换橡胶轴承，校直泵轴，检查叶片磨损程度，重新调整安装 4. 清除杂物，进水口加格栅 5. 调整叶片安装角度 6. 重新选择水泵或电动机 7. 含沙量超过 12%，则不宜抽水

续表

故障现象	原　因	处 理 方 法
运转时有噪声和振动	1. 叶片外缘与泵壳有摩擦 2. 泵轴弯曲或泵轴与传动轴不同心 3. 水泵或传动装置地脚螺栓松动 4. 部分叶片击碎或脱落 5. 水泵叶轮绕有杂物 6. 水泵叶片安装角度不一 7. 水泵层大梁振动很大 8. 进水流态不稳定，产生漩涡 9. 推力轴承损坏或缺油 10. 叶轮拼紧螺母松动或联轴器销钉螺帽松动 11. 泵轴轴颈或橡胶轴承磨损 12. 产生气蚀	1. 检查并调整转子部件的垂直度 2. 校直泵轴，调整同心度 3. 加固基础，旋紧螺栓 4. 调换叶片 5. 清除杂物，进水口加格栅 6. 校正叶片安装角度使其一致 7. 检查机泵安装位置正确后如果仍振动，用顶斜撑加固大梁 8. 降低水泵安装高程，后墙加隔板，各泵之间加隔板 9. 修理轴承或加油 10. 检查并拼紧所有螺帽和销钉 11. 修理轴颈或更换橡胶轴承 12. 查明原因后再处理，如改善进水条件、调节工况
水泵不出水或出水量减少	1. 叶轮旋转方向不对，叶轮装反或水泵转速太低 2. 叶片从根部断裂，或叶片固定螺母松动，叶片走动 3. 叶片绕有大量杂物 4. 叶轮淹没深度不足 5. 水泵进口被淤泥堵塞 6. 压水管道堵塞 7. 叶片外缘磨损或叶片部分击碎 8. 扬程过高 9. 叶片安装角度太小	1. 调整水泵的旋转方向，调整叶片的安装位置或增加水泵转速 2. 更换叶轮或紧固螺帽 3. 清除杂物 4. 降低水泵安装高程或抬高进水池水位 5. 清淤 6. 清理压水管道 7. 修补或更换叶轮 8. 更换水泵 9. 调整叶片安装角度

第二节　泵站技术经济指标

泵站技术经济指标一般为单位水量基建投资、输水成本和电耗三项。技术经济指标取决于泵站的基建总投资、年运行费用、年总输水量和运行管理水平。这三项指标，在泵站设计时，可作为各种设计方案比较的依据；在泵站建成投入运行后，则是改进泵站运行管理、降低输水成本和减少电耗的依据。

一、单位水量基建投资

单位水量基建投资的大小，取决于泵站的基建总投资。泵站的基建总投资包括土建、机电设备、管道及附件、电气设备、照明设备等。初步设计或扩大初步设计时，按概算指标进行计算；施工详图设计阶段，按预算指标进行计算。泵站投入运行后，按决算进行计算。

单位水量基建投资按下式进行计算

$$C'=\frac{C}{N'\sum G} \tag{7-1}$$

式中　C'——单位水量基建投资（元/m^3）；

C——基建总投资（元）；

N'——泵站设计使用年限；

$\sum G$——泵站全年的输水总量（m^3）。

二、输水成本

输水成本取决于泵站年运行费用的大小。泵站年运行费用包括如下几项：

（1）折旧费及大修费 E_1。折旧费及大修费可取泵站总投资的某一百分数。

（2）维修养护费 E_2。可取泵站总投资的某一百分数。

（3）电费 E_3。全年的电费可按下式计算：

$$E_3=\frac{\rho g\sum Q_i H_i T_i}{1000\eta_p\eta_m\eta_i\eta_n}\alpha(\text{元}) \tag{7-2}$$

式中　Q_i——一年中泵站随季节变化的输水流量（m^3/s）；

H_i——相应于 Q_i 的水泵扬程（m）；

T_i——相应于 Q_i 的泵站运行小时数（h）；

ρ——水的密度，取 $\rho=1000kg/m^3$；

η_p——水泵的效率（%）；

η_m——电动机的效率（%）；

η_i——传动装置的效率（%）；

η_n——电网的效率（%）；

α——每 kWh 电的价格（元/kWh）。

（4）工资福利费 E_4。取决于劳动组织与定员指标以及职工的工资水平。

（5）其他费用 E_5。其他费用有办公费、培训费、差旅费等。

泵站的年运行费 S 为：

$$S=E_1+E_2+E_3+E_4+E_5 \tag{7-3}$$

则输水成本可按下式计算：

$$S'=\frac{S}{\sum G} \tag{7-4}$$

式中　S'——输水成本（元/m^3）；

其余符号意义同前。

三、电耗

在泵站日常运行管理中，电耗的大小是衡量泵站运行管理水平和泵站是否经济运行的重要指标之一。通常电耗有如下两种表示方法。

1. 单位电耗

指每抽送 $1000m^3$ 的水实际消耗的电能，即

$$e=\frac{E}{\sum G'} \tag{7-5}$$

式中　e——单位电耗（kWh/km^3）；

E——泵站在某一时段内所消耗的电能（kWh）；

$\sum G'$——泵站在相应于 E 时段内所抽送的水量（m^3）。

单位电耗这项指标虽能反映出能耗的大小，但不能反映机电设备对能源利用率的高低，因为这项指标没有考虑水泵工作扬程的高低以及水泵容量的大小对能耗的影响，它体现不出泵的运行效率和机组的运行效率；随着城镇管道逐年增加，水量也逐年增加，井泵站地下水位的不断下降等，这些因素均会影响该项指标的大小。再有全国各供水企业的水源不同，有的使用地表水，有的使用地下水，有的供水企业地处平原，有的处于丘陵需几次加压，所需扬程较高使得单位能耗也较高；而供水扬程较低的企业单位能耗较低。另外，供水的规模也影响到单位能耗，如供水量大，设备容量大，设备效率就较高，单位能耗就较低；反之供水量小，设备容量也小，设备效率就较低，单位能耗就较高。因此，应该用综合单位电耗指标反映电耗的高低。

2. 综合单位电耗

指在1h的时间内，在供水扬程1MPa时供出1km^3 的水所消耗的电能（kWh/(km^3·MPa)）。

该指标实际上反映的是供水企业机电设备的综合运行效率，其表达式为：

$$e_z = 1000G \times 100H/(367\eta_j \times G \times H) = 10^5/367\eta_j \tag{7-6}$$

式中 e_z——综合单位电耗（kWh/(km^3·MPa)）；

G——某时段水泵提水的总量（m^3）；

H——供水扬程（MPa）；

η_j——水泵机组运行的效率（%）。

由式（7-6）可以看出，综合单位电耗指标表面上看只与水泵机组的运行效率有关，实际上它与水泵运行时的流量、扬程有关。因此，当水泵机组运行在最高效率点 η_{max}时，供水单位电耗为目标综合单位电耗 e_{zmin}。

综合单位电耗指标适用于各个供水企业，作为考核供水企业电耗指标的依据。

目前建设部已建议将综合单位电耗作为2010年发展规划及2020年远景目标的控制指标，即2010年综合电耗为：380kWh/(km^3·MPa)；2020年综合电耗为：350kWh/(km^3·MPa)。

第三节　泵站经济运行

所谓泵站的经济运行是在保证泵站安全运行的前提下，充分发挥泵站中各种设备的效能，在满足用户用水量和水压要求的前提下寻找相对最佳的运行方式，使其产生的效益相对最大，或者说在产生相同效益时消耗的成本最低。因此，泵站要达到经济运行，就必须提高泵站中各种设备的运行效率、加强泵站运行管理和经济调度。

一、加强设备的维护和管理

1. 加强水泵的维护管理

水泵效率的高低取决于容积效率、水力效率和机械效率的大小，加强水泵的维护管理可提高水泵的容积效率、水力效率和机械效率。水泵运行一段时间后，减漏环与叶轮进口处的间隙因摩擦可能增大，使得水量损失加大，从而降低容积效率。要定期进行检查，发现减漏环磨损间隙过大时，应及时更换，在保证运行及设计允许的前提下，尽量减少减漏环与叶轮之间的间隙。水流过水泵时会产生摩阻损失和冲击损失，对于因气蚀或泥沙磨损造成叶轮和泵壳出现的蜂窝、麻面或变形，应及时涂敷、修补或更换；应使水泵大部分时间在高效段运行，以减少冲击损失。为了提高机械效率，应减少机械损失，对于运行管理人员来说，应注意以下几点：严格按轴承的技术要求进行安装维修，按运行操作规程监视轴承的润滑和冷却指标，减少轴承的功率损失；严格控制填料压盖的松紧程度，填料压的太紧摩擦力增大，机械损失也大，甚至有可能使填料烧毁，填料压得太松，虽减少了机械损失，但使漏水量增加；另外，对已损坏的填料应该及时更换，保证填料密封的良好工作状态。

2. 加强电动机的维护管理

加强电动机的维护管理对提高电动机的输出功率非常重要。要定期检查电动机轴承的技术状况，轴承磨损严重时应进行更换；检查轴承润滑油的油质油量是否满足要求。运行中注意轴承有无异常声音，有异常声音应立即查明原因迅速处理；运行中注意轴承的温度是否正常，轴承温升一般不得超过周围环境温度35℃，轴承最高温度不得超过75℃，否则说明轴承的技术状况变差，或有金属物卡塞轴承。运行中注意电动机的振动和声音是否正常，异常振动和声音可能是电动机轴与水泵轴不共线、电动机定子与转子之间发生磨擦、电动机地脚螺栓松动等原因造成，发现异常现象应查明原因，并进行处理。运行中注意电动机有无异味，发现有焦糊味应立即停机查明原因，进行处理。

3. 加强阀门的维护管理

阀门的结构虽然简单，但实际使用中普遍存在着外表漏水，内部关不严的现象。对于这种现象只有加强维护才能使阀门处于良好的工作状态。对于仍在使用的老型号阀门，由于关闭不严致使大量的水量漏损，造成大量的电能浪费，对于这类阀门应更换质量较好的新型阀门，如蝶阀。

为防止水倒流水泵压水管道上常采用止回阀，普通止回阀是靠水的冲力将阀板打开，产生的水头损失较大，造成能量的浪费。微阻缓闭式止回阀与普通止回阀相比产生的水头损失很小，同时可控制关闭的速度，可减轻管网中的水锤压力，供水企业在更新止回阀时应优先选用微阻缓闭式止回阀。

二、提高设备运行效率

1. 提高水泵效率

水泵是泵站中的主要设备，水泵选型时应十分慎重，应选用效率较高的水泵。但即使这样，由于实际运行工况的变化，仍有可能出现高效水泵低效运行的结果。供水企业应十分重视水泵的运行，定期对水泵的特性进行测定。如果水泵的 Q-H 和 Q-η 特性曲线的实测结果与设计数据相差较大时，在无其他不正常的情况下，应更换水泵叶轮。

如果水泵的效率低于表7-3所规定的流量范围内的效率，应更新水泵。

离心泵规定的最低效率　　表7-3

流量(m^3/h)	10	15	20	25	30	40	50	60	70	80
效率(%)	58	60.8	62.8	64	64.8	66.1	67.4	68	68.8	69
流量(m^3/h)	90	100	150	200	300	400	500	600	700	800
效率(%)	69.5	69.9	71.0	71.3	72.3	73.1	74	74.3	74.5	75
流量(m^3/h)	900	1000	1500	2000	3000	4000	5000	6000	8000	10000
效率(%)	75.2	75.4	76.4	77	78	78.8	79	79.2	79.5	80

表 7-3 是比转数 n_s 为 120～210 的效率值，比转数 n_s 不在此范围时，用表 7-4 所列修正系数进行修正。

离心泵效率值修正系数 **表 7-4**

n_s	30	35	40	45	50	55	60	65	70	75	80	85	90
$\Delta\eta$(%)	20	17	14.3	12	10	8.5	7.2	6	5	4	3.2	2.5	2.0
n_s	95	100	110	120～210	220	230	240	250	260	270	280	290	300
$\Delta\eta$(%)	1.5	1.0	0.6	0	0.3	0.65	1.0	1.3	1.6	2.0	2.3	2.6	3.0

将低效水泵更换成高效水泵后减少的电费可由下式计算：

$$A = \alpha G \sum_{i=1}^{n} \left(\frac{277.79}{\eta_i} - \frac{277.79}{\eta_0} \right) H_i C_i \tag{7-7}$$

式中 A——水泵运行效率提高后所减少的电费（元）；

α——当地电价（元/kWh）；

G——全年抽水总量（km^3）；

H_i——一年中不同时刻水泵的运行扬程（m）；

C_i——不同时刻水泵运行扬程出现的概率；

η_0——原水泵对应于 H_i 时的效率（%）；

η_i——新水泵对应于 H_i 时的效率（%）。

将低效水泵更换成高效水泵后，其投资可在 10 年内回收的，原则上可以更新，5 年内能够回收的应列入计划限期更新，2 年内能够回收的应立即更新。

2. 提高电动机效率

在水泵运行中，由于电压的波动，将使水泵的转速发生变化，引起水泵轴功率的变化；水泵制造和性能试验中，由于允许误差引起轴功率的增加；水泵和管道陈旧，摩阻增加，水泵工况点移动引起轴功率发生变化；其他工作条件的变化，如水泵填料压得过紧，轴承的技术状况变差等，都可能发生超负荷现象。因此，配套电动机的功率总是大于水泵的轴功率。

在正常的机电运行范围内，电动机功率与水泵轴功率的比值在 1.05～1.1 之间。电动机的效率与负荷率的大小有关，运行中电动机的效率是否达到额定值完全由负荷率的大小决定。合理配套的水泵机组，电动机的负荷率一般均大于 0.8。如果出现负荷率低的现象，应立即查明原因，如管道情况有无变化、供水情况是否正常、水泵工作是否正常等。若其他一切正常，则说明所配电动机功率偏大，应更换较小功率的电动机。从负荷率看，电动机更新改造的基本条件之一是负荷率低于 0.5。

近年来，新型电动机无论在材料选用上，还是在结构设计上都较老产品有所改进，效率较高，一般比老产品高出 2%～3%。因此，更换电动机应选用最新产品。

3. 提高变压器效率

变压器是供水企业中的主要换能设备，其本身的效率较高，一般在 0.97～0.988 之间。影响变压器效率的因素很多，如硅钢片的质量、铜导体的纯度、整体结构设计和环境温度等。国家对这些因素都有规定的标准，对变压器系列产品的铜损和铁损都做出了规定。变压器实际运行中的效率与其负荷率有关。变压器效率曲线的特征是，随着负荷率的增加，效率曲线上升很快，在某一负荷率时，变压器本身的铜损和铁损相等，此时效率最高。以后负荷率再增加时，效率曲线自最高点缓慢下降，至满负荷时，效率达额定值。由此可见规定一个合理的负荷率，对变压器的运行十分必要。变压器的最高效率点是铜损和铁损相等时的效率。铁损取决于电源的电压和频率，在正常情况下是一个不变的值，而铜损则随负荷电流以平方关系变化。根据这一规律，统计我国生产的变压器的技术数据，可以推算出最佳负荷率的范围是0.5～0.61。低值适合6～10kV级变压器，而高值适合于10kV级以上的变压器。如负荷率小于0.5，变压器的效率值下降很快，负荷率大于0.61时，变压器的效率虽有所下降，但趋势很平坦，当到额定负载时，效率下降到额定值，即0.97～0.988。因此，当变压器的负荷率低于0.4时应更新变压器。

三、水泵的变速运行

水泵的变速运行是根据管网中用水量逐时的变化，改变水泵的运行转速，从而改变水泵的 Q-H 曲线，使水泵的工况点发生改变，在满足管网供水压力的情况下，使水泵高效运行，达到减少电能消耗的目的。但是安装变速设备要根据泵站的实际情况进行技术经济比较，选择适宜的变速设备、确定水泵的变速范围和变速值。

（一）取水泵站变速运行

由水源地向净水厂输送原水，中途又未设调节水库时，取水泵站为了配合水厂送水泵站对外供水量变化的需要，应采用变速技术来控制水泵的转速，使水泵的流量适应送水泵站对外供水量的变化，以保持净水构筑物中水位变幅在要求的范围内。采用变速技术可避免取水泵站中机组的频繁开停给运行管理带来的不便，同时使水泵保持较高的运行效率。

另外，取水泵站中水泵扬程的选择是在满足水源水位最低时仍能将原水输送到净水构筑物。而水源的最低水位是历史上曾出现过的最低水位，而取水泵站运行时的水位，随时都在发生变化，且一年内水的变化幅度较大。使得水泵实际工作时的扬程绝大多数时间小于水泵的额定扬程，造成水泵在较低的效率下运行，甚至有时在高效段以外的范围运行，致使水泵运行能耗大，运行不经济。采用变速技术根据水源水位的变化情况，在满足取水流量要求的前提下，改变水泵的运行转速，使水泵高效运行，达到节能的目的。

（二）送水泵站变速运行

向城镇管网供水的送水泵站，一般都配置有多台不同或相同型号的机组并联运行，以适应用户用水量的变化。并联运行时不同台数的水泵组合有不同的组合特性曲线，它们是向流量增大的方向扩展的特性曲线。水泵的工况点就是这些组合特性曲线与管道系统特性曲线的交点，全部水泵的组合特性曲线与管道系统特性曲线的交点恰好满足最大流量，且扬程正好是各台水泵的额定扬程时，这时水泵运行的效率最高。当用户的用水量减少时，参加并联运行的水泵减少，这时水泵的工况点在另一组合特性曲线上，此时泵站的出水流量减少，工作扬程也随之降低。因此，用户用水量减少时，水泵的工作扬程低于额定扬程，此时可能使水泵的工况点移出水泵的高效段，而进入低效段。当管道的水头损失值占水泵工作总扬程的比例较大时，这种低效运行尤为显著。例如某水厂送水泵站中装有额定扬程51m的同型号水泵5台，当两台水泵参加运行时，水泵的扬程仅为35m，机组运行的效率只有60%，如采用变速运行，在满足用户用水量要求的前提下，提高机组的运行效率。

（三）变速设备的选择

在选择变速设备时，要综合考虑各项因素。

（1）设备的综合特点

变速设备选型时，要根据实际情况综合考虑变速设备的性能、节能效果、变速设备工作的可靠性、变速设备的价格等因素。

1）变速设备的性能。变频变速具有优异的性能，变速范围较大，平滑性较高，适用于鼠笼型异步电动机的变速；串级变速具有变速范围宽，效率高（转差功率可反馈电网），平滑性较高，适用于中等以上功率的绕线型异步电动机变速；斩波内馈变速是一种以低压（通称约为200～500V）控高压（6～10kV）的高效变速技术，突出特点是"斩波"与"内馈"两项高新技术的有机结合，价格低廉，设备结构简单，投资回收期短，适用于鼠笼型异步电动机和绕线型异步电动机变速。

2）节能效果。变频变速技术具有优异的节能效果，根据设定的压力自动调节水泵转速和水泵的运行台数，使水泵运行在高效节能的最佳工作状态。串级变速技术节能效果较好，节能可在20%以上。斩波内馈变速技术作为我国首创，具有独立自主知识产权的高新技术，技术先进、生产上适用、经济上合理，节能效果显著。斩波内馈变速的节能效率达75%～85%。

3）可靠性。采用变速设备的目的是为了提高水泵运行的效率，如果性能虽好但可靠性不好，经常出问题，就得不偿失。如变频器的关键器件功率模块，现已普遍采用IGBT模块和IPM智能功率模块。特别是IPM模块，虽然成本较高，但由于模块内部具有过流、短路、欠压、输出接地、过热保护等保护功能，一旦发生异常，模块内部立即自行保护，然后再通过外部保护电路进行二次保护，烧毁模块的可能性大为降低，可靠性显著提高。而采用GTR模块的产品，由于GTR自身无保护功能，外部保护电路和推动电路又很复杂，一旦保护跟不上，模块会顷刻间烧毁。有的生产厂家为了降低成本，仍在使用GTR模块，这也是选购变频器时特别需要注意的。

4）气候特点。我国国土辽阔，南方地区高温潮湿，沿海地区则以盐腐蚀为主，这都会造成设备绝缘下降，北方气候干燥，容易产生静电，冬夏季温差大，另外每个企业的生产环境更是千差万别，这些都是在选择变速设备时应该考虑的。有的变速设备性能虽好，但环境的适应能力差，就有可能经常出现故障影响生产。

5）价格。价格是选购变速设备时主要考虑的因素。但如果片面追求低价格，往往会导致质量与可靠性的下降。对于变频器来说，变频器中的功率器件和主回路电解电容约占70%的成本。有些厂家为了降低成本，用耐压1000V的模块代替1200V的模块，用电流25A的代替30A的，用普通低频电解电容代替变频器专用高频电解电容等等。这种变频器在正常情况下或短时间内使用不会发现有什么问题，但是由于降低了模块的功率余量，一旦碰上电机堵转、电网瞬时高电压、持续高温等情况，就很容易损坏。

6）售后服务。再好的产品都有可能出现故障，选择具有良好技术实力与售后服务的生产厂家或经销商，可以获得周到的技术服务，免除后顾之忧。

（2）投入产出比

供水企业在选择变速设备时还要考虑投入产出比，即考虑通过节省的电费，收回变速设备投资的年限。

一般情况下，变速前后的供水扬程相差不很大，因变速而节约的电费可通过下式计算：

$$A = \alpha G \sum_{i=1}^{n} \left(\frac{277.79}{\eta_{ai}} - \frac{277.79}{\eta_{a0}} \right) \tag{7-8}$$

式中 η_{ai}——变速前水泵效率和电动机效率的乘积（%）；

η_{a0}——变速后水泵高效段内效率的平均值与电动机效率的乘积（%）；

其余符号意义同前。

如果变速设备的投资为 T，当 $T/A \leqslant 2$ 时，则该台机组可立即进行变速；当 $2 < T/A < 5$ 时，则该台机组应列入改造计划，限期进行变速；当 $T/A > 5$ 时，则说明这台机组有提高效率的潜力，不适宜采用变速方式进行节能，应通过其他更经济的方法提高它的运行效率。

计算回收年限工作量较大，可先求 K_{50} 以粗略的进行定性计算。K_{50} 是一年内出现概率为 50%工作扬程降低率，计算式如下：

$$K_{50} = 1 - \frac{H_{50}}{H} \tag{7-9}$$

式中 H_{50}——在一年内出现概率占工作时间 50%的扬程（m）；

H——水泵的额定扬程（m）。

在一般情况下，$K_{50} \geqslant 0.1 \sim 0.15$ 时就应该进行经济比较，确定是否有变速的必要性。

（四）最佳变速比的确定

为了保证最佳的变速效果，需确定最佳的变速比。

最佳变速比由式（7-10）计算。

$$k_{opt} = \sqrt{\frac{H}{H_{opt}}} \tag{7-10}$$

式中 k_{opt}——最佳变速比；

H_{opt}——水泵全速运行时，效率最高时的总扬程（m）；

H——变速前水泵的总扬程（m）。

水泵变速后，水泵的工况点仍沿着管道系统特性曲线移动，然而，管道系统的特性曲线不可能与水泵的等效率曲线重合，所以在变速过程中，要随时都使工况点处于最佳效率点是不可能的。如调节的转速能满足下述要求，则水泵能工作在高效段内。

$$\sqrt{\frac{H}{H_{opt1}}} < k_n < \sqrt{\frac{H}{H_{opt2}}} \tag{7-11}$$

式中 k_n——应有的变速比；

H——变速前的水泵总扬程（m）；

H_{opt1}——水泵高效段内，扬程的上限值（m）；

H_{opt2}——水泵高效段内，扬程的下限值（m）。

在水泵的变速运行过程中，若超出了式（7-11）的范围，水泵的工况点便会移出高效段进入低效范围，这时，即使采用了变速技术也不会达到节能的效果。

（五）泵站目标电耗节能技术简介

泵站目标电耗节能技术就是以综合单位电耗最小为目标，通过数学模型计算出泵站在满足工艺要求下的最低单位电耗，即目标电耗。

泵站目标电耗节能技术原理如图 7-1 所示。

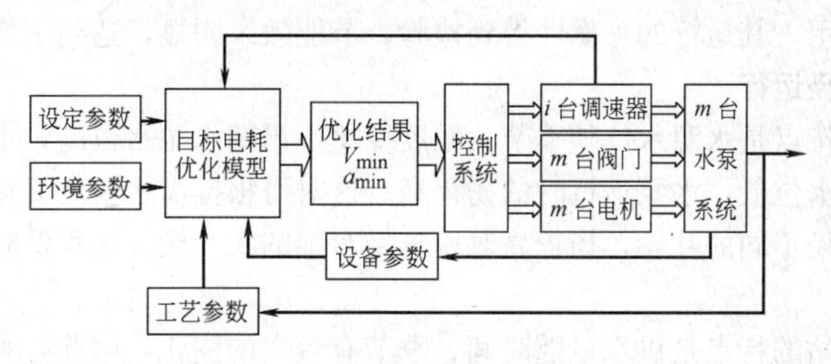

图 7-1 泵站目标电耗技能技术原理

泵站目标电耗设计测算软件——《PUMPSAVE3.0》是实现以上目标的应用性软件工具。该软件借助于强大的后台运算能力及优化模型，使得软件的使用极为简单，使用者只需将泵站所用设备和工艺要求输入该软件，该软件就会自动给出泵站的目标电耗变化曲线，其中单位电耗变化曲线如图 7-2 所示。

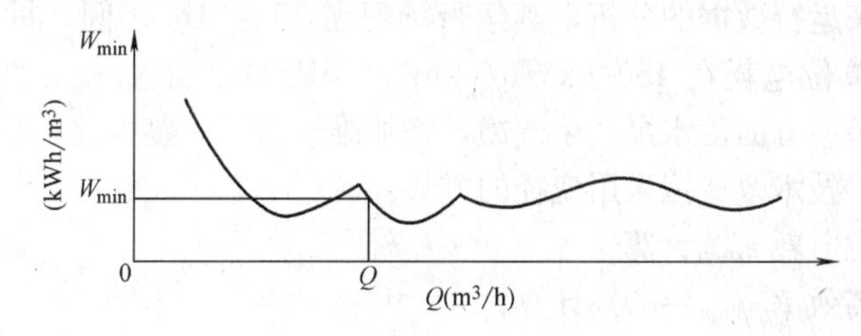

图 7-2 泵站的目标电耗变化曲线

只要知道流量 Q 就可以从图 7-2 中查出对应该点的目标单耗值 W_{min} 及控制运行的策略，只要知道了泵站的目标单耗（最低单位电耗）W_{min} 也就知道了泵站系统存在的节电潜力 ΔW。

通过数学模型计算出泵站在满足工艺要求下的最低单位电耗，然后采取软硬件相结合的泵站目标电耗节能控制系统去控制泵站设备按最优化的机泵组合以及变速策略运行，保证系统一直运行在最低单位电耗下，来实现目标电耗。

（六）变速技术应用实例

砂山水源地始建于 1974 年，一直采用 3# 机组 24SA-10A 水泵连续运行方式工作，高低峰供水和控制水位都依靠调节出水闸阀的开度来控制。供水能力逐年降低，每日关小闸阀时间达 10 小时以上，闸阀最大开度仅有 60%，造成大量电能浪费。

为提高水泵运行效率，减少能源消耗，采用斩波内馈变速设备对泵站实施节能技术改造。

实施节能技术改造前后，机组供水总量未发生变化，日平均供水量基本未发生变化。

生产耗电量大幅下降。平均日节电 3610kW，日均电耗降低 76%。节电率在砂山供水系统中占到 20%左右。

若以单台机组相比，机组全速运行日节电率约为 40%。能源单耗由改造前 $0.429kWh/m^3$ 降为 $0.353kWh/m^3$，若按每 1kWh 电能 0.48 元计算，日可节约电费支出约 1720 元，全年可节约电费支出约 62 万元。变速设备的投资为 60 万元，一年内即可收回投资。

经两年的使用，其运行的可靠性得到检验，节能效果明显，达到了技术改造的目的。

四、水泵变径运行

取水泵站的特点是水源水位随季节大幅度变化，汛期水源水位高，水泵运行时的扬程低，非汛期水源水位低，水泵运行时的扬程高。这时可根据需水量的变化情况及扬程的高低，准备两套直径不同的叶轮，扬程高时用未经车削的大叶轮，扬程低时用经过车削的小叶轮。

城镇送水泵站的特点是供水量随时间、季节有较大的变化，因此，水泵的扬程也有较大的变化。如果流量的变化与季节有明显的关系，则可将原叶轮按流量的变化更换为适宜的叶轮。从而减少电能消耗。

某送水泵站安装 7 台水泵机组，其中 2 台备用，水泵型号为 24Sh-19 型双吸离心泵，水泵最高效率点的技术参数为：流量 $Q=3168m^3/h$，扬程 $H=32m$，轴功率 $N=355kW$，转速 $n=970r/min$，效率 $\eta_{max}=89\%$。

经过对近年来运行数据的分析，其运行扬程在 15～21m 之间，机组运行效率低，能源消耗大，综合单位电耗在 450（$kWh/(km^3 \cdot MPa)$）左右，一方面造成能源的浪费，运行成本增加，另一方面使水泵产生气蚀，增加维修费用。鉴于此，需对泵站中的 4 台水泵进行技术改造，技术改造拟采用变径的方式。

（1）最小单位电耗 e_{zmin} 计算

按水泵的最高效率 $\eta_{max}=89\%$ 计算，

$$e_{zmin}=10^5/367\eta_{max}=10^5/367\times 89\%=306kW \cdot h/(km^3 \cdot MPa)$$

（2）计算最大节能潜力 C（%）

$$C=(450-306)/306\times 100\%=47\%$$

（3）车削叶轮

车削叶轮每台水泵投资约 0.5 万元。经计算该型号水泵最大车削量为 12%。此时水泵的性能参数为 $Q=2788m^3/h$，扬程 $H=24.8m$，轴功率 $N=212kW$，效率 $\eta=87\%$。其运行时的综合单位电耗为 $e_z=345kWh/(km^3 \cdot MPa)$。1 年 1 台机组节约的电费为：

$$A=(450-245)\times 3.1\times 0.21\times 24\times 365\times 0.5=29.94 \text{ 万元/年}$$

投资回收期为：

$$B=T/A=0.5/29.94=0.02 \text{ 年}$$

1 台机组年节电 59.88 万 kWh。

由此可以看出，车削水泵叶轮可以达到良好的节能效果。

五、轴流泵变角运行

城镇排水泵站常采用轴流泵，轴流泵的性能可以通过调节叶片安装角度得到改变，使水泵的工况点在扬程变化后，移到所需的位置上来，以达到满足排水流量的要求和节约能源的目的。

根据排水泵站的实际情况有多种经济运行方案，主要有：①按泵站效率最高的方式运行；②按水泵效率最高的方式运行；③按最大流量（满负荷）的方式运行；④按泵站多年平均效率最高的方式运行。可根据排水泵站的具体情况选择合理的运行方式。

将轴流泵不同叶片安装角时的流量、扬程、轴功率及计算管道阻力的粗糙度、管长、管径、局部水头损失系数之和输入计算机程序。然后，根据泵站运行的装置扬程、泵站扬程即可计算出满足排水流量、并保证电动机不超载的最高泵站效率、最高水泵效率、水泵的最大流量。

某泵站装有 36ZLB-70 型轴流泵，配套电动机型号为 JRL_{12-10}，电动机功率为 165kW。原运行时叶片安装角为$-2°$，经测试泵站效率只有 33%，根据该泵站的实际情况，选择泵站运行方式。

当泵站在较低扬程下运行时，即装置扬程 $H_{sy}=2.3m$，泵站扬程 $H_{ST}=2.07m$，计算结果见表 7-5；当水泵在较高扬程下运行时，即装置扬程 $H_{sy}=3.2m$，泵站扬程 $H_{ST}=2.87m$，计算结果见表 7-6。

根据优化结果，将叶片安装角定为 0°在较高扬程和较低扬程时泵站效率最高，水泵效率也最高；在排雨水时，为缩短排水时间可将叶片的安装角调至+4°，这时水泵流量最大，将缩短排水时间。

较低扬程运行计算结果 **表 7-5**

序号	叶片安装角度	流量 (m^3/s)	扬程 (m)	轴功率 (kW)	水泵效率 (%)	泵站效率 (%)
1	−4°	—	—	—	—	—
2	−2°	2.1319	3.7625	107.1400	73.35	33.31
3	0°	2.2203	3.8860	102.0581	82.85	36.55
4	+2°	2.4158	4.1779	117.7155	84.03	34.12
5	+4°	2.5593	4.4081	130.7514	84.56	32.56

注：表中“—”线表示该角度流量不满足设计要求。

较高扬程运行时计算结果 **表 7-6**

序号	叶片安装角度	流量 (m^3/s)	扬程 (m)	轴功率 (kW)	水泵效率 (%)	泵站效率 (%)
1	−4°	—	—	—	—	—
2	−2°	2.0082	4.4974	112.1857	78.90	41.40
3	0°	2.1170	4.6419	113.7123	84.69	43.02
4	+2°	2.3066	4.9123	131.8780	84.20	40.37
5	+4°	2.4430	5.1205	144.2580	84.97	39.93

六、加强泵站调度运行

经济调度是在现有设备条件下，在满足用户用水流量和服务水压要求的前提下，通过合理调度水泵等设备，使电耗（或成本）达到最低。

1. 调度的主导思想

首先是保证用户需要的服务水压，要满足用户的服务水压，必须使管网控制点（一般在管网远端）的服务水压维持一定的数值，使各点服务水压满足要求。其次，管网控制点水压过高时，应降低送水泵站出水压力以求节能。即使这时机组运行的效率相对比较低，只要不影响设备安全运行，机组的运行就能达到节能的目的。因此，要求管网控制点的水压要有一定的合格率，低于合格率说明服务压力不能满足要求，高于合格率的一定数值(一般可在控制点水压的基础上再加 2～3m 水头)，则认为已浪费电能。控制点水压的规定值可按不同季节、不同昼夜的需要，而有所不同。

2. 基本调度方法

考虑到建立管网模型需要的数据、设备、技术、投资以及可能达到的效果等因素，近年来调度的基本方法仍是以遥测管网控制点压力为前提，通过测定送水泵站中水泵特性，进行不同调度方案的比较，逐步接近调度的优化。

单水源无加压泵站的管网系统，在维持远端或管网控制点压力变化幅度的前提下，改变送水泵站出水压力。根据送水泵站出水压力，按照机组效率的高低，先开效率高的机组，后开效率低的机组；停机时则顺序相反。在使用变速电动机时，水泵运行的转速应为

$$n=\sqrt{\frac{H}{H_0}}\times n_0 \tag{7-12}$$

式中 n——水泵运行的转速（r/min）；

n_0——水泵的额定转速（r/min）；

H——水泵运行时的扬程（m）；

H_0——水泵的额定扬程（m）。

多水源管网系统，也应像单水源那样，在维持好管网远端或管网控制点水压的基础上，首先运行效率较高的水泵。在多水源供水交界处需增设控制点，然后在维持两个水源管网远端控制点及交界处控制点压力的前提下，进行两个水源不同出水量的调度方案比较，并逐步找出不同供水配水情况下两个水源的经济调度方案。如果不同水厂的进水电耗不同，则方案比较时应包括进水电耗；如混凝剂等消耗不同，也应包括混凝剂等消耗因素。

管网中有加压泵站时，运行加压泵站可降低送水泵站出水压力。在满足加压泵站前水压的前提下，是否运行加压泵站，可按下式判断。

$$Q'<\frac{\eta'\Delta H}{\eta''H}\times Q'' \tag{7-13}$$

式中 Q'——加压流量（m^3/s）；

Q''——水厂流量（m^3/s）；

η'——加压泵站运行效率（%）；

η''——水厂泵站运行效率（%）；

ΔH——加压泵站进出水压力差（m）；

H——加压泵站的总扬程（m）。

如有几级加压泵站则各以 $(Q''-Q')H$ 的值进行比较，优先启用 $(Q''-Q')H$ 值较大的加压泵站。

对于管网中有高地水池，或有地面蓄水池的管网系统。蓄水池应在晚间用水低峰时进水，尽量使进水期间送水泵站出水负荷曲线低而平坦。蓄水池应在用水高峰时出水，蓄水池出水时尽量使送水泵站出水负荷曲线平坦。这样可以在不同条件下，比较蓄水池使用的

各种情况，进而得出蓄水池进出水期间水厂与泵站的总耗电量，然后求得经济调度方案。

多水源多泵站供水条件下的泵站调度，实际上是上述几种情况的综合，也同样可用上述原则进行更多方案的比较，使泵站调度的方案逐步得到优化。

在积累较多数据的情况下，研究并建立管网运行与泵站调度的数学模型，使管网的运行和泵站调度更科学。

思考题与习题

1. 机组启动前应做哪些准备工作？
2. 机组运行时应注意哪些问题？
3. 水泵的常见故障有哪些？如何排除？
4. 泵站有哪些技术经济指标？
5. 加强设备的维护和管理有什么意义？
6. 选择变速设备时应考虑哪些因素？
7. 泵站经济调度的指导思想是什么？

主要参考文献

[1] 姜乃昌主编．水泵及水泵站（第三版）．北京：中国建筑工业出版社，1993.

[2] 沙鲁生主编．水泵与水泵站．北京：水利电力出版社，1993.

[3] 刘家春主编．水泵与水泵站．北京：中国水利水电出版社，1998.

[4] 栾鸿儒主编．水泵与水泵站．北京：水利水电出版社，1993.

[5] 丘传忻编．泵站节能技术．北京：水利水电出版社，1985.

[6] 刘家春．小型机井给水工程中的井泵选型．水泵技术．1995，3.

[7] 张子贤，刘家春．应用概率方法确定给水泵站备用泵台数．水泵技术．1996，3.

[8] 刘家春．住宅小区气压给水水泵的选择及控制．水泵技术．1996，6.

[9] 刘家春．泵站经济运行方案的确定．水泵技术．1998，3.

[10] 刘家春．确定复杂抽水装置水泵工况点的数解法．水泵技术．2001，3.

[11] 刘家春．取水泵站经济运行转速的确定．水泵技术．2003，2.

[12] 刘家春．加压泵站水泵选型及控制．水泵技术．2004，2.

[13] 陈运珍．北京市水源九厂变频调速技术应用总结．给水排水．1992，2.

[14] 谷峡主编．水泵与水泵站．北京：中国建筑工业出版社，2005.

[15] 刘家春．排水泵站经济运行方案的确定．徐州建筑职业技术学院学报．2005，2.

[16] 刘家春．串联泵站联合优化运行方案的确定．水泵技术．2006，5.

[17] 城市供水行业2010年技术进步发展规划及2020年远景目标．北京：中国建筑工业出版社，2005.

[18] 姜乃昌主编．水泵及水泵站．第四版．北京：中国建筑工业出版社，1998.

[19] 室外给水设计规范（GB 50013—2006）．北京：中国建筑工业出版社，2006.

[20] 室外排水设计规范（GB 50014—2006）．北京：中国建筑工业出版社，2006.

[21] 黄兆奎主编．水泵风机与站房．北京：中国建筑工业出版社，2000.

[22] 泵站设计规范（GB/T 50265—97）．北京：中国计划出版社，1997.